U0877858

Environmental Quality and Pollution Characterization
in Agricultural Producing Area

国家出版基金项目
NATIONAL PUBLICATION FOUNDATION

农产品产地环境监测、安全预警与风险管控丛书

“十四五”国家重点
出版物出版规划项目

农产品产地环境质量评估与污染特征分析

Environmental Quality and Pollution Characterization in Agricultural Producing Area

霍莉莉　李岳　史国良　等著

化学工业出版社
·北京·

内容简介　　本书以如何评估农产品产地环境质量、如何分析农产品产地环境污染特征为主线，主要介绍了国内外农产品产地环境限量标准及环境阈值计算方法、产地环境质量点位评估方法、产地环境质量区域评估方法、典型产地环境污染特征分析方法、污染源解析与污染成因分析方法、农产品产地安全区划方法，明确了农产品产地环境质量评估与污染特征分析涉及的依据、方法、步骤等，旨在为我国农产品产地环境质量评估与污染特征分析提供具有可操作性的实用技术，为我国农产品产地环境质量评估以及科学管理提供科学依据。

本书具有农产品产地环境质量评估与污染特征分析方法体系完整、系统，理论、技术、案例兼具的特点，可供农产品产地环境监测、评估、风险预警与管控从业人员参考，也可供高等学校环境科学与工程、生态工程、农业工程及相关专业师生参阅。

图书在版编目（CIP）数据

农产品产地环境质量评估与污染特征分析 / 霍莉莉等著. -- 北京 : 化学工业出版社, 2025. 1. --（农产品产地环境监测、安全预警与风险管控丛书）. -- ISBN 978-7-122-46773-7

Ⅰ. X821.2

中国国家版本馆CIP数据核字第20246EC339号

责任编辑：刘　婧　刘兴春　卢萌萌
文字编辑：王云霞
责任校对：宋　夏
装帧设计：王晓宇

出版发行：化学工业出版社
（北京市东城区青年湖南街13号　邮政编码100011）
印　　装：北京建宏印刷有限公司
787mm×1092mm　1/16　印张15¾　彩插3　字数352千字
2025年10月北京第1版第1次印刷

购书咨询：010-64518888
售后服务：010-64518899
网　　址：http://www.cip.com.cn
凡购买本书，如有缺损质量问题，本社销售中心负责调换。

定　　价：138.00元　　

《农产品产地环境质量评估与污染特征分析》

著 者 名 单

著　者（按照姓氏笔画排序）：

王　丰　王艺陶　史国良　刘春湘　安　毅　李　岳

吴　波　张玲妍　武丽娜　秦　莉　高秉博　窦韦强

霍莉莉

前言

PREFACE

“民以食为天，食以安为先”，农产品质量安全与人们身体健康息息相关，事关经济发展和社会稳定，而农产品产地环境质量安全是农产品质量安全的源头。党中央、国务院高度重视农产品产地环境保护工作，连续出台《重金属污染综合防治“十二五”规划》、《土壤污染防治行动计划》（国发〔2016〕31号）等重磅文件，制定并实施《中华人民共和国土壤污染防治法》，要求建立产地环境例行监测制度，对产地环境进行质量安全评估，按照污染程度和相关标准，将产地环境分级、分区、分类，针对不同类型的产地环境，靶向施策，科学管理。

在策划管理行动和制定相应的制度和政策之前，必须充分了解管理对象自身特有的属性，摸清产地环境质量状况，明确污染程度、特征等情况对于农产品产地的合理利用和科学管理至关重要。明确农产品产地环境污染程度、特征、危害等情况必须依托有效的质量评估与污染特征分析方法。本书共6章，以如何评估农产品产地环境质量，如何分析农产品产地环境污染特征为主线，系统、全面地阐述了农产品产地环境质量评估与污染特征分析涉及的评估依据、评估方向及对应的评估方法，污染特征分析方向及对应的分析方法，以及评估和分析结果的集成方法和展示方式，并配有相关典型案例，旨在为我国农产品产地环境质量评估与污染特征分析提供具体方法，为我国农产品产地环境质量评估以及管理提供科学依据，有利于促进农产品产地和农产品质量安全，对农业可持续发展具有重要意义。

本书由霍莉莉、李岳、史国良等著，具体分工如下：第 1 章由西北农林科技大学窦韦强，农业农村部环境保护科研监测所刘春湘、武丽娜和辽宁省农业发展服务中心王艺陶撰写；第 2 章由农业农村部环境保护科研监测所霍莉莉、秦莉、安毅撰写；第 3 章由中国农业大学高秉博撰写；第 4 章由南开大学李岳撰写；第 5 章由南开大学史国良，天津理工大学王丰撰写；第 6 章由中国科学院沈阳应用生态研究所吴波、张玲妍撰写。全书最后由霍莉莉、李岳、史国良统稿并定稿。

限于著者水平及撰写时间，书中不足和疏漏之处在所难免，敬请读者提出修改建议。

著　者

2024 年 10 月

目录

CONTENTS

第 1 章

农产品产地环境限量标准及环境阈值计算

>> 国内外现行环境限量标准

>> 产地环境阈值计算方法

1.1 国内外现行环境限量标准

土壤是农业生产的物质基础，土壤环境是农产品产地环境最关键的组成部分。土壤污染限量标准是土壤环境质量领域中的一种规范性文件，是土壤或农业环境领域标准的基础和重要组成部分。20 世纪以来，全球暴发了一系列环境公害事件，引起了全人类的高度关注，世界各国也认识到环境保护的重要性，土壤环境质量标准逐渐被纳入各国环境标准体系。当前，美国、日本、荷兰、加拿大等众多发达国家均出台了土壤环境质量标准，为本国农业发展政策的制定、农业产业的可持续发展提供了科学依据。

1.1.1 国内外土壤污染限量标准

土壤污染限量基准一般是指土壤中物理和化学等因子对土壤生物（包括动物和植物等）及其健康以及使用功能不产生不良或有害影响的最大限值或临界含量[1]。根据不同的保护对象和受体，可分为保护农产品安全、保护人体健康、保护生态受体和保护地下水的土壤污染限量基准等。土壤污染限量基准的制修订是一项系统和科学的研究工作，主要体现技术性与科学性，较少考虑经济和社会因素，而土壤污染限量标准的制订是在土壤污染限量基准研究结果的基础上综合考虑经济和社会因素后提出的一系列可服务于环境管理的值，具有法律效力，二者存在联系，但不完全相同。土壤污染限量基准是土壤污染限量标准制修订、土壤环境质量评价和监管的重要科学依据[2,3]。随着经济社会的发展和环境中污染物的持续变化，土壤污染限量标准需要持续补充、修订和完善。由于各国在地理环境（影响土壤污染物暴露的区域性因素，如降雨、降雪、土壤类型、地下水深度和地表水等）、生物环境（影响人群或生态受体的敏感性因素，如体重、寿命和敏感物种等）、社会文化（影响土壤污染物暴露的因素，如社会行为和土地利用方式等）、管理政策（土壤污染管理需求、法律和法规等）和科学基础（土壤污染防治科学的理论基础）等方面的差异，各国土壤污染防治体系各不相同，土壤污染限量标准在定义、推导和使用等方面也存在明显区别。相较于国内土壤污染限量标准的制定，国外发达国家起步较早。

1.1.1.1 国外土壤环境质量标准

（1）美国土壤环境质量标准

美国土壤环境质量标准体系主要由三部分组成：一是美国国家土壤环境质量标准体系，由通用土壤筛选值（generic-SSL）、生态土壤筛选值 (eco-SSL)、人体健康筛选值和土壤放射性核素筛选值四部分构成；二是美国区系土壤环境质量标准体系；三是美国各州土壤环境质量标准体系。

美国环保署（US EPA）于1996年颁布了用于推导保护人体健康的土壤筛选导则，提出了土壤筛选值（soil screening level，SSL）。在该导则中，土壤筛选值被明确定义为污染场地用作或将来可能用作居住用地时，假设各暴露参数取值满足大多数场地状况，采用人体健康风险评估方法推导出来的各种污染物相对保守的浓度限值。土壤筛选值是针对每种污染物的标准化方程式建立的土壤浓度风险基准值，在推导过程中考虑的是常见的暴露途径，包括直接土壤摄入、吸入挥发性污染物和灰尘、饮用污染区地下水、皮肤吸收、摄入种植在污染区的农产品等。土壤筛选值主要用于污染场地管理的初期快速鉴定场地是否存在污染，当污染场地土壤污染物含量低于土壤筛选值时，一般认为不会对人体健康造成危害，而当污染物含量高于土壤筛选值时，则需进一步针对具体场地开展风险评估来确定其风险。

美国环保署还颁布了用于推导生态风险的土壤筛选值导则，生态土壤筛选值（ecological-soil screening level，eco-SSL）是为保护接触土壤或者食用生活在土壤中或土壤表面生物的生物受体而制订的土壤污染物浓度，见表1-1；人类健康土壤筛选值（居住区）见表1-2。

表1-1 美国生态土壤筛选值

<table>
<tr><th colspan="2" rowspan="2">污染物</th><th colspan="4">筛选值/（mg/kg）</th></tr>
<tr><th>植物</th><th>土壤无脊椎动物</th><th>鸟类</th><th>哺乳动物</th></tr>
<tr><td colspan="2">镉（Cd）</td><td>32</td><td>140</td><td>0.77</td><td>0.36</td></tr>
<tr><td rowspan="2">铬（Cr）</td><td>Cr（Ⅲ）</td><td rowspan="2"></td><td rowspan="2"></td><td>26</td><td>34</td></tr>
<tr><td>Cr（Ⅵ）</td><td>无</td><td>130</td></tr>
<tr><td colspan="2">砷（As）</td><td>18</td><td></td><td>43</td><td>46</td></tr>
<tr><td colspan="2">铅（Pb）</td><td>120</td><td>1700</td><td>11</td><td>56</td></tr>
<tr><td colspan="2">铜（Cu）</td><td>70</td><td>80</td><td>28</td><td>49</td></tr>
<tr><td colspan="2">锌（Zn）</td><td>160</td><td>120</td><td>46</td><td>79</td></tr>
<tr><td colspan="2">锰（Mn）</td><td>220</td><td>450</td><td>4300</td><td>4000</td></tr>
<tr><td colspan="2">镍（Ni）</td><td>38</td><td>280</td><td>210</td><td>130</td></tr>
<tr><td colspan="2">钴（Co）</td><td>13</td><td></td><td>120</td><td>230</td></tr>
<tr><td colspan="2">硒（Se）</td><td>0.52</td><td>4.1</td><td>1.2</td><td>0.63</td></tr>
<tr><td colspan="2">银（Ag）</td><td>560</td><td></td><td>4.2</td><td>14</td></tr>
<tr><td colspan="2">钒（V）</td><td></td><td></td><td>7.8</td><td>280</td></tr>
<tr><td colspan="2">锑（Sb）</td><td></td><td>78</td><td></td><td>0.27</td></tr>
<tr><td colspan="2">钡（Ba）</td><td></td><td>330</td><td></td><td>2000</td></tr>
<tr><td colspan="2">铋（Be）</td><td></td><td>40</td><td></td><td>21</td></tr>
<tr><td colspan="2">DDT</td><td></td><td></td><td>0.093</td><td>0.021</td></tr>
<tr><td colspan="2">狄氏剂</td><td></td><td></td><td>0.022</td><td>0.0049</td></tr>
</table>

续表

污染物	筛选值/(mg/kg)			
	植物	土壤无脊椎动物	鸟类	哺乳动物
低分子量PAHs		29		100
高分子量PAHs		18		1.1
五氯苯酚	5.0	31	2.1	2.8

注：PAHs—多环芳烃。

表1-2　美国人类健康土壤筛选值（居住区）

污染物	筛选值/(mg/kg)			
	摄入-皮肤吸收	挥发性吸入	地下水	
			DAF=20	DAF=1
镉（Cd）	70		8	0.4
铬（总量）	230		38	2
铬（Ⅲ）	120000			
铬（Ⅵ）	230		38	2
砷（As）	0.4		29	1
汞（Hg）	1600		2	0.1
锌（Zn）	550		12000	620
镍（Ni）	23	10	130	7
硒（Se）	1600		5	0.3
银（Ag）	390		34	2
钒（V）	6		6000	300
锑（Sb）	31		5	0.3
钡（Ba）	5500		1600	82
铋（Be）	160		63	3
铊（Tl）	390		0.7	0.04
DDT	0.04	3	0.5	0.02
狄氏剂	0.04	1	0.004	0.0002
艾氏剂	0.04	3	0.5	0.02

注：DAF——地下水稀释因子，用于量化地下水对污染物的稀释效果。

此外，土壤初始修复目标值（preliminary remediation goal，PRG）在美国也是使用比较广泛的。土壤初始修复目标值是指在对污染场地进行初步调查后开展修复方法选择时（修复行为开始前）初步设定的修复目标值。与土壤筛选值类似，土壤初始修复目标值在推导过程中依然考虑的是一般场地的暴露途径。不同的是，土壤筛选值只适用于居住用地或者将来拟用作居住用地的污染场地，而土壤初始修复目标值不仅适用于居住用地，还适用于工业用地和商业用地。

（2）日本土壤环境质量标准

日本关于土壤环境质量标准的制定始于20世纪70年代，在日本富山县曾发生过因重金属镉污染而导致居民患上“痛痛病”的事件，这使日本认识到土壤污染的严重性，开始致力于土壤环境污染的防治工作。1970年颁布了《农用地土壤污染防治法》，作为对农用地土壤重金属污染进行规制的主要依据。

为防治城市与工业用地的土壤污染，强化土壤环境行政管理力度，日本将农田土壤环境质量标准和城市与工业用地土壤环境质量标准整合，于1991年发布了土壤环境质量标准。此标准以保护人类健康和人类生存环境为目的，制定了保护土壤环境的行政管理目标，同时从保护农作物的角度，修订了镉（Cd）等10项标准项目。1994年增加挥发性有机物（VOCs）、农药等15个标准项目。2001年从保护地下水涵养功能和水质净化功能的角度增加了氟和硼2个项目。

2002年，日本颁布了《土壤污染对策法》，不仅对土壤重金属污染的治理做出了详细的规定，同时也对水体重金属污染做出了规定。为解决城市和工业用地土壤污染出现的新问题，于2009年进行了修订，修订后的法律规定了特定有害物质3种，共25个项目，包括土壤标准限值和溶出标准限值（见表1-3）两类标准限值，至此日本形成了一套完善的土壤重金属污染标准体系。

表1-3　日本土壤环境质量标准限值

污染物分类	项目	标准限值	
		土壤标准/(mg/kg)	溶出标准（以试样溶液中含量计）/(mg/L)
第1种特定有害物质（VOCs）11项	二氯甲烷		≤0.02
	三氯乙烯		≤0.03
	四氯乙烯		0.01
	四氯化碳		≤0.002
	1,2-二氯乙烷		≤0.004
	1,1-二氯乙烯		≤0.1
	顺式1,2-二氯乙烯		≤0.04
	1,3-二氯丙烯		≤0.002
	1,1,1-三氯乙烷		≤1
	1,1,2-三氯乙烷		≤0.006
	苯		≤0.01

续表

污染物分类	项目	标准限值	
		土壤标准 /(mg/kg)	溶出标准（以试样溶液中含量计)/(mg/L)
第 2 种特定有害物质（重金属等）9 项	镉	≤ 150	≤ 0.01
	汞（其中烷基汞）	≤ 15	≤ 0.0005（烷基汞不得检出）
	砷	≤ 150	≤ 0.01
	铅	≤ 150	≤ 0.01
	六价铬	≤ 250	≤ 0.05
	硒	≤ 150	≤ 0.01
	氰化合物	游离态氰≤ 50	不得检出
	氟	≤ 4000	≤ 0.8
	硼	≤ 4000	≤ 1
第 3 种特定有害物质（农药+PCBs）5 项	杀草丹		≤ 0.02
	西玛津		≤ 0.003
	秋兰姆		≤ 0.006
	PCBs		不得检出
	有机磷农药（对硫磷、甲基对硫磷、甲基 1059 及 EPN）		不得检出

注：土壤标准是从保护土壤生产粮食功能的角度制定；溶出标准是从保护土壤净化水质和涵养地下水功能的角度制定。

（3）荷兰土壤环境质量标准

荷兰住房、空间规划和环境部（Ministry of Housing, Spatial Planning and Environment, VROM）颁布了土壤修复标准，其内容主要包含目标值、筛选值、干预值。其中，目标值接近土壤环境背景值，是生态系统风险可忽略的污染物浓度限值；干预值基于对人体健康与生态系统的潜在风险而设定，污染水平超过干预值则意味着土壤中存在对人体健康和生态系统不可接受的风险，应启动污染修复工作；筛选值介于目标值和干预值之间，用于筛选存在潜在风险的污染地块，当污染物浓度在目标值和筛选值之间时，可视为相对安全的，无须采取进一步的风险评估措施，而当污染物浓度介于筛选值和干预值之间时，则需开展风险评估以确认是否需要进行修复。荷兰土壤环境质量标准限值见表 1-4。

表1-4　荷兰土壤环境质量标准限值

元素	标准值 /（mg/kg）	干预值 /（mg/kg）
镉（Cd）	0.8	12
铬（Cr）	100	380
铜（Cu）	36	190
镍（Ni）	35	210
铅（Pb）	85	530
锌（Zn）	140	720
汞（Hg）	0.3	10
砷（As）	29	55
钡（Ba）	160	625
钴（Co）	9	240
钼（Mo）	3	200
锑（Sb）	3	15
铍（Be）	1.1	30
银（Ag）		15
硒（Se）	0.7	100
碲（Te）		600
铊（Tl）	1	15
锡（Sn）		900
钒（V）	42	250

（4）加拿大土壤环境质量标准

加拿大环境部长理事会（The Canadian Council of Ministers of the Environment, CCME）于 1996 年颁布了《环境与健康土壤质量指导值推导规程》，并于 1997 年颁布了基于该规程的加拿大土壤质量指导值，给出 20 种物质在农业用地、居住 / 公园用地、商业用地和工业用地 4 种土地利用方式下的土壤质量指导值（soil quality guideline, SQG），见表 1-5。2006 年，加拿大对《环境与健康土壤质量指导值推导规程》进行了修订与完善，对规程中缺省参数的设置、分配模型的使用、不同类型化学物质引起暴露的方式、受体情况及暴露途径等内容进行了更新和完善，制定了 4 种土地利用方式下不同受体 - 暴露途径土壤质量指导值的推导方法和计算公式。之后，对致癌类多环芳烃和其他一些化合物又进行多次修正，给出了不同土地利用方式和土壤质地等情况下的土壤质量指导值。

表1-5　加拿大土壤质量指导值（农业用地）

污染物	土壤质量指导值 /（mg/kg）
钒（V）	130
锌（Zn）	200
锑（Sb）	20
砷（As）	12
钡（Ba）	750
铍（Be）	4
硼（B）	2
镉（Cd）	1.4
总铬（Cr）	64
铬（Ⅵ）	0.4
钴（Co）	40
铜（Cu）	63
铅（Pb）	70
汞（Hg）	6.6
钼（Mo）	5
硒（Se）	1
银（Ag）	20
锡（Sn）	5
DDT	0.7
苯	0.03

（5）德国土壤环境质量标准

德国的农产品产地土壤环境质量标准是根据土壤的用途来分别制定的，将土壤分为农田（栽培大田作物的土地）、菜地、花园、草场和绿地，根据不同的用途给出了相应的重金属含量警戒值和限量值，并强调了在某种特定环境条件（土壤环境容量较低）下或某种对重金属有强富集作用的农作物的产区，土壤中污染物限量值应予以相应的调整。

（6）小结

目前，国外颁布的关于土壤环境质量的标准大多数是基于保护生态安全和人体健康制定的，其特点主要有：

① 一般将土壤分为农用土壤、工业土壤、人居土壤，分别规定干预值、目标值、指导值等，分类细，值级清晰。

② 将标准融入法律之中，使法律更具可操作性。如日本依据《农用地土壤污染防治法》，将砷、镉、铜规定为土壤重金属污染物，并配置检测方法和限量值，既增强了法律的执行力，又增强了标准的权威性。

③ 针对不同地区、不同种类的农作物，制定不同的限量指标。例如，美国分区域出台标准，生态土壤筛选值主要保护的生态受体有植物、无脊椎动物、鸟类及哺乳动物。植物与无脊椎动物主要评估其对土壤污染物直接摄入的暴露途径，鸟类及哺乳动物主要评估其对土壤污染物直接摄入值与其对生活在土壤中的动植物的食用暴露途径。

1.1.1.2 我国土壤环境质量标准

与发达国家相比，我国关于土壤环境质量标准的制定起步较晚，直到 20 世纪 80 年代才逐渐意识到人类活动对土壤环境质量的影响。在我国土壤背景值、土壤环境容量等大量研究成果的基础上，结合国际上相关的技术资料，国家环境保护局于 1995 年发布了《土壤环境质量标准》(GB 15618—1995)，是我国制定并颁布实施的第一部土壤环境质量标准，该标准体现了我国多年来有关土壤环境的科研成果，统一了全国的土壤环境质量标准。该标准的制定和颁布，填补了我国土壤环境管理依据的空白，对我国土壤环境保护和土壤资源的可持续发展起到了重要的作用。

《土壤环境质量标准》(GB 15618—1995)以防止土壤污染、保护生态环境、保障农林生产、维护人体健康为目的，根据土壤应用功能和保护目标，将土壤环境质量划分为 3 类：Ⅰ类主要适用于国家规定的自然保护区(原有背景土壤重金属含量高的除外)、集中式生活饮用水源地、茶园、牧场和其他保护地区的土壤，土壤质量基本保持自然背景水平；Ⅱ类主要适用于一般农田、蔬菜地、茶园、果园、牧场等土壤，土壤质量基本上对植物和环境不造成危害和污染；Ⅲ类主要适用于林地土壤及污染物容量较大的高背景值土壤和矿产附近等地的农田土壤(蔬菜地除外)，土壤质量基本上对植物和环境不造成危害和污染。

各类土壤环境质量执行标准的级别分为三级：Ⅰ类土壤环境质量执行一级标准，一级标准为保护区域自然生态、维持自然背景的土壤环境质量的限制值；Ⅱ类土壤环境质量执行二级标准，二级标准为保障农业生产、维护人体健康的土壤限制值；Ⅲ类土壤环境质量执行三级标准，三级标准为保障农林业生产和植物正常生长的土壤临界值。该标准第一级采用地球化学法，主要依据我国土壤背景值制定；第二级采用生态环境效应法，主要依据土壤中有害物质对植物和环境是否造成危害和影响而制定；第三级也是采用生态环境效应法，依据国内某些污染物高含量地区土壤尚未发生危害或尚未污染植物和环境的资料予以制定。

《土壤环境质量标准》(GB 15618—1995)在考虑土壤 pH 值、耕作方式的基础上，规定了三大类土地功能区的镉、汞、砷、铅、铬、铜、锌、镍 8 种重金属元素和六六六、滴滴涕 2 种有机氯农药的限量值，见表 1-6。

表1-6　土壤环境质量标准值（GB 15618—1995）

单位：mg/kg

项目①		级别				
		一级	二级			三级
		自然背景	pH＜6.5	6.5≤pH≤7.5	pH＞7.5	pH＞6.5
镉 ≤		0.20	0.30	0.30	0.60	1.0
汞 ≤		0.15	0.30	0.50	1.0	1.5
砷②	水田 ≤	15	30	25	20	30
	旱地 ≤	15	40	30	25	40
铜	农田等 ≤	35	50	100	100	400
	果园 ≤		150	200	200	400
铅 ≤		35	250	300	350	500
铬②	水田 ≤	90	250	300	350	400
	旱地 ≤	90	150	200	250	300
锌 ≤		100	200	250	300	500
镍 ≤		40	40	50	60	200
六六六③ ≤		0.05	0.50			1.0
滴滴涕③ ≤		0.05	0.50			1.0

① 重金属（铬主要是三价）和砷均按元素量计，适用于阳离子交换量＞5cmol(+)/kg 的土壤，若≤5cmol(+)/kg，其标准值为表内数值的半数。

② 水旱轮作地的土壤环境质量标准，砷采用水田值，铬采用旱地值。

③ 六六六为四种异构体总量，滴滴涕为四种衍生物总量。

行业标准是指在国家某个行业通过并公开发布的标准。我国与土壤质量相关的领域涉及农业、林业、土地管理、水利、地质、气象、煤炭、城建等多个行业，相对于国家标准，行业标准数量较多，发展速度相对较快。

2000 年，我国农业部颁布了《农田土壤环境质量监测技术规范》（NY/T 395—2000），规定了农田土壤环境质量监测的布点采样、分析方法、质控措施、数理统计、成果表达与资料整编等技术内容，适用于农田土壤环境监测，并于 2012 年、2025 年进行修订。2000 年，还颁布了《绿色食品　产地环境技术条件》（NY/T 391—2000），规定了绿色食品产地的环境空气质量、农田灌溉水质、渔业水质、畜禽养殖水质和土壤环境质量的各项指标与浓度限值、监测和评价方法，提出了绿色食品产地土壤肥力分级指标。该标准于 2013 年和 2021 年进行了两次修订，修订后的标准为《绿色食品　产地环境质量》（NY/T 391—2013、NY/T 391—2021）。

2006 年，国家环境保护总局颁布了《食用农产品产地环境质量评价标准》（HJ/T 332—2006），规定了食用农产品产地土壤环境质量、灌溉水质量和环境空气质量的各个项目及其浓度（含量）限值和监测、评价方法，主要适用于食用农产品产地，不适用于温室蔬菜生产用地。同年，又颁布了《温室蔬菜产地环境质量评价标准》（HJ/T 333—2006），规定了以土壤为基质种植的温室蔬菜产地温室内土壤环境质量、灌溉水质量和环境空气质量的各个控制项目及其浓度（含量）限值和监测、评价方法。这两项标准中涉及土壤环境质量限值的内容分别见表 1-7 和表 1-8。

表1-7　《食用农产品产地环境质量评价标准》土壤环境质量评价指标限值[1]

单位：mg/kg

项目[2]			pH[3]		
			pH＜6.5	6.5≤pH≤7.5	pH＞7.5
土壤环境质量基本控制项目					
总镉	水作、旱作、果树等	≤	0.30	0.30	0.60
	蔬菜	≤	0.30	0.30	0.40
总汞	水作、旱作、果树等	≤	0.30	0.50	1.0
	蔬菜	≤	0.25	0.30	0.35
总砷	旱作、果树等	≤	40	30	25
	水作、蔬菜	≤	30	25	20
总铅	水作、旱作、果树等	≤	80	80	80
	蔬菜	≤	50	50	50
总铬	旱作、蔬菜、果树等	≤	150	200	250
	水作	≤	250	300	350
总铜	水作、旱作、蔬菜、柑橘等	≤	50	100	100
	果树	≤	150	200	200
六六六[4]		≤	0.10		
滴滴涕[4]		≤	0.10		
土壤环境质量选择控制项目					
总锌		≤	200	250	300
总镍		≤	40	50	60
稀土总量		≤	背景值[5]+10	背景值[5]+15	背景值[5]+20
全盐量		≤	1000　2000[6]		

① 对实行水旱轮作、菜粮套种或果粮套种等种植方式的农地，执行其中较低标准值的一项作物的标准值。

② 重金属（铬主要是三价）和砷均按元素量计，适用于阳离子交换量＞5cmol/kg 的土壤，若≤ 5cmol/kg，其标准值为表内数值的半数。

③ 若当地某些类型土壤 pH 值变异在 6.0 ～ 7.5 范围，鉴于土壤对重金属的吸附率在 pH 6.0 时接近 pH 6.5，pH 值在 6.5 ～ 7.5 范围可考虑在该地扩展为 6.0 ～ 7.5。

④ 六六六为四种异构体总量，滴滴涕为四种衍生物总量。

⑤ 背景值：采用当地土壤母质相同、土壤类型和性质相似的土壤背景值。

⑥ 适用于半漠境及漠境区。

表1-8 《温室蔬菜产地环境质量评价标准》土壤环境质量评价指标限值

单位：mg/kg

项目①		pH②		
		pH＜6.5	6.5≤pH≤7.5	pH＞7.5
土壤环境质量基本控制项目				
总镉	≤	0.30	0.30	0.40
总汞	≤	0.25	0.30	0.35
总砷	≤	30	25	20
总铅	≤	50	50	50
总铬	≤	150	200	250
六六六③	≤	0.10		
滴滴涕③	≤	0.10		
全盐量	≤	2000		
土壤环境质量选择控制项目				
总铜	≤	50	100	100
总锌	≤	200	250	300
总镍	≤	40	50	60

① 重金属和砷均按元素量计，适用于阳离子交换量＞5cmol/kg 的土壤，若≤ 5cmol/kg，其标准值为表内数值的半数。

② 若当地某些类型土壤 pH 值变异在 6.0 ～ 7.5 范围，鉴于土壤对重金属的吸附率在 pH 6.0 时接近 pH 6.5，pH 6.5 ～ 7.5 组可考虑在该地扩展为 pH 6.0 ～ 7.5 范围。

③ 六六六为 4 种异构体（α-666、β-666、γ-666、δ-666）总量，滴滴涕为 4 种衍生物总量（*p,p′*-DDE、*o,p′*-DDT、*p,p′*-DDD、*p,p′*-DDT）。

2012 年，我国农业部又颁布了《农产品产地安全质量适宜性评价技术规范》（NY/T 2149—2012）。该标准规定了农产品产地安全质量适宜性评价的方法、程序及农产品产地安全质量等级划分技术等。该标准适用于种植业农产品产地安全质量适宜性评价；畜禽养殖业、水产养殖业的产地安全质量适宜性评价可参照执行。

我国以《土壤环境质量标准》（GB 15618—1995）为基础，配合行业标准和地方标准，20 多年来在土壤环境保护中发挥了重要作用，但随着社会经济和科学技术的发展，我国土壤环境形势发生了较大变化，在实践中也发现了诸多不足之处。首先，该标准分类较笼统，不能满足实际应用需要。例如，Ⅱ类规定主要适用于一般农田、蔬菜地、茶园、果园、牧场等土壤，而且执行同一级标准（二级标准），但实际上不同土壤的用途差异很大，对土壤环境质量的要求也不尽相同，使用同一级标准显然是不合理的。同时，我国地域跨度大，土壤类型复杂，不同土壤之间在性质上存在着较大差异，同一元素在不同地区土壤中的含量也差异较大，而该标准却使用一把标尺衡量。此外，工业污染、污水灌溉、化肥和农药的过量使用导致土壤中累积了多环芳烃、多氯联苯等难降解的持久性有机污染物，而该标准中只有六六六和滴滴涕两种有机氯农药，应增加有机类的污染物项目。

与发达国家相比，我国与土壤质量相关的标准更新速度相对较慢，已不能适应当前发展的要求。为提高其适用性，经过几轮修订和征求意见，生态环境部与国家市场监督管理总局于 2018 年 6 月 22 日联合发布了《土壤环境质量 农用地土壤污染风险管控标准（试行）》（GB 15618—2018），并于 2018 年 8 月 1 日实施。该标准规定了农用地土壤污染风险筛选值和管制值，规定了农用地土壤中镉、汞、砷、铅、铬、铜、镍、锌等基本项目，以及六六六、滴滴涕、苯并 [*a*] 芘等其他项目的风险筛选值，以及农用地土壤中镉、汞、砷、铅、铬的风险管制值（见表 1-9、表 1-10），以保护农用地土壤环境，管控农用地土壤污染风险，保障农产品质量安全、农作物正常生长和土壤生态环境。

表1-9 农用地土壤污染风险筛选值

污染物项目①②		风险筛选值 / （mg/kg）			
		pH ≤ 5.5	5.5 < pH ≤ 6.5	6.5 < pH ≤ 7.5	pH > 7.5
镉	水田	0.3	0.4	0.6	0.8
	其他	0.3	0.3	0.3	0.6
汞	水田	0.5	0.5	0.6	1.0
	其他	1.3	1.8	2.4	3.4
砷	水田	30	30	25	20
	其他	40	40	30	25
铅	水田	80	100	140	240
	其他	70	90	120	170
铬	水田	250	250	300	350
	其他	150	150	200	250
铜	果园	150	150	200	200
	其他	50	50	100	100
镍		60	70	100	190
锌		200	200	250	300
六六六总量③		0.10			
滴滴涕总量④		0.10			
苯并 [*a*] 芘总量		0.55			

① 重金属和类金属砷均按元素总量计。
② 对于水旱轮作地，采用其中较严格的风险筛选值。
③ 六六六总量为 α- 六六六、β- 六六六、γ- 六六六、δ- 六六六 4 种异构体的含量总和。
④ 滴滴涕总量为 *p,p'*- 滴滴伊、*p,p'*- 滴滴滴、*o,p'*- 滴滴涕、*p,p'*- 滴滴涕 4 种衍生物的含量总和。

表1-10　农用地土壤污染风险管制值

污染物项目	风险管制值 /（mg/kg）			
	pH ≤ 5.5	5.5＜pH ≤ 6.5	6.5＜pH ≤ 7.5	pH＞7.5
镉	1.5	2.0	3.0	4.0
汞	2.0	2.5	4.0	6.0
砷	200	150	120	100
铅	400	500	700	1000
铬	800	850	1000	1300

土壤环境质量标准是我国土壤环境保护标准体系必不可少的部分，有着不可替代的重要作用。新标准的发布实施，优化了我国土壤环境标准，逐步改善我国土壤质量的标准体系，更有助于保障农业生产和维护人类健康。

1.1.1.3　国内外比较

各国已经建立的对于农用地适用的土壤环境质量标准体系之间，标准的名称、概念和超标的含义等都有一定的异同，具体如下。

（1）法律效力

加拿大的土壤质量指导值不具有全国范围的法律约束力，具体管控过程中以各省制定的污染场地管理条例中的数值为准。而德国、荷兰、英国和中国的土壤环境质量标准体系都是可以为全国范围内的监管提供依据，是具有法律效力的标准体系。

（2）体系构成

英国的农用地土壤环境质量标准体系只由土壤指导值一个系列的限值构成，加拿大的农用地环境质量标准体系也只由土壤质量指导值一个系列的限值构成，需要对不同情况的农用地所采取的措施也只分超标和未超标两种情况。而德国、荷兰和中国的农用地土壤环境质量标准体系由 2 ～ 3 个系列的限值构成，各系列的限值是根据土壤中污染物浓度值高低而先后触发，不同系列的限值共同划分出了 3 ～ 4 个值域，处在不同值域范围内的农用地将被采取不同的措施。

（3）应用场景

德国的触发值、荷兰的目标值和中国的筛选值较为接近。其中，德国的触发值与荷兰的筛选值更接近环境基准的概念，即在低于此值的时候，认为土地目前不具有风险。而中国的筛选值则作为分类管控的标准之一，低于此值的时候认为具有风险的可能性较小。三者的共同特点是低于标准值时可以进行安全利用。德国的行动值、荷兰的干预值和中国的管制值较为接近，在高于这 3 个值的时候均认为土地具有较为严重的风险，需要采取严格的措施。而德国增加了预防值的概念，以判断土地未来是否具有出现风险的可能，荷兰在具体的执行过程中增加了中间值的概念，细化了限制使用和采取调查的界限。

（4）制定目的和方法

德国和中国的农用地环境质量标准体系都是以保障人体健康和农产品质量为主，农产品的质量是其制定限值的主要依据，其制定方式主要考虑的也是土壤 - 作物的污染物传递，兼顾考虑其他生态方面。而荷兰、加拿大和英国主要考虑的是人体健康风险和生态风险，土壤污染物会导致的相关生物过程和人体的风险是其制定限值的主要依据。荷兰的限值取值来自土壤污染物总浓度与潜在受影响的物种分布关系曲线以及土壤污染物总浓度与微生物过程或酶活性受到影响的分布关系曲线，并考虑限制污染物的致癌风险，加拿大和英国则使用风险暴露评估方法和模型确定限值。

（5）适用土地类型

加拿大、英国和荷兰的农用地环境质量标准体系并没有对不同的农用地类型做出不同的限值规定，而德国对草场、农业用地和菜园做出了不同的限值规定。中国则将土地分为水田和其他两类，并对不同 pH 值范围内的土地有不同的限值规定。

1.1.2　国内外农产品污染限量标准

广义的农产品中污染物是农产品在生产（包括农作物种植、动物饲养）、加工、包装、贮存、运输、销售等过程中产生的或由环境污染带入的、非有意加入的化学性危害物质。本书中主要指食用农产品在农作物种植过程中产生的或由环境污染带入的、非有意加入的化学性危害物质。例如，有害重金属元素（如镉、汞、砷、铅、铬）和工业化学品污染物（如多氯联苯），自然界的真菌在生长繁殖过程中产生有毒的代谢产物 [如黄曲霉毒素、呕吐毒素（脱氧雪腐镰刀菌烯醇）] 等。

农产品中的污染物超过一定限量值被食用后就可能对人体健康产生危害。制定农产品及其加工制品中有毒有害物质限量标准的具体步骤包括：危害识别—确定动物最大无作用剂量—确定人体每日容许摄入量（ADI）—摄入量评估—危险性特征的描述—确定每日总膳食中的容许含量—确定各种食物中的最大容许量—制定食品中有毒物质的限量标准。

国际上通常将常见的食用农产品及由其加工成的食品污染物的各种限量要求统一制定公布为食品污染物限量标准。如国际食品法典委员会（CAC）制定的《食品和饲料中污染物和毒素通用标准》，涉及食品污染物、毒素和放射性核素限量规定；欧盟委员会、澳新食品标准局等都专门制定了食品中特定金属和非金属污染物、天然毒素限量。欧盟 2006 年颁布了委员会条例（EC）No. 1881/2006，制定了食品中某些污染物的最高限量，详细规定了欧盟水产品、谷物、蔬菜、水果、牛奶等食品中铅、镉、汞等重金属的限量。2008 年，欧盟委员会条例（EC）No. 629/2008 对欧盟委员会条例（EC）No. 1881/2006 进行了修订，调整了铅、镉、汞和锡在各类食品尤其是水产品中的限量标准。我国《食品安全国家标准　食品中真菌毒素限量》（GB 2761—2017）中规定了食品中黄曲霉毒素 B_1、黄曲霉毒素 M_1、脱氧雪腐镰刀菌烯醇、展青霉素、赭曲霉毒素 A 及玉米赤霉烯酮的限量指标；《食品安全国家标准　食品中污染物限量》(GB 2762—2022)标准规定了食品中铅、镉、汞、砷、锡、镍、铬、亚硝酸盐、硝酸盐、苯并[a]芘、N-二甲基亚硝胺、多氯联苯、3-氯-1,2-丙二醇的限量指标。我国对食品中放射性物质限量另行制定相关要求。

我国现行的《食品安全国家标准 食品中污染物限量》(GB 2762)是我国食品安全通用标准，对保障食品安全、规范食品生产经营、维护公众健康具有重要意义。该标准包括GB 2762—1981、GB 2762—1994、GB 2762—2005、GB 2762—2012、GB 2762—2017、GB 2762—2022等多个版本，不断修订，不断完善。修订工作坚持以保障公众健康为目的，重点对我国居民健康构成较大风险的食品污染物和对居民膳食暴露量有较大影响的食品种类设置限量规定；以风险评估为基础，参考国际食品法典委员会(CAC)食品中污染物标准制定原则，结合污染物风险监测数据和暴露评估结果，确定污染物及其在相关食品中的限量。修订工作充分考虑我国实际污染情况及行业生产经营状况，兼顾行业发展和监管需要，将源头污染控制和生产过程控制相结合，重点对食品原料中的污染物进行控制，确保标准的科学性和可行性。

1.1.2.1 我国食品中污染物限量标准发展过程

GB 2762—1994《食品中汞限量卫生标准》发布于1994年8月10日，规定了成品粮中汞允许限量标准值是0.02mg/kg，薯类(土豆、白薯)、蔬菜、水果中汞允许限量标准值是0.01mg/kg。被2005年1月25日发布的GB 2762—2005《食品中污染物限量》替代，GB 2762—2005代替并废止了GB 14935—1994《食品中铅限量卫生标准》、GB 15201—1994《食品中镉限量卫生标准》、GB 2762—1994《食品中汞限量卫生标准》、GB 4810—1994《食品中砷限量卫生标准》、GB 14961—1994《食品中铬限量卫生标准》、GB 15202—2003《面制食品中铝限量》、GB 13105—1991《食品中硒限量卫生标准》、GB 4809—1984《食品中氟允许量标准》、GB 7104—1994《食品中苯并(a)芘限量卫生标准》、GB 9677—1998《食品中N-亚硝胺限量卫生标准》、GB 9674—1988《海产食品中多氯联苯限量标准》、GB 15198—1994《食品中亚硝酸盐限量卫生标准》、GB 13107—1991《植物性食品中稀土限量卫生标准》。GB 2762—2005《食品中污染物限量》将GB 14935—1994、GB 15201—1994等13项污染物限量标准合并为一个标准；依据危险性评估，参照CAC标准，将部分食品品种和限量指标做了相应修改；个别项目目标物改变，如GB 9674—1988中多氯联苯以PCB1和PCB5为目标物的限量指标，该标准以PCB28、PCB52、PCB101、PCB118、PCB138、PCB153和PCB180的总和计，并增加PCB138、PCB153两项限量指标；等效采用CAC标准，取消GB 4810—1994中总砷所涉及的部分食物品种，增设糖、食用油脂、果汁及果浆、可可制品五个食品品种的限量指标。

2012年11月13日，GB 2762—2012《食品安全国家标准 食品中污染物限量》发布，部分替代GB 2762—2005《食品中污染物限量》。与GB 2762—2005相比，修改了标准名称，增加了可食用部分的定义，增加了应用原则，取消了硒、铝、氟的限量规定，增加了锡、镍、3-氯-1,2-丙二醇及硝酸盐的限量规定，将N-亚硝胺限量指标由*N*-二甲基亚硝胺和*N*-二甲基乙硝胺调整为*N*-二甲基亚硝胺，并将*N*-亚硝胺限量指标名称修改为*N*-二甲基亚硝胺，增加了附录A。

2017年3月17日发布了GB 2762—2017《食品安全国家标准　食品中污染物限量》，代替GB 2762—2012《食品安全国家标准　食品中污染物限量》。与GB 2762—2012相比，删除了稀土限量要求，修改了应用原则，增加了螺旋藻及其制品中铅限量要求，调整了黄花菜中镉限量要求，增加了特殊医学用途配方食品、辅食营养补充品、运动营养食品、孕妇及乳母营养补充食品中污染物限量要求，更新了检验方法标准号，增加了无机砷限量检验要求的说明，修改了附录A。

2022年6月30日发布了GB 2762—2022《食品安全国家标准　食品中污染物限量》，代替GB 2762—2017《食品安全国家标准　食品中污染物限量》及第1号修改单。与GB 2762—2017相比，修改了术语和定义，修改了应用原则，修改了部分食品中铅限量要求，修改了部分食品中镉限量要求，修改了部分食品中砷限量要求，修改了部分食品中汞限量要求，修改了表5中注释用词及标注的位置，修改了谷物及其制品中苯并[*a*]芘限量要求，修改了食品中多氯联苯限量要求，修改了包装饮用水中污染物限量引用的检验方法，增加了液态婴幼儿配方食品的折算比例，修改了附录A。

1.1.2.2　我国现行的食品中污染物限量标准

我国现行的食品中污染物限量标准（GB 2762—2022）在GB 2762—2017《食品安全国家标准　食品中污染物限量》及其第1号修改单的基础上，对应用原则，可食用部分术语定义，部分食品中铅、镉、砷、汞等指标都做了进一步完善，还修改了食品中锡限量指标的注释用词及标注位置、包装饮用水中污染物限量引用的检验方法、附录A食品类别（名称）说明中的部分分类，增加了液态婴幼儿配方食品的折算比例。对于污染物限量值的修订如下。

（1）食品中铅限量的修订

联合国粮食及农业组织、世界卫生组织食品添加剂联合专家委员会（JECFA）2010年取消了铅的暂定每周耐受摄入量（PTWI），建议成员国努力降低食物中铅的含量，保障本国居民健康。CAC已全面下调铅限量标准，近年来各国均开始采取控制措施减少食品中铅污染，以降低其对人体的健康风险。我国于2010年启动了第一轮食品中铅限量修订，发布实施了《食品安全国家标准　食品中污染物限量》（GB 2762—2012）。随着我国食品中铅污染数据的积累，GB 2762—2022中铅限量参照CAC“可合理达到的最低原则”（ALARA原则），重点对婴幼儿食品、儿童经常食用的食品（如液态乳、果汁、蜂蜜等）以及部分食品制品（如蔬菜制品、水果制品等）中的铅限量进行了调整。

（2）食用菌及其制品中重金属限量的修订

食用菌可分为栽培食用菌和野生食用菌。野生食用菌通常指在自然界完全处于野生状态、不能人工培育的可食用菌，因其较为稀少而名贵，其消费量也远少于人们日常食用的栽培食用菌。野生食用菌中重金属的污染受生长环境影响，无法通过人为措施予以控制，并且个别野生食用菌品种对于某些重金属有富集特性。GB 2762—2022收集了我国常见栽培食用菌和野生食用菌中重金属污染数据，分析各类食用菌对不同重金属的富集特性，开展食用菌中重金属暴露的风险评估，在保障消费者食用安全的前提条件下，对食用菌中的铅、镉、汞、砷 4 项重金属限量进行了调整。修订后食用菌及其制品的重金属限量指标更加有针对性，如木耳及其制品、银耳及其制品中无机砷限量为 0.5mg/kg（以干重计），松茸及其制品中无机砷限量为 0.8mg/kg，其他食用菌及其制品中无机砷限量为 0.5mg/kg。

（3）稻米中镉限量设置的相关背景

国家食品安全风险评估专家委员会对我国居民膳食中镉污染暴露情况进行了全面的风险评估，评估结果表明，我国居民膳食中镉污染水平整体安全，部分地区人群镉暴露水平仍然较高。稻谷不同部位镉含量分布不稳定，通过稻谷脱壳不会显著降低大米中镉的污染水平，难以分别设置稻谷和大米的限量。为保护消费者健康，稻米（含稻谷、糙米、大米）中镉限量维持原标准 0.2mg/kg 的限量要求。

（4）稻米中无机砷限量的修订

根据外皮脱除程度的不同，稻米可分为稻谷、糙米和大米。无机砷在稻米籽粒中浓度分布不均匀，稻壳中无机砷含量略高，稻谷在碾磨加工成大米的过程中可以减少约 50% 的无机砷。此次修订进一步分析了我国稻米中无机砷污染数据，根据分析结果，将稻谷和糙米中无机砷限量由 0.2mg/kg 调整为 0.35mg/kg，维持大米中无机砷限量水平为 0.2mg/kg。调查结果表明，符合限量标准要求的稻谷和糙米经碾磨加工后能够符合大米中无机砷限量要求，在保障消费者健康的前提下减少不必要的粮食浪费。

（5）复合调味料中砷限量的修订

砷化合物毒性取决于其形态，其中无机砷是国际癌症研究中心（IARC）确认的致癌物，而有机砷化合物毒性较低，二者合称为总砷。由于总砷的检测方法操作相对简单，GB 2762 对无机砷占总砷比例较为稳定的食品类别都规定了总砷限量。

复合调味料基于口味需求常常包括多种食品原料。例如，三鲜味的复合调味料常常会添加海带、盐渍裙带菜、虾米、虾皮等藻类及其制品或水产动物及其制品，菌汤味的产品会添加食用菌及其制品，而藻类、食用菌、水产动物对砷有特殊富集性，且其中多数是毒性较低的有机砷。添加少量易富集砷的原料即可导致复合调味料的总砷含量超出一般调味品的限量要求。在保障消费者健康的前提下，为避免因个别配料带入低风险有机砷影响最终产品总砷含量，新修订的 GB 2762 将复合调味料的砷限量都改为无机砷，限量值为 0.1mg/kg。藻类调味品在食品类别上应归属于复合调味料，因此删除原标准中“藻类调味品除外”的注释。

（6）“干制品中污染物限量折算”应用原则的修订

为解决 GB 2762—2017 应用原则 3.5 条款“干制品中污染物限量折算”在实施过

程中遇到的问题，此次修订对污染数据充足的干制品制定了具体的限量指标，如干制蔬菜、水果干类；对主要以干品形式在市场流通的食品则以干重计的形式规定限量值，如木耳干制品、银耳干制品。但肉类干制品、干制水产品、干制食用菌目前尚无足够的数据支持制定相应的限量值，仍需按照 3.5 条款的规定执行。

新修订的 GB 2762—2022 将肉类干制品、干制水产品、干制食用菌等干制品中污染物限量折算原则调整为“干制品中污染物限量应以相应新鲜食品中污染物限量结合其脱水率或浓缩率折算”。为简化检验结果判定过程，如干制品中污染物含量低于其新鲜原料的污染物限量要求，可判定符合限量要求。

（7）修改完善附录 A 食品类别（名称）说明

食品类别（名称）说明（附录 A）用于界定污染物限量的适用范围，借鉴了 CAC《食品和饲料中污染物和毒素通用标准》中的食品分类系统，并参考了我国现有食品分类，结合我国食品中污染物的污染状况制定，该分类仅适用于 GB 2762。此次标准修订，进一步明确个别品类限量指标的对应性，在附录 A 中增加个别品类。如在豆制品中明确包括豆沙馅，增加“其他豆制品（包括豆沙馅）”；在“动物油脂”举例中明确包括磷虾油等。进一步加强与食品产品标准分类的对应性，调整了个别分类名称、类别归属、类别中亚类的划分或举例。如对婴幼儿配方食品等分类名称或相关的举例内容进行了调整，使附录 A 中分类更加清晰明确。

农产品中污染物限量值见表 1-11。

表1-11 农产品中污染物限量值

污染物项目	GB 2762—2017		GB 2762—2022	
	农产品类别	限量值/（mg/kg）	农产品类别	限量值/（mg/kg）
镉（Cd）	谷物（稻谷除外）	0.1	谷物（稻谷除外）	0.1
	稻谷、糙米、大米	0.2	稻谷、糙米、大米（粉）	0.2
	新鲜蔬菜（叶菜蔬菜、豆类蔬菜、块根和块茎蔬菜、茎类蔬菜、黄花菜除外）	0.05	新鲜蔬菜（叶菜蔬菜、豆类蔬菜、块根和块茎蔬菜、茎类蔬菜、黄花菜除外）	0.05
	叶菜蔬菜	0.2	叶菜蔬菜	0.2
	豆类蔬菜、块根和块茎蔬菜、茎类蔬菜（芹菜除外）	0.1	豆类蔬菜、块根和块茎蔬菜、茎类蔬菜（芹菜除外）	0.1
	芹菜、黄花菜	0.2	芹菜、黄花菜	0.2
	新鲜水果	0.05	新鲜水果	0.05
	豆类	0.2	豆类	0.2
	花生	0.5	花生	0.5

续表

污染物项目	GB 2762—2017		GB 2762—2022	
	农产品类别	限量值/(mg/kg)	农产品类别	限量值/(mg/kg)
汞（Hg）	稻谷、糙米、大米、玉米、玉米面（渣、片）、小麦、小麦粉	0.02（总汞）	稻谷、糙米、大米（粉）、玉米、玉米粉、玉米糁（渣）、小麦、小麦粉	0.02（总汞）
	新鲜蔬菜	0.01（总汞）	新鲜蔬菜	0.01（总汞）
砷（As）	谷物（稻谷除外）	0.5（总砷）	谷物（稻谷除外）	0.5（总砷）
	稻谷、糙米、大米	0.2（无机砷）	稻谷	0.35（无机砷）
	新鲜蔬菜	0.5（总砷）	新鲜蔬菜	0.5（总砷）
铅（Pb）	谷物及其制品［麦片、面筋、八宝粥罐头、带馅（料）面米制品除外］	0.2	谷物及其制品［麦片、面筋、粥类罐头、带馅（料）面米制品除外］	0.2
	新鲜蔬菜（芸薹类蔬菜、叶菜蔬菜、豆类蔬菜、薯类除外）	0.1	新鲜蔬菜（芸薹类蔬菜、叶菜蔬菜、豆类蔬菜、生姜、薯类除外）	0.1
	芸薹类蔬菜、叶菜蔬菜	0.3	叶菜蔬菜	0.3
	豆类蔬菜、薯类	0.2	芸薹类蔬菜、豆类蔬菜、生姜、薯类	0.2
	新鲜水果（浆果和其他小粒水果除外）	0.1	新鲜水果（蔓越莓、醋栗除外）	0.1
	浆果和其他小粒水果	0.2	蔓越莓、醋栗	0.2
	豆类	0.2	豆类	0.2
	坚果及籽类（咖啡豆除外）	0.2	坚果及籽类（生咖啡豆及烘焙咖啡豆除外）	0.2
铬（Cr）	谷物	1.0	谷物	1.0
	新鲜蔬菜	0.5	新鲜蔬菜	0.5
	豆类	1.0	豆类	1.0
苯并[*a*]芘	稻谷、糙米、大米、小麦、小麦粉、玉米、玉米面（渣、片）	5.0μg/kg	稻谷、糙米、大米（粉）、小麦、小麦粉、玉米、玉米粉、玉米糁（渣）	2.0μg/kg

GB 2762 在实施中应当遵循以下原则：

① 食品生产企业应当严格依据法律法规和标准组织生产，符合食品污染物限量标准要求；

② 对标准未涵盖的其他食品污染物或者未制定限量值或控制水平的，食品生产者应当采取控制措施，使食品中污染物含量达到尽可能的最低水平；

③ 重点做好食品原料污染物控制，从食品源头降低和控制食品中污染物；

④ 严格食品生产过程安全管理，鼓励采用严于 GB 2762 的控制要求，降低食品中污染物的含量。

1.2 产地环境阈值计算方法

近年来随着多学科的共同发展，农用地土壤重金属生态安全阈值的确定方法也变得越来越完善，主要分为点模型、概率分布模型以及经验模型等。其中点模型中主要为熵值法，即评估因子法；概率分布模型中主要以物种敏感性分布法为主；经验模型中则主要有生态环境效应法、贝叶斯风险评估模型、二次判别模型、决策树模型以及逻辑回归模型等。点模型中的评估因子法作为最早考虑物种敏感性的一种生态安全阈值确定法，它是指所研究区域内由某一最敏感物种的急性或慢性毒理学数据除以评估因子来得到作为基准值的预测无效应浓度[4,5]，最初被用来确定水环境生态阈值，但随着近年来农用地土壤重金属污染的加剧，应用评估因子法确定农用地土壤重金属生态安全阈值的研究也开始变得越来越广泛[6]。概率分布模型中的物种敏感性分布法作为目前最主流的生态安全阈值确定方法，它主要是基于环境中不同物种对同一污染物的敏感性差异提出的，既考虑了物种敏感性的差异，又考虑了生物有效性，因此，欧洲、美洲等地区的国家开始广泛应用物种敏感性分布法进行生态风险评价及环境质量基准的制定。虽然我国对物种敏感性分布法的研究和应用起步较晚，但近年来得到了快速发展。而生态环境效应法作为经验模型中最常用的一种生态安全阈值确定方法，其主要是基于土壤 - 农作物体系的环境质量标准进而推算农用地土壤环境中重金属元素最高允许浓度的一种方法。它考虑了重金属在土壤 - 农作物体系中的生物有效性，但未考虑物种种类的影响，而我国 1995 年颁布的《土壤环境质量标准》（GB 15618—1995）则是根据生态环境效应法制定，它对我国土壤环境质量评价和保护发挥了重要的历史作用。此外，经验模型中的贝叶斯风险评估模型、二次判别模型、决策树模型以及逻辑回归模型等均可被用来计算农用地土壤重金属的生态安全阈值。

从标准体系来看，尽管各国或各地区土壤污染限量标准存在差异，但根据其功能和对应的风险等级可以将各国标准大致划分为指示可忽略风险的标准值、中等风险的标准值和不可接受风险的标准值。美国作为最早开展土壤污染生态风险研究的国家，分别于 1992 年和 1998 年发布了《生态风险评价框架》和《生态风险评价指南》。在此基础上，美国建立了包含 8 个步骤的超级基金生态风险评价方法，用于指导和规范超级基金场地的生态风险评价。1998 年 2 月 6 日，德国联邦议会通过了《联邦土壤保护法》[7]，1999 年 6 月颁布了《联邦土壤保护与污染场地条例》[8]，建立了土壤污染风险评估和治理修复的统一方式和标准。基于上述 2 项法律法规，德国建立了土壤污染限量标准体系。《联邦土壤保护与污染场地条例》中规定了预防值（precaution value）、触发值（trigger value）和行动值（action value）3 类土壤污染标准值。3 类指标值中，预防值不针对特定的用地方式，是联邦政府依据已有的毒理学研究结果结合土壤背景值情况和地块调查结果制定[9]，而触发值和行动值则针对不同的土地利用方式具有不同的规定。其中与农用地相关的用地方式共有农业用地（种植各种农作物，包括蔬菜）、种植食用作物的菜园以及草场 3 种。类似地，加拿大于 1996 年依据保护生态和人体健康的原则计算保护生态环境的土壤质量指导值和保护人体健康的土壤质量指导值，取二者的低值作为最终指导值。当土壤污染物浓度低于指导值时，土壤污染风险可忽略，当土壤污染物浓度高于指导值时应开展调查以确定是否需要采取修复措施。

我国土壤污染限量标准的发展始于 20 世纪 90 年代，老一辈科学家在污灌区环境质量评价、土壤环境容量和背景值等项目中开展了土壤污染限量基准的最早研究，建立了生态环境效应法，推导了土壤 - 植物体系（作物效应）、土壤 - 微生物体系（微生物效应）和土壤 - 水体系（环境效应）中重金属的土壤临界含量（阈值），为我国《土壤环境质量标准》（GB 15618—1995）的制定提供了重要技术支撑。随着我国经济社会的快速发展，现有的土壤污染限量标准已不适用于当前的社会环境。因此，2018 年为贯彻《土壤污染防治行动计划》（简称“土十条”）的风险管控要求，生态环境部发布实施了《土壤环境质量　农用地土壤污染风险管控标准（试行）》（GB 15618—2018），这对于我国土壤污染限量标准的发展具有里程碑式的意义，其中限量标准体系由风险筛选值和风险管制值构成，进一步缩小了我国土壤环境质量标准研究与国际发达国家之间的差距。

从保护目标来看，国外制定土壤污染限量标准时主要从保护农产品安全、人体健康、生态系统安全和地下水安全 4 个方面获得相应临界含量或阈值。其中，保护农产品安全的土壤标准通常基于土壤 - 作物迁移模型和食品、饲料等卫生标准来制定，以农产品中污染物浓度达到相应标准为保护目标。保护人体健康的土壤标准采用人体健康风险评估方法学制定。保护生态系统安全的土壤环境标准包括保护农作物生长和保护土壤生态环境。其中，保护农作物生长主要考虑土壤污染对农作物产量的影响，以保持土壤良好的生产力和经济效益；保护土壤生态环境采用生态风险评估方法学，评估污染物对陆生生态系统的直接接触毒性或经过生物累积的二次毒性。保护地下水安全的土壤环境标准是基于土 - 水迁移模型和地下水环境质量标准来制定。然而，由于我国现阶段农用地土壤污染防治工作的目标和任务是确保农产品质量安全，风险筛选值和风险管制值的制定目标也是以保护食用农产品质量安全为主，同时兼顾保护农作物生长和生态环境的需要。基于制定目标，GB 15618—2018 标准中规定，我国的农用地土壤筛选值和管制值适用于与食用农产品相关的耕地、园地和牧草地，不包括林地，因此，我国土壤污染限量标准的主要目标是保护农产品质量安全。

从推导方法来看，在推导保护农产品质量安全的土壤阈值时主要有以下 4 种推导方法：

① 基于土壤与作物的回归模型。采用盆栽试验、田间小区试验，添加不同剂量的重金属，通过对土壤重金属浓度与作物吸收的剂量 - 效应关系进行回归，建立预测模型，依据国家规定的食品中重金属限量标准推导土壤中重金属的临界含量。

② 基于外源添加试验的物种敏感性分布法（SSD）[10,11]。采用盆栽试验或者田间小区试验方法将外源富集系数与土壤性质的关系量化，采用物种敏感性分布法推导不同作物品种累积概率下土壤中污染物危害阈值，并以保护 95% 的物种安全或 95% 的物种受到危害的外源添加法阈值加土壤背景值作为土壤阈值。

③ 基于大田调查数据的物种敏感性分布法。根据大田调查数据得到的土壤 - 作物污染物富集效应敏感性分布，按照保护不同比例的作物品种推导土壤阈值。

④ 基于大田调查数据回归模型。根据土壤 - 作物的点对点采样数据建立土壤和作物中重金属含量以及土壤理化性质的多元回归模型，依据国家规定的食品中重金属限量标准推导土壤重金属阈值。

在综合以上方法确定保护农产品质量的土壤阈值时，我国优先采用最新的研究结果，优先考虑基于大田调查数据推导的土壤阈值。在实际执行过程中，受大田调查数据不足的限制，汞、砷和铅等重金属以保护农产品质量为目标的土壤阈值主要采用盆栽试验的推导结果。同时，在我国目前的农用地风险标准值体系中，风险筛选值共有 11 项指标，包括镉、汞、砷、铅、铬、铜、镍和锌 8 类重金属污染物与六六六、滴滴涕和苯并 [*a*] 芘 3 类有机污染物；风险管制值共有 5 项指标，包括镉、汞、砷、铅和铬 5 类重金属污染物。针对重金属污染物的风险筛选值与风险管制值均以 pH 值为 5.5、6.5 和 7.5 为界划分出 4 个范围，针对处于不同 pH 值范围内的土壤做出了不同的风险筛选值与风险管制值的规定。同时，我国也规定了具体的实施方法，以实现分类监管的目的。即如果农用地的相关污染物浓度低于风险筛选值，则划为优先保护类，对其实行特别保护，确保面积不减少、土壤环境质量不下降；如果污染物浓度高于风险筛选值但低于风险管制值，则划为安全利用类，采取园艺调控、替代种植等安全利用措施；如果污染物浓度高于风险管制值，则划为严格管控类，采取禁止种植食用农产品、退耕还林等严格管控措施。

1.2.1 点模型

点模型作为农用地土壤重金属风险评估初级筛查的一种重要手段，主要包括评估因子法。评估因子法是指利用所研究区域内最敏感农作物对重金属污染物的耐受值除以相应评估因子作为农作物的毒性安全阈值。评估因子法最早被用来推导水质基准，例如法国、德国、西班牙以及英国等均使用评估因子法推导水质基准 [12-15]，但随着农用地土壤重金属污染的加剧，一些研究者开始将评估因子法应用于农用地土壤环境质量基准的推导。利用评估因子法推导农用地土壤环境质量基准的核心步骤为最敏感物种毒性数据的获取及评估因子的选取。其中最敏感物种的毒性数据分为急性毒性数据及慢性毒性数据。一般情况下，急性毒性数据较易获取，而慢性毒性数据则更能体现污染物对农作物的长期危害，与实际环境更为接近，而当毒性数据较少时一般使用评估因子法进行农用地土壤生态安全阈值的推导。此外，评估因子的选取在不同的国家和地区有不同的规定，具体见表 1-12。

表1-12 不同国家评估因子的取值范围

国家	评估因子取值	参考文献
法国	急性毒性值：1000；慢性毒性值：10	[4,5,12-16]
西班牙	急性毒性值：0.01；慢性毒性值：0.1	
英国	急性毒性值：2 ～ 10；慢性毒性值：1 ～ 100	
荷兰	急性毒性值：100；慢性毒性值：10	
澳大利亚及新西兰	急慢性毒性值：20 ～ 1000	

由表 1-12 可以看出，不同国家评估因子的取值差异显著，且评估因子与毒理学数据的类型有关，较少的毒性数据对应较高的评估因子。其中西班牙规定以敏感物种的毒性值乘以评估因子作为环境基准值。虽然评估因子法作为目前较为常用的一种农用地土壤重金属生态风险评估方法，但在使用过程中评估因子的选取过于经验化且主要依赖国家政策，只能作为保护土壤环境的一种手段，并不能将其作为制定环境基准的标准方法。因此，有学者建议使用评估因子法时应遵循以下原则[16]：

① 所使用的毒性数据必须科学有效；

② 评估因子法只能用于评估效应水平的数据筛选；

③ 评估因子的选取应为一定范围内的不同值，而不是某个单一值；

④ 不同污染的风险及性质不同，其评估因子的大小也不同；

⑤ 采用评估因子法进行生态风险评价时往往会出现“过保护”现象，而一些无用的“过保护”则没有必要，因此可考虑适当降低评估因子的取值。

1.2.2 经验模型

1.2.2.1 生态环境效应法

生态环境效应法作为经验模型中应用最广泛的一种重金属生态安全阈值确定方法，其原理是依据重金属在土壤 - 农作物体系中的迁移转化规律，构建土壤 - 农作物体系中重金属含量之间的关系，并依据国家现行标准规定的食品中重金属含量限值（具体见表 1-11）反推农用地土壤中重金属的含量，并将此值作为农用地土壤中农作物安全生长的临界浓度值。生态环境效应法最初主要根据土壤重金属含量与农作物重金属含量之间的关系建立简单的线性回归方程。例如，李富荣等[17]研究广东地区叶菜类土壤中 Cd 的限量值时根据蔬菜 Cd 含量与土壤 Cd 含量建立幂函数回归方程，并依据《食品安全国家标准　食品中污染物限量》（GB 2762—2022）规定叶菜类蔬菜中重金属

Cd 的限量值为 0.2mg/kg 反推得到叶菜种植过程中重金属 Cd 不超标的蔬菜所对应的土壤 Cd 含量值为 1.22mg/kg；陈宏坪等[18]在土壤 - 水稻体系中利用 logistic 方程拟合水稻籽粒 Cd 含量与水稻土 Cd 含量之间的关系，在此关系的基础上依据食品安全国家标准中稻米 Cd 的含量限值反推得到 8 种水稻土 Cd 的临界值范围为 0.70 ～ 4.79mg/kg。但随着研究的不断深入与发展，一些学者意识到农用地土壤环境具有复杂性、多变性以及不确定性，不同的土壤理化性质、土壤类型、土地利用方式以及农作物种类等都会影响重金属在土壤 - 农作物体系中的迁移转化，其中土壤理化性质是最重要的影响因素之一[19,20]。因此，为使预测的农用地土壤重金属生态安全阈值更加准确，基于农作物重金属含量与土壤理化性质之间的多元线性回归方程被提出，如 Ding 等[21]通过生态环境效应法分析了 21 种土壤中胡萝卜 Cd 含量与土壤 pH 值和有机碳之间的关系，建立了 Cd 在土壤 - 胡萝卜体系中的传输模型，并推导出土壤 pH 值为 5.5 ～ 8.0 和有机碳在 5 ～ 20g/kg 时土壤外源添加 Cd 的生态安全阈值为 0.12 ～ 0.86mg/kg；何俊等[22]在研究 8 种不同性质的土壤中 Zn 对大麦的毒性阈值时应用生态环境效应法建立了以大麦根尖为毒性测试终点的 EC_{50} 值与土壤 pH 值、阳离子交换量以及有机碳之间的多元线性回归方程，其决定系数达到了 0.723，说明基于土壤理化性质可以很好地预测土壤中 Zn 的毒性阈值。此外，为更加量化地表征重金属在土壤 - 农作物体系中的迁移转化过程，研究人员提出了生物富集系数的概念，即农作物与土壤中重金属含量之比，表征重金属在土壤 - 农作物体系中的迁移能力。通过建立生物富集系数与土壤理化性质之间的多元线性回归方程则能更真实地反映土壤理化性质对重金属生物有效态的影响，因而也被称为生物有效性方程。如 Sun 等[23]基于大田采样的点对点数据计算出生物富集系数，并利用其与土壤理化性质之间的关系建立多元线性回归方程，进而推导出广东省适宜种植叶菜类、根茎类以及茄果类蔬菜的土壤 Cd 安全阈值分别为 2.42mg/kg、0.94mg/kg 和 1.57mg/kg；王小蒙等[24]也应用相似的方法，以中国 20 种典型土壤为研究对象建立苋菜 Cd 富集系数的多元线性回归方程，并推导出苋菜土壤 Cd 污染的生态安全阈值分别为 0.3mg/kg（pH＜6.5）、0.8mg/kg（6.5≤pH≤7.5）、1.2mg/kg（pH＞7.5）。

5 种重金属元素在典型农作物中的含量限值见表 1-13。

表1-13　5种重金属元素在典型农作物中的含量限值

作物种类	Cd 含量限值 /(mg/kg)	Cr 含量限值 /(mg/kg)	As 含量限值 /(mg/kg)	Pb 含量限值 /(mg/kg)	Hg 含量限值 /(mg/kg)
水稻	0.2	1.0	0.35（无机砷）	0.2	0.02
小麦	0.1	1.0	0.5	0.2	0.02
蔬菜	0.05	0.5	0.5	0.1	0.01
玉米	0.1	1.0	0.5	0.2	0.02
豆类	0.1	1.0	0.5	0.2	0.01

注：此表参考《食品安全国家标准　食品中污染物限量》（GB 2762—2022）。

1.2.2.2 其他经验模型

除上述方法外，经验模型中的贝叶斯风险评估模型、二次判别模型、决策树模型以及逻辑回归模型等均可用来进行农用地土壤重金属生态风险评价，其函数形式以及参数意义具体见表1-14。贝叶斯风险评估模型以贝叶斯经验统计思想中的先验分布为基础，依据土壤重金属含量与农作物重金属超标的相互关系，进而预测作物重金属的超标概率。如徐晶晶等[25]基于贝叶斯经验统计的思想构建了湘潭稻米Cd超标的风险评估模型，并依据此模型预测湘潭稻米Cd含量超标的风险概率为0.494，与实测概率值0.514对比发现，结果偏差＜10%，说明基于贝叶斯风险评估模型的评估结果较为可靠。另外，Wang等[26]利用贝叶斯经验统计的思想，构建了一个含有先验概率的二次判别模型，并使用其对湘潭县稻米Cd污染进行风险评价，相比于决策树模型和逻辑回归模型，含有先验概率的二次判别模型准确度更高，达74%，而决策树模型和逻辑回归模型的准确度则分别为66%和68%，对3个模型的稳定性进行检验发现，二次判别模型的稳定性与决策树模型和逻辑回归模型无显著性差异。

表1-14　不同经验评估模型的函数形式及参数含义

模型名称	函数形式	参数含义	参考文献
贝叶斯风险评估模型	$P=\dfrac{\dfrac{n_2}{n}\times\dfrac{1}{\sqrt{2\pi}\sigma_2}\times e^{-\frac{(x-\mu_2)^2}{2\sigma_2^{\,2}}}}{\dfrac{n_1}{n}\times\dfrac{1}{\sqrt{2\pi}\sigma_1}\times e^{-\frac{(x-\mu_1)^2}{2\sigma_1^{\,2}}}+\dfrac{n_2}{n}\times\dfrac{1}{\sqrt{2\pi}\sigma_2}\times e^{-\frac{(x-\mu_2)^2}{2\sigma_2^{\,2}}}}$	P为稻米超标的风险概率；n_1/n和n_2/n分别为先验概率条件下稻米不超标与超标所占的比例；μ_1和σ_1分别为稻米不超标条件下土壤重金属含量的均值与标准差；μ_2和σ_2分别为稻米超标条件下土壤重金属含量的均值与标准差	[25]
二次判别模型	$p(y=c\mid\boldsymbol{x},\boldsymbol{\mu})=\dfrac{\pi_c\mid 2\pi\sum_c\mid^{-\frac{1}{2}}\exp\left[-\frac{1}{2}(\boldsymbol{x}-\boldsymbol{\mu}_c)^{\mathrm{T}}\sum_c^{-1}(\boldsymbol{x}-\boldsymbol{\mu}_c)\right]}{\sum_{c=0}^{1}\left\{\pi_c\mid 2\pi\sum_c\mid^{-\frac{1}{2}}\exp\left[-\frac{1}{2}(\boldsymbol{x}-\boldsymbol{\mu}_c)^{\mathrm{T}}\sum_c^{-1}(\boldsymbol{x}-\boldsymbol{\mu}_c)\right]\right\}}$	$p(y=c\|\boldsymbol{x},\boldsymbol{\mu})$为计算的$y(x)=c$的后验概率；$\pi$为分到不同类别的先验概率；$\boldsymbol{\mu}$和$\boldsymbol{\Sigma}$分别为不同类别的高斯曲线的均值向量和协方差矩阵	[26]
决策树模型	$\mathrm{Gini}(D)=1-\sum_{k=1}^{K}\dfrac{\|C_k\|}{\|D\|}$	C_k是D中属于第k类的样本子集；K是类的个数	[26,27]
逻辑回归模型	$h_\theta(x)=\dfrac{1}{1+e^{-\theta Tx}}$	$h_\theta(x)$为x归为类别1的类的概率；x为土壤理化性质等模型输入；θ为需要求解的模型参数	[26,28]

1.2.3　概率模型

概率模型中的物种敏感性分布法作为一种以多物种毒性测试数据为基础的统计学外推方法，主要利用多个物种受某一污染物胁迫的急性或慢性毒理学数据构建统计分布模型，应用合适的概率分布函数进行拟合，从而获得某一暴露浓度水平下的物种潜在受影响比例和保护 95% 的物种不受影响的情况下所允许的最大环境有害浓度值即 HC_5 值，定量反映污染物的风险水平 [29]。其原理为假设生态系统中不同物种对某一污染物的敏感性能够被一个分布描述，通过来自这个分布的生物测试获得的有限物种的毒性阈值可用于估算该分布的预测无效应浓度 [30]。与点模型中的评估因子法相似，物种敏感性分布法最初也被用于水环境的生态风险评价以及有机污染物的生态安全阈值确定，例如王印等 [31] 利用物种敏感性分布法评估 DDT 和林丹对淡水生物的生态风险时得出 DDT 和林丹对淡水生物的 HC_5 值分别为 1.7μg/L 和 5.96μg/L；孔祥臻等 [32] 应用物种敏感性分布法构建了 Cd、Cu、Hg、Pb、Zn、Mn 六种重金属对淡水生物的物种敏感性分布曲线，计算了各重金属对不同物种的 HC_5 值；此外，Mensah 等 [33] 也利用物种敏感性分布法对南非水体草甘膦的标准限值进行了研究，并利用急性和慢性毒性数据分别对水体草甘膦基准值进行推导得到的数值为 0.250mg/L 和 0.002mg/L，该研究为南非水质标准的制定提供了数据支撑和参考依据。而近年来随着农用地土壤重金属污染的加剧，有学者开始将物种敏感性分布法应用于农用地土壤重金属生态风险评价。如雷丽萍等 [34] 在研究不同烟草对 Cd 吸收的敏感性分布时以烟草根伸长为毒性评价终点，通过剂量 - 效应拟合曲线中的 logistic 分布模型获得了 Cd 对 16 种不同烟草的 EC_{50} 值范围为 18.76 ～ 60.77mg/L；孙聪等 [35] 在研究不同水稻品种对 Cd 的吸收及敏感性分布时以水稻生物量为毒性评价终点，应用剂量 - 效应拟合曲线中的 logistic 分布模型计算出 18 个不同品种水稻对 Cd 的 EC_{50} 值范围为 4.30 ～ 61.611mg/kg，并利用 Burr- Ⅲ拟合函数进行拟合，计算得到基于保护 95% 水稻品种的 $Cd^{50\%}$ 抑制中浓度值（$HC_5^{50\%}$）为 4.93mg/kg。因此，物种敏感性分布法在推导农用地土壤重金属生态安全阈值时既考虑了不同物种之间的差异，也考虑了不同农用地土壤理化性质之间的差异，推导的农用地土壤重金属生态安全阈值更具有科学性、合理性和实用性。而应用物种敏感性分布法确定农用地土壤重金属生态安全阈值时的核心步骤为：

① 确定敏感物种的种类及数量，收集和筛选相应的毒性数据；

② 确定最优的拟合函数；

③ 构建物种敏感性分布曲线；

④ 根据已构建的物种敏感性分布曲线计算 HC_5 值；

⑤ 根据相应的国家标准反推重金属在土壤中的生态安全阈值。

其中步骤①作为利用物种敏感性分布法推导农用地土壤重金属生态安全阈值中最关键的一步，毒性数据的类型、质量以及数量等都会对生态安全阈值的准确性产生影响。一般认为当毒性数据的数据量较大且质量较好时，则使用物种敏感性分布法进行农用地土壤重金属生态安全阈值的推导。而当某些必要的毒性数据缺乏时，可考虑应用成熟预测模型外推的方法对必要的毒性数据进行扩充，如种间关系预测模型[36]。种间关系预测模型是通过已知物种的毒性数据预测目标物种毒性数据的一种方法，它可减少试验物种的使用，节约试验成本，但预测的毒性数据存在较大不确定性[37,38]。

1.2.4 模型优缺点及不确定性分析

如上所述，农用地土壤重金属生态安全阈值的确定方法主要分为点模型、概率分布模型以及经验模型等，但不同的确定方法其适用情况、评价结果精度以及不确定性等存在差异，因此，表 1-15 总结了上述模型中的代表方法、适用情况、优缺点以及不确定性等。

表1-15 农用地土壤重金属生态安全阈值的确定方法优缺点及不确定性分析

模型	代表方法	适用情况	优缺点	结果描述	不确定性	参考文献
点模型	评估因子法	评价要求较高	（1）优点：简单易操作，考虑了物种敏感性差异，不依赖于任何理论模型，定量反映生态安全阈值； （2）缺点：评估因子选取过于经验化且多依赖于国家政策，敏感物种的种类及数量单一，缺乏代表性	定量	较高	[12-15, 39]
概率分布模型	物种敏感性分布法	评价要求高	（1）优点：考虑了物种敏感性、土壤理化性质、生物有效性及污染物来源等因素的差异，可根据不同的风险水平选取相应的重金属污染物浓度限量值； （2）缺点：很少考虑物种间食物链的相互关系，难以体现污染物对环境的间接影响	定量	低	[23, 34, 35, 39-42]
经验模型	生态环境效应法	评价要求低	（1）优点：考虑了土壤理化性质之间的差异，且能定量反映阈值结果； （2）缺点：没有考虑物种对重金属污染物的敏感性差异	定量	高	[17-24]

从表 1-15 可以看出，点模型中的评估因子法和概率分布模型中的物种敏感性分布法适用于评价要求较高的情况，而经验模型中的生态环境效应法则主要适用于评价要求低、能粗略地反映研究区域内污染风险的情况。此外，三种模型中的代表方法均能定量反映阈值结果，且在不确定性分析中，生态环境效应法的不确定性最高，评估因子法次之，物种敏感性分布法最低。分析其原因发现，应用生态环境效应法推导农

用地土壤重金属生态安全阈值时没有考虑农作物对重金属吸收的差异性，导致其推导阈值的不确定性增加，这与 Ding 等 [21] 得出的结论相一致。其次，生态环境效应法大多基于实验室数据构建多元线性回归方程，实验室条件下的因子是可控的，而实际大田环境条件下的诸多因素是不可控的，因此，在实验室条件下应用生态环境效应法与实际大田环境条件下存在显著差异 [43]，这也是导致其不确定性高的一个重要原因。

而对于评估因子法来说，其不确定性主要由评估因子的选取、敏感物种的种类以及毒理学数据的质量引起。应用评估因子法确定农用地土壤重金属生态安全阈值时，评估因子的选取主要依据国家政策和多年的科学经验，且选取的评估因子多为单一数值，并不是某个区间内的多个不同值，这是造成其不确定性高的一个最主要因素。其次，评估因子法一般选取研究区域内某个最敏感物种的单一毒理学数据作为生态安全阈值计算的基础数据，而敏感物种的种类、毒性评价终点的选择等都会影响毒理学数据的质量，进而影响其评价结果，增加其不确定性，这与 Tiktak 等 [44] 得出的结论相一致。

物种敏感性分布法作为不确定性最低的农用地土壤重金属生态安全阈值确定方法，其主要考虑了土壤理化性质、物种敏感性以及污染物来源等因素的差异，还可根据不同的风险水平选取相应的重金属污染物浓度限值，因而推导的农用地土壤重金属生态安全阈值更加科学合理。虽然物种敏感性分布法的不确定性较低，但其仍存在不确定性，例如敏感物种的种类及数量、毒理学数据的获取和处理以及拟合函数的选取等都会影响物种敏感性分布法的准确性。Wheeler 等 [39] 研究发现，当物种的样本量在 10 ～ 15 种之间时得到的 HC_5 值更具有可靠性，而当样本量低于 10 种时参数值变化较大，得到的 HC_5 值准确性不高。Shi[40] 研究认为，相比于急性毒性数据，以慢性毒性数据构建的物种敏感性分布曲线更加科学；此外，王小庆等 [41] 利用物种敏感性分布法推导土壤镍生态安全阈值时，对毒理学数据进行了归一化、淋洗及老化校正，发现处理后的结果具有更高的精确度和灵敏度，相比于未校正及归一化更有科学性。另外，蒋丹烈等 [42] 研究得到，与 log-normal 相比，log-logistic 和 Burr- Ⅲ拟合函数对毒性数据的拟合效果更好，可优先选择。因此，敏感物种样本量的大小、毒性数据的质量以及拟合函数的选取是影响物种敏感性分布法不确定性的主要因素。

此外，经验模型中的贝叶斯风险评估模型、二次判别模型、决策树模型以及逻辑回归模型等的不确定性可能是由模型参数的数量以及输入模型的数据质量引起的。众所周知，数学模型中每一个变量或参数都存在引入误差，变量或参数越多，误差的累积效应就越大，模型结果的准确度就越低；另外，模型的数据质量直接决定着模型运行的稳定性及运行结果的准确性，因此，一个具有较少参数及较好数据质量的模型其不确定性会降低，反之则升高。

参考文献

[1] Huang Y Z, Hu Y, Liu Y X. Combined toxicity of copper and cadmium to six rice genotypes (*Oryza sativa* L.) [J]. Environmental Science, 2009, 21(5): 647-653.

[2] Singh O V, Labana S, Pandey G, et al. Phytoremediation: An overview of metallic ion decontamination from soil [J]. Applied Microbiology and Biotechnology, 2003, 61(5-6): 405-412.

[3] 陈能场，郑煜基，何晓峰，等.《全国土壤污染状况调查公报》探析 [J]. 农业环境科学学报，2017, 36(9): 1689-1692.

[4] United Kingdom Environment Agency (UKEA). Soil screening values for use in UK ecological risk assessment [R]. United Kingdom Environment Agency, 2004.

[5] Kooijman S A L M. A safety factor for LC_{50}, values allowing for differences in sensitivity among species [J]. Water Research, 1987, 21(3): 269-276.

[6] Caetano, Ana Luísa, Marques C R, et al. Copper toxicity in a natural reference soil: Ecotoxicological data for the derivation of preliminary soil screening values [J]. Ecotoxicology, 2016, 25(1): 163-177.

[7] 武春林，王瑞廷，丁坤，等. 中国土壤质量地球化学调查与评价的研究现状和进展 [J]. 西北地质，2018, 51(3): 240-252.

[8] 季书勤，郭瑞，王汉芳，等. 河南省主要小麦品种重金属污染评价及镉吸收规律研究 [J]. 麦类作物学报，2006, 26(6): 154-157.

[9] 宋伟，陈百明，刘琳. 中国耕地土壤重金属污染概况 [J]. 水土保持研究，2013, 20(2): 293-298.

[10] 王小庆，韦东普，黄占斌，等. 物种敏感性分布法在土壤中铜生态阈值建立中的应用研究 [J]. 环境科学学报，2013, 33(6): 1787-1794.

[11] 孙聪，陈世宝，马义兵，等. 基于物种敏感性分布 (Burr-Ⅲ) 模型预测 Cd 对水稻毒害的生态风险阈值 HC_5[J]. 农业环境科学学报，2013, 32(12): 2316-2322.

[12] Oranization for Economic Cooperation and Development. Guidance document for aquatic effect assessment [R]. Paris: OECD, 1995.

[13] Lepper P. Towards the derivation of quality standards for priority substances in the context of the water framework directive [R]. Schmallenberg: Fraunhofer-Institute Molecular Biology and Applied Ecology, 2002.

[14] Zabel T F, Cole S. The derivation of environmental quality standards for the protection of aquatic life in the UK [J]. Water and Environment Journal, 1999, 13(6): 436-440.

[15] National Institute of Public Health and the Environment. Guidance document on deriving environmental risk limits in the netherlands [R]. Bilthoven: RIVM, 2001.

[16] Peter M, Chapman, Anne F, et al. A critical evaluation of safety (uncertainty) factors for ecological risk assessment [J]. Environmental Toxicology and Chemistry, 1998, 17(1): 99-108.

[17] 李富荣，文典，王富华，等. 广东地区芸薹类叶菜 - 土壤镉污染相关性分析及土壤镉限量值研究 [J]. 生态环境学报，2016, 25(4): 705-710.

[18] 陈宏坪，戴碧川，杨新萍，等 . 土壤与水稻籽粒镉含量相关性分析及水稻产地土壤镉临界值的研究 [J]. 土壤，2018, 50(2): 361-368.

[19] Ding C, Li X, Zhang T, et al. Phytotoxicity and accumulation of chromium in carrot plants and the derivation of soil thresholds for Chinese soils [J]. Ecotoxicology and Environmental Safety, 2014, 108: 179-186.

[20] Ding C, Ma Y, Li X, et al. Determination and validation of soil thresholds for cadmium based on food quality standard and health risk assessment [J]. Science of the Total Environment, 2018, 619-620: 700-706.

[21] Ding C, Zhang T, Wang X, et al. Prediction model for cadmium transfer from soil to carrot (*Daucus carota* L.) and its application to derive soil thresholds for food safety [J]. Journal of Agricultural and Food Chemistry, 2013, 61(43): 10273-10282.

[22] 何俊，田昕竹，王学东，等. 基于根微形态测定土壤 Zn 对大麦的毒性阈值及其预测模型 [J]. 中国农业科学，2017, 50(7): 1263-1270.

[23] Sun F F, Wang F H, Wang X, et al. Soil threshold values of total and available cadmium for vegetable growing based on field data in Guangdong province, South China [J]. Journal of the Science of Food and Agriculture, 2013, 93(8): 1967-1973.

[24] 王小蒙，郑向群，丁永祯，等. 不同土壤下苋菜镉吸收规律及其阈值研究 [J]. 环境科学与技术，2016, 39(10): 1-8.

[25] 徐晶晶，吴波，张玲妍，等. 基于贝叶斯方法的湖南湘潭稻米 Cd 超标风险评估 [J]. 应用生态学报，2016, 27(10): 3221-3227.

[26] Wang X, Li X, Ma R, et al. Quadratic discriminant analysis model for assessing the risk of cadmium pollution for paddy fields in a county in China [J]. Environmental Pollution, 2018, 236: 366-372.

[27] Sorel L, Viaud V, Durand P, et al. Modeling spatio-temporal crop allocation patterns by a stochastic decision tree method, considering agronomic driving factors [J]. Agricultural Systems, 2010, 103(9): 650-655.

[28] Debella-Gilo M, Etzelmüller B. Spatial prediction of soil classes using digital terrain analysis and multinomial logistic regression modeling integrated in GIS: Examples from Vestfold County, Norway [J]. Catena, 2009, 77(1): 10-18.

[29] Niu Z, Du L, Li J, et al. Ecological risk assessment of microcystin-LR in the upstream section of the Haihe river based on a species sensitivity distribution model [J]. Chemosphere, 2018, 193: 403-411.

[30] Straalen N M V, Posthuma L. Theory of ecological risk assessment based on species sensitivity distributions [J]. Palaeogeography Palaeoclimatology Palaeoecology, 2002, 175(1-4): 249-272.

[31] 王印，王军军，秦宁，等. 应用物种敏感性分布评估 DDT 和林丹对淡水生物的生态风险 [J]. 环境科学学报，2009, 29(11): 2407-2414.

[32] 孔祥臻，何伟，秦宁，等. 重金属对淡水生物生态风险的物种敏感性分布评估 [J]. 中国环境科学，2011, 31(9): 1555-1562.

[33] Mensah P K, Palmer C G, Muller W J. Derivation of South African water quality guidelines for Roundup using species sensitivity distribution [J]. Ecotoxicology and Environmental Safety, 2013, 96(14): 24-31.

[34] 雷丽萍，刘彬，陈世宝，等. 不同烟草对 Cd 吸收的敏感性分布及烟草中 Cd 的结合形态 [J]. 农业环境科学学报，2015, 34(10): 1858-1864.

[35] 孙聪，陈世宝，宋文恩，等. 不同品种水稻对土壤中镉的富集特征及敏感性分布 (SSD)[J]. 中国农业科学，2014, 47(12): 2384-2394.

[36] 冯承莲，付卫强，Scott D, 等. 种间关系预测（ICE）模型在水质基准研究中的应用 [J]. 生态毒理学报，2015, 10(1): 81-87.

[37] Weltje L, Janz P, Sowig P. An interspecies correlation model to predict acute dermal toxicity of plant protection products to terrestrial life stages of amphibians using fish acute toxicity and bioconcentration data [J]. Chemosphere, 2017, 189: 619-626.

[38] Bejarano A C, Raimondo S, Barron M G. Framework for optimizing selection of interspecies correlation estimation models to address species diversity and toxicity gaps in an aquatic database [J]. Environmental Science and Technology, 2017, 51(14): 8158-8165.

[39] Wheeler J R, Grist E P, Leung K M, et al. Species sensitivity distributions: Data and model choice [J]. Marine Pollution Bulletin, 2002, 45(1-12): 192-202.

[40] Shi Y. Perfluorinated chemicals related environmental problems [J]. Progress in Chemistry, 2009, 21(1): 369-376.

[41] 王小庆，马义兵，黄占斌. 土壤中镍生态阈值的影响因素及预测模型 [J]. 农业工程学报，2012, 28(5): 220-225.

[42] 蒋丹烈，岳龙，马迪，等. 应用物种敏感性分布法分析太湖及天目湖水体的生态风险 [J]. 环境化学，2012, 31(3): 296-301.

[43] Wang Z, Meng B, Zhang W, et al. Multi-target risk assessment of potentially toxic elements in farmland soil based on the environment-ecological-health effect [J]. International Journal of Environmental Research and Public Health, 2018, 15(6): 1101.

[44] Tiktak A, Leijnse A, Vissenberg H. Uncertainty in a regional-scale assessment of cadmium accumulation in the Netherlands [J]. Journal of Environmental Quality, 1999, 28(2): 461-470.

第2章

农产品产地环境质量点位评估

- 单因子评估
- 多因子综合评估
- 质量等级划分

农产品产地是指植物、动物、微生物及其产品生产的相关区域，产地环境质量主要是指农产品产地的土壤、水体和大气环境质量。农产品产地环境质量的好坏是指产地环境对于农产品生产是否安全，农产品产地环境质量评估是指按照一定的评估标准和评估方法对一定区域范围内的环境质量加以调查并在此基础上做出科学、客观和定量的评价，具体来讲，就是利用调查数据，依据环境限量标准和环境阈值对监测点位环境质量进行评价和定级，最终利用对点位评估结果的统计分析进而对农产品产地环境质量进行总体评价。

农产品产地环境质量评估的主要内容包括评估调查、评估指标和评估方法。评估调查是指监测点位布设、样品采集、样品流转、样品制备、样品检测、调查数据获取；评估指标是指产地环境中有毒有害因子不止一种，要根据关注的目标污染物和评估目标确定评估指标是一个还是多个，评估指标是单个的视为单因子评估，评估指标是多个的视为多因子综合评估；评估方法是指采取的具体的用于给出评估结果的数理方法等。

2.1 单因子评估

单因子评估是指通过评判产地环境中的某一个污染因子的监测数据是否超过了环境质量标准来评价农产品产地环境质量。土壤、水和大气环境质量评价均可应用单因子评估方法。常用的单因子评估方法主要包括单因子污染指数法、污染负荷系数法、富集因子法、地累积指数法、潜在生态风险指数法以及统计学方法等。

2.1.1 单因子污染指数法

单因子污染指数法是评价单项污染物最常用的一种方法，该方法是将研究区域供试样品中单个污染物的实测含量与某特定标准对比，大于标准，即指数大于 1，表示已受到污染；小于等于标准，即指数小于等于 1，表示未被污染，简单明了。单因子污染指数法计算公式如下：

$$P_i = \frac{C_i}{S_i} \tag{2-1}$$

式中 P_i——第i种污染物的污染指数；

C_i——第 i 种污染物的实际测定结果；

S_i——第 i 种污染物的评价标准。

例如，从某旱田样地采集土壤样品 3 份，土壤样品镉含量分别为 0.25mg/kg、

0.30mg/kg、0.50mg/kg，pH 值分别为 5.0、6.8、7.6，依据《土壤环境质量标准》(GB 15618—1995）规定的土壤环境质量标准值（表 1-6），采用单因子污染指数法，3 个样点的单因子污染指数分别为 $P_1=\dfrac{0.25}{0.30}\approx 0.83$、$P_2=\dfrac{0.30}{0.30}=1$、$P_3=\dfrac{0.50}{0.60}\approx 0.83$，评价结果分别为不超标、不超标、不超标。

单因子污染指数法适用于土壤、水、大气环境质量评价。霍霄妮等[1]利用单因子污染指数法结合污染等级划分标准评价了北京市农业土壤重金属的污染状况，结果表明：所有样点的 Cr 处于轻度或中度污染状态；50% 的样点的 As、Cu、Zn 和 Cd 处于轻度污染状态；60% 以上的样点的 Ni、Pb 和 Hg 处于清洁状态。

李名升等[2]采用单因子污染指数法对 2008 年长江流域与淮河流域 190 个国控断面水质进行评价，评价指标采用现行环境质量报告中常用的 8 种指标，即溶解氧（DO）、高锰酸盐指数（COD_{Mn}）、五日生化需氧量（BOD_5）、氨氮、石油类、挥发酚、汞、铅，结果表明：Ⅰ～Ⅲ类水质断面占全流域断面数量的 85.6%，而淮河流域水质污染较重，劣于Ⅲ类的水质断面占全流域断面数量的 61.6%，无Ⅰ类水质断面。

刘宁和曹利平[3]利用单因子污染指数法对 2014 年河北省 11 个设区市的 SO_2、NO_2、PM_{10}、$PM_{2.5}$ 四个空气质量指标进行评价，结果表明：2014 年河北省全省日均值达标率最低的污染物是 $PM_{2.5}$，其次是 PM_{10}；SO_2 和 NO_2 浓度日均值达标率最低的城市为保定，$PM_{2.5}$ 浓度日均值达标率最低的城市为邯郸，PM_{10} 浓度日均值达标率最低的城市为邢台。

2.1.2 污染负荷系数法

污染负荷系数法是某一污染因子单因子污染指数与多个污染因子污染指数之和的比值。从某污染物的单项污染负荷系数的变化可分析出其发展趋势，通过对多个污染物污染负荷系数大小的比较可判断出主要污染物。污染负荷系数法计算公式如下：

$$F_i=\frac{P_i}{\Sigma P_i} \tag{2-2}$$

式中 P_i——第 i 种污染物的污染指数，见式（2-1）；

F_i——第 i 种污染物的污染负荷系数；

ΣP_i——多种污染物的污染指数之和。

例如，某农区按照《农区环境空气质量监测技术规范》（NY/T 397—2000）进行了环境空气质量监测，空气中二氧化硫、氮氧化物、总悬浮颗粒物的 24h 平均浓度分别为 40μg/m³、80μg/m³ 和 350μg/m³，根据《环境空气质量标准》（GB 3095—2012）给出的适用于农区的环境空气污染物浓度限值（表 2-1），三者的污染指数分别是 $P_1=\dfrac{40}{150}=0.27$、$P_2=\dfrac{80}{100}=0.80$、$P_3=\dfrac{350}{300}=1.17$，三者的污染负荷系数分别为 $F_1=\dfrac{0.27}{0.27+0.80+1.17}=0.12$、$F_2=\dfrac{0.80}{0.27+0.80+1.17}=0.36$、$F_3=\dfrac{1.17}{0.27+0.80+1.17}=$

0.52。可见，该区域监测时段内总悬浮颗粒物是主要污染物。

表2-1 环境空气污染物浓度限值（GB 3095—2012）

序号	污染物项目	平均时间	浓度限值 /（μg/m³）
1	二氧化硫（SO_2）	24h 平均	150
2	氮氧化物（NO_x）	24h 平均	100
3	总悬浮颗粒物（TSP）	24h 平均	300

污染负荷系数法常用于大气环境质量评估。黄晓华和张政科[4]采用污染负荷系数法对武汉市 1990 ～ 1996 年大气二氧化硫（SO_2）、氮氧化物（NO_x）和总悬浮颗粒物（TSP）3 种污染物的污染情况进行评价。结果表明：武汉市 7 年来空气中主要的污染物是总悬浮颗粒物，但呈缓慢下降趋势；氮氧化物污染负荷系数逐年攀升，1995 年以后呈加速上升的趋势，成为空气中的主要污染物；二氧化硫五日制污染负荷系数在较低水平窄幅波动，略有降低。

2.1.3 富集因子法

富集因子（enrichment factor，EF）法自 20 世纪 70 年代被提出，是用以表示环境介质中元素富集程度、判断和评价元素来源的重要方法。为了平衡矿物自然风化、粒度变化及采样制样等过程产生的影响以及保证各指标间的可比性和等效性，富集因子法以参比元素为参考标准，对测试样品中的元素进行归一化、标准化处理，即用样品中待评价元素与参比元素的浓度之比比上二者的背景值之比来表示富集因子。富集因子的大小代表富集程度的不同，通常认为 EF≈1，说明该元素来源于地壳风化；EF ＞1，说明该元素的相对富集受到人为活动的影响。根据富集因子的大小可以区分土壤等介质中元素富集的自然和人为的影响。富集因子计算公式如下：

$$EF=\frac{\left(\dfrac{C_x}{C_{\text{ref}}}\right)_{\text{样品}}}{\left(\dfrac{C_x}{C_{\text{ref}}}\right)_{\text{背景}}} \tag{2-3}$$

式中 C_x——元素x的浓度；

C_{ref}——参比元素的浓度，参比元素需化学性质稳定，在环境介质中容易被生物因素影响或随物理化学条件改变而迁移转化的元素不适合作为参比元素。

根据富集因子的大小将元素的污染水平进行分级，共分为 5 级：第 1 级，EF ≤ 1 为无污染，1＜EF ≤ 2 为轻微污染；第 2 级，2＜EF ≤ 5 为中度污染；第 3 级，5＜EF ≤ 20 为重度污染；第 4 级：20＜EF ≤ 40 为严重污染；第 5 级：EF＞40 为极重污染。

富集因子法适用于土壤、沉积物污染评价。范晓婷等[5]利用富集因子法，采用相关分析、聚类分析和元素顺序提取法，并结合元素化学性质以及研究区域的产业分布、人类活动情况，选择 Al 作为参比元素，选用云南省土壤背景值作为背景值，对发源于云南省西部的元江中下游河段底泥中重金属 As、Cr、Pb、Zn、Cu 的污染状况进行评价。富集因子计算结果表明：Cr 的污染程度非常轻微；Zn 的污染程度也比较轻；Pb 的污染程度略高于 Zn；As 的污染程度较高；Cu 在上游轻微污染，在中游中度污染。表 2-2 是各采样点位沉积物中的重金属元素含量、参比元素含量及各元素背景值，表 2-3 是以 Al 作为参比元素时沉积物中各重金属元素的富集因子。

表2-2　各采样点位沉积物中的重金属元素含量、参比元素含量及各元素背景值

点位	重金属元素 /(μg/g)						参比元素 /(μg/g)
	砷	铬	铅	锌	铜	镉	铝
1	6.7	55.7	1.5	16.1	28.4	1.9	60195.6
2	8.3	60.5	9.5	19.9	26.2	1.5	52691.5
3	7.1	59.8	0.3	14.5	26.9	1.8	62387.7
4	8.6	97.1	2.8	18.4	18.4	1.6	70453.1
5	8.0	10.1	30.0	8.0	6.8	0.6	91609.7
6	836.2	62.2	248.6	291.8	702.3	6.7	83183.8
7	100.2	68.3	40.1	54.2	78.6	2.3	72034.6
8	184.1	69.8	292.9	180.2	72.9	3.1	87626.7
9	325.4	34.3	204.9	162.5	166.8	3.1	35254.9
10	1.5	421.0	0.0	21.2	158.2	4.9	82823.3
11	308.1	46.0	103.1	106.5	158.9	2.9	56318.3
12	288.4	81.7	165.0	197.6	249.2	4.2	68050.3
13	11.4	70.1	41.9	54.9	25.7	1.3	60611.7
14	9.4	74.4	3.1	16.7	5.0	1.2	77724.1
15	145.6	83.8	59.1	65.2	100.5	2.1	75991.9
背景值	18.4	65.2	40.6	89.7	46.3	0.22	88100.0

表2-3　以Al作为参比元素时沉积物中各重金属元素的富集因子

位点	EF（As）	EF（Cr）	EF（Pb）	EF（Zn）	EF（Cu）	EF（Cd）
1	0.53①	1.25①	0.04①	0.18①	0.61①	8.72③
2	0.75①	1.55①	0.27①	0.25①	0.65①	7.81③

续表

位点	EF（As）	EF（Cr）	EF（Pb）	EF（Zn）	EF（Cu）	EF（Cd）
3	0.54①	1.30①	0.01①	0.16①	0.56①	7.79③
4	0.58①	1.86①	0.06①	0.18①	0.34①	6.11③
5	0.42①	0.15①	0.49①	0.06①	0.10①	1.75①
6	48.13⑤	1.01①	4.43②	2.35②	10.98③	22.31④
7	6.66③	1.28①	0.83①	0.50①	1.42①	8.82③
8	10.06③	1.08①	4.96②	1.38①	1.08①	9.67③
9	44.19⑤	1.31①	8.62③	3.09②	6.15③	24.20④
10	0.09①	6.87③	0.00①	0.17①	2.48②	16.40③
11	26.19④	1.10①	2.71②	1.27①	3.67②	14.12③
12	20.29④	1.62①	3.59②	1.95①	4.76②	17.00③
13	11.50③	1.87①	1.45①	0.72①	2.16②	9.70③
14	0.58①	1.29①	0.06①	0.14①	0.08①	4.41②
15	0.72①	1.25①	0.82①	0.48①	0.44①	4.87②

① 无污染 - 轻微污染。
② 中度污染。
③ 重度污染。
④ 严重污染。
⑤ 极重污染。

2.1.4 地累积指数法

地累积指数法也被称作地质累积指数法，是德国研究者 Müller 于 1979 年首次提出，用于研究河流沉积物的重金属污染程度。通过元素在土壤中实测含量与元素地球化学背景值相比来进行土壤重金属污染累积程度评价，同时采用修正系数减少环境地球化学背景值以及造山运动可能引起的背景值变动的干扰。地累积指数法在反映土壤重金属自然分布变化特征的同时，更多地强调了相对背景值重金属含量的历史累积作用。地累积指数值小于等于 0 说明重金属没有明显累积，大于 0 说明有累积，值越大累积程度越高。地累积指数的计算公式如下。

$$I=\log_2\frac{C_i}{KB_i} \tag{2-4}$$

式中 I——地累积指数；

C_i——土壤重金属含量实测值；

B_i——土壤重金属含量地球化学背景值；

K——修正系数（一般取常数 1.5）。

根据地累积指数的大小，对重金属的累积程度进行分级。$I \leqslant 0$，视为 0 级，表示无累积；$0 < I \leqslant 1$，视为 1 级，表示轻度 - 中度累积；$1 < I \leqslant 2$，视为 2 级，表示中度累积；$2 < I \leqslant 3$，视为 3 级，表示中度 - 重度累积；$3 < I \leqslant 4$，视为 4 级，表示重度累积；$4 < I \leqslant 5$，视为 5 级，表示重度 - 极度累积；$5 < I \leqslant 6$，视为 6 级，表示极度累积。

例如，某地土壤 Cd 元素背景值为 0.22mg/kg，3 个土壤监测点位土壤样品 Cd 实测值分别为 0.3mg/kg、0.7mg/kg、1.5mg/kg，3 个点位的 Cd 地累积指数分别为 $I_1 = \log_2 \frac{0.3}{1.5 \times 0.22} = -0.14$、$I_2 = \log_2 \frac{0.7}{1.5 \times 0.22} = 1.08$、$I_3 = \log_2 \frac{1.5}{1.5 \times 0.22} = 2.19$，累积程度分别为无累积、中度累积、中度 - 重度累积。

地累积指数法适用于土壤、沉积物污染评价。魏静等[6]采用地累积指数法对官厅水库、密云水库上游流域土壤砷环境质量进行评价，测得不同地质单元 As 元素背景值，同时测得研究区土壤 As 含量，利用软件对采样点离散数据进行网格化，通过地累积指数计算公式进行栅格计算，获得研究区 As 地累积指数分布图。结果表明，调查区 77.11% 的面积保持 As 背景值的含量水平，处于无累积状态；22.83% 的面积处于轻度 - 中度累积状态；无重度污染区域。土壤砷的污染累积问题需引起关注。

2.1.5 潜在生态风险指数法

潜在生态风险指数法是瑞典科学家 Hakanson 提出的一种能准确反映出水体中沉积物重金属含量和潜在毒性危害的常用指标，由于潜在生态风险指数法主要反映重金属的毒性水平和生物对重金属污染的敏感程度，反映对人体的潜在危害性，已被广泛应用于土壤中重金属污染评价。潜在生态风险指数法在实际应用时既考虑了重金属的含量，又考虑了重金属的生态效应和生物毒性特征，从而对重金属潜在的生态风险进行了定量的划分，能有效地反映研究区生态环境的质量状况。潜在生态风险程度用潜在生态危害指数来表征，潜在生态危害指数分为单个重金属潜在生态危害指数和多个重金属潜在生态危害指数。单个重金属潜在生态危害指数小于 40，表示轻微生态危害，指数越大，生态危害越大；多个重金属潜在生态危害指数小于 150，表示轻微生态危害，指数越大，生态危害越大。潜在生态风险指数法的计算方法如式（2-5）～式（2-7）所示。

$$C_{\mathrm{f}}^{i} = \frac{C^{i}}{C_{\mathrm{n}}^{i}} \tag{2-5}$$

$$E_{\mathrm{r}}^{i} = T_{\mathrm{r}}^{i} \times C_{\mathrm{f}}^{i} \tag{2-6}$$

$$\mathrm{RI} = \sum_{i}^{m} E_{\mathrm{r}}^{i} = \sum_{i}^{m} (T_{\mathrm{r}}^{i} \times C_{\mathrm{f}}^{i}) = \sum_{i}^{m} (T_{\mathrm{r}}^{i} \times \frac{C^{i}}{C_{\mathrm{n}}^{i}}) \tag{2-7}$$

式中 C_{f}^{i}——第i种重金属的污染指数；

T_{r}^{i}——第 i 种重金属的毒性系数，可选用 Hakanson 制定的标准化重金属毒性系数（表 2-4）；

E_r^i——第 i 种重金属的潜在生态危害指数；

C^i——重金属含量实测值；

C_n^i——重金属含量参比值，一般以国家土壤环境标准值作为参比值；

RI——多个重金属潜在生态危害指数。

表2-4　Hakanson制定的标准化重金属毒性系数

元素	Mn	Zn	Cr	Cu	Pb	Ni	Co	As	Cd	Hg
毒性系数	1	1	2	5	5	5	5	10	30	40

根据单个或多个重金属潜在生态危害指数的大小，对重金属的潜在生态危害程度进行分级：$E_r^i<40$ 或者 RI＜150 表示轻微生态危害，$40\leqslant E_r^i<80$ 或者 150 ≤ RI＜300 表示中等生态危害，$80\leqslant E_r^i<160$ 或者 300 ≤ RI＜600 表示强生态危害，$160\leqslant E_r^i<320$ 或者 RI ≥ 600 表示很强生态危害，$E_r^i\geqslant 320$ 表示极强生态危害。生态危害指数值（E_r^i 和 RI）与危害程度的关系见表 2-5。

表2-5　E_r^i 和RI与污染程度的关系

E_r^i	RI	污染程度
$E_r^i<40$	RI＜150	轻微生态危害
$40\leqslant E_r^i<80$	150 ≤ RI＜300	中等生态危害
$80\leqslant E_r^i<160$	300 ≤ RI＜600	强生态危害
$160\leqslant E_r^i<320$	RI ≥ 600	很强生态危害
$E_r^i\geqslant 320$		极强生态危害

例如，某水稻田 3 个采样点位重金属 Cd 含量分别为 0.2mg/kg、0.5mg/kg、0.8mg/kg，pH 值分别为 5.0、6.0 和 6.5，采用表 2-4 所示的重金属毒性系数 30，将《土壤环境质量　农用地土壤污染风险管控标准（试行）》（GB 15618—2018）中的风险筛选值（表 1-9）作为参比值，3 个点的参比值分别为 0.3mg/kg、0.4mg/kg 和 0.4mg/kg，3 个点的污染指数分别为 $C_f^1=\dfrac{0.2}{0.3}=0.67$、$C_f^2=\dfrac{0.5}{0.4}=1.25$ 和 $C_f^3=\dfrac{0.8}{0.4}=2$，3 个点的潜在生态危害系数分别为 $E_r^1=30\times0.67=20.1$、$E_r^2=30\times1.25=37.5$ 和 $E_r^3=30\times2=60$。根据表 2-5，潜在生态危害程度分别为轻微生态危害、轻微生态危害、中等生态危害。

地累积指数法适用于土壤、沉积物、灰尘等的污染评价。乔冬云等[7]采用潜在生态风险指数法对湖南省湘潭县农田土壤重金属污染生态风险进行了评价，该区农田土壤重金属的综合潜在生态危害指数 RI 的均值为 314.9，属于强生态危害水平。朱爱美等[8]采用潜在生态风险指数法基于渤海 404 个站点的沉积物重金属元素含量对渤海沉积物重金属环境质量进行评价，结果表明，渤海 Cd 具有强潜在生态风险，Hg 具有中等 - 强潜在生态风险，总潜在生态风险程度为中等。徐素娟等[9]采用潜在生态风险指数法对葫芦岛市有色冶金区街道灰尘中 As、Pb 生态风险进行评价，结果表明，葫芦岛市锌厂附近街道灰尘中 As、Pb 污染严重，潜在生态危害最高级别分别为很强、极强生态危害，Pb 污染比 As 污染严重。

2.2 多因子综合评估

农产品产地环境污染物有时候不止一种，需要采用多个污染因子对产地环境进行综合评价，即多因子综合评估。土壤、水、大气环境质量评价均可以应用多因子综合评估方法。常用的多因子综合评估方法包括最大单因子污染指数法、内梅罗综合污染指数法、模糊综合评价法、加权平均污染指数法、灰色聚类法、物元可拓法、人工神经网络法等。

2.2.1 最大单因子污染指数法

最大单因子污染指数法是指环境介质中采样点位的污染程度按照点位单因子污染指数的最大值计。《全国农产品产地土壤重金属安全评估技术规定》(农办科〔2015〕42 号)[10,11]中对土壤采样点位重金属污染安全等级进行划分时就是采用最大单因子污染指数法，土壤各个点位的安全等级按其点位单因子污染指数的最大值来划分。土壤各个单项重金属的安全等级按其单因子污染指数 P_i 划分，土壤各个点位的安全等级按其点位单因子污染指数的最大值 $P_{i\max}$ 划分。按照保障农产品质量的安全程度，其土壤安全水平分为无风险、低风险、中度风险和高风险四个等级，划分依据如表 2-6 所列。

表2-6　土壤安全水平划分依据

等级	划分依据		土壤安全水平
	单因子污染指数	点位最大单因子污染指数	
1	$P_i \leqslant 1$	$P_{i\max} \leqslant 1$	无风险
2	$1 < P_i \leqslant 2$	$1 < P_{i\max} \leqslant 2$	低风险
3	$2 < P_i \leqslant 3$	$2 < P_{i\max} \leqslant 3$	中度风险
4	$P_i > 3$	$P_{i\max} > 3$	高风险

最大单因子污染指数法适用于土壤、大气、灌溉水的质量评价。例如，某耕地采样点位土壤样品检测了镉、汞、砷、铅、铬 5 种污染物，根据《土壤环境质量 农用地土壤污染风险管控标准（试行）》（GB 15618—2018）[12]，其含量分别是高于管制值、高于筛选值低于管制值、高于筛选值低于管制值、低于筛选值、低于筛选值，评价结果分别为严格管控类点位（食用农产品不符合质量安全标准等农用地土壤污染风险高，且难以通过安全利用措施降低食用农产品不符合质量安全标准等农用地土壤污染风险，原则上应当采取禁止种植食用农产品、退耕还林等严格管控措施）、安全利用类点位（可能存在食用农产品不符合质量安全标准等土壤污染风险，原则上应当采取农艺调控、替代种植等安全利用措施）、安全利用类点位、优先保护类点位（土壤污染风险低，一般情况下可以忽略）、优先保护类点位，那么这个点位土壤环境质量 5 种重金属综合评价就以质量最差的因子计，评价结果为严格管控类点位。

2.2.2 内梅罗综合污染指数法

内梅罗综合污染指数法是在单因子污染指数法的基础上演变而来，是当前国内外进行综合污染指数计算最常用的方法之一，加入了污染指数的平均值和最大值，是一种兼顾极值或称突出最大值的计权型多因子环境质量指数。指数值越大，污染程度越高。内梅罗综合污染指数法的计算方法如式（2-8）所示。

$$P_{综}=\sqrt{\frac{\overline{P}_i^2+P_{i\max}^2}{2}} \tag{2-8}$$

式中 $P_{综}$——综合污染指数；

$\overline{P}_i$——采样点所有污染物单因子污染指数的平均值；

$P_{i\max}$——采样点所有污染物单因子污染指数中的最大值。

从式（2-8）看，内梅罗综合污染指数法可以很好地规避掉实际应用中最大值超标而平均值不超标的问题，但又过分突出污染指数最大的重金属污染物对环境质量的影响和作用，在评价时可能会人为地夸大或缩小一些因子的影响作用，使其对环境质量评价的灵敏性不够高，在某些情况下，它的计算结果难以区分土壤环境污染程度的差别。

内梅罗综合污染指数法适用于小尺度田块农用地土壤环境质量的调查评估，各点位存在的污染物比较明确，参评的污染物种类也相同，内梅罗综合污染指数能够表达不同点位土壤环境质量状况的相对优劣。而对于大尺度区域土壤环境质量状况的调查评估，由于不同单元环境问题差别较大，存在的污染物种类亦不尽相同，内梅罗综合污染指数可能难以反映各单元土壤环境质量的相对优劣。

内梅罗综合污染指数土壤污染程度分级评价标准见表 2-7。

表2-7　内梅罗综合污染指数土壤污染程度分级评价标准

综合污染指数	污染等级	污染水平
$P_{综} \leqslant 0.7$	安全级	清洁
$0.7 < P_{综} \leqslant 1.0$	警告级	尚清洁
$1.0 < P_{综} \leqslant 2.0$	轻微污染级	土壤受到轻微污染
$2.0 < P_{综} \leqslant 3.0$	中度污染级	土壤受到中度污染
$P_{综} > 3.0$	重度污染级	土壤受到重度污染

内梅罗综合污染指数法适用于土壤和水环境质量评价。例如，方明星等[13]采用内梅罗综合污染指数法对江苏省泰州市农产品产地土壤环境质量进行了评价，基于内梅罗综合污染指数法计算出了土壤重金属污染程度所占百分比。结果表明，研究区370个采样点位土壤重金属处于安全级的点位占91.06%，处于警告级的点位占7.86%，处于轻微污染级的点位占1.08%，处于中度污染级的点位占0%，处于重度污染级的点位占0%。传统的内梅罗综合污染指数法兼顾了极大值污染因子和其余参评因子对环境质量的影响，但忽略了某些实测含量也许很小但危害性却很大的污染因子的影响，史惠华[14]在内梅罗综合污染指数法原方法基础上对极值问题加以权重修正，用改进的内梅罗综合污染指数法对福建省漳州市九龙江北溪引水水质进行评价，结果表明北溪引水水质满足福建省水环境功能区划地表水质保护Ⅱ类目标。

2.2.3　模糊综合评价法

模糊综合评价法是一种基于模糊数学的综合评价方法。该综合评价法根据模糊数学的隶属度理论把定性评价转化为定量评价，即用模糊数学对受到多种因素制约的事物或对象做出一个总体的评价。它具有结果清晰、系统性强的特点，能较好地解决模糊的、难以量化的问题，适合各种非确定性问题的解决。农产品产地环境污染因子具有多样性，且污染因子之间通过生物地球化学过程可能会产生相互影响，因此污染过程存在复杂性和模糊性。将模糊综合评价法引入产地环境质量评估，能够较好地反映产地环境的客观情况。

模糊综合评价的一般步骤是：首先，构建模糊综合评价指标即参与评价的污染因子，模糊综合评价指标体系是进行综合评价的基础，评价指标的选取是否适宜，将直接影响综合评价的准确性；其次，构建权重向量，通过专家经验法等构建好权重向量；然后，构建隶属矩阵，即建立适合的隶属函数，从而构建好隶属矩阵；最后，合成隶属矩阵和权重，并对结果向量进行解释。

单因子污染指数对于污染物而言，其指标值越高，表示质量越差，其隶属函数为：

$$C(x)_j=\begin{cases}1 & x<a \\ \dfrac{b-x}{b-a} & a\leqslant x\leqslant b \\ 0 & x>b\end{cases} \tag{2-9}$$

综合污染指数计算公式为：

$$M_i=\sum_{j=1}^{n}[W_jC(x)_j] \tag{2-10}$$

式中　M_i——监测点i的土壤综合污染指数；

n——评价指标的总数；

W_j——第 j 个评价指标的权重；

$C(x)_j$——第 j 个评价指标的单因子污染指数；

x——各单项指标的实测值；

a，b——各单项指标的上限和下限。

指标权重采用德尔菲法，综合专家经验和主观判断分析确定。

模糊综合评价具体步骤如下。

（1）评价指标集

参与环境质量评价的污染因子组成的集合通常用 U 表示，包含 n 个因素：

$$U=\{u_1,u_2,u_3,\cdots,u_n\}$$

元素 $u_i(i=1,2,3,\cdots,n)$ 代表参与评价的第 i 个污染因子。

（2）评价标准集

评价标准集是对评价目标做出评价结果的依据，比如污染因子的限量标准通常用 V 表示，例如有 m 个等级：

$$V=\{v_1,v_2,v_3,\cdots,v_m\}$$

式中，$v_j(j=1,2,3,\cdots,m)$ 表示 j 种评价结果，一般用等级来表示。

（3）评价指标权重

参与评价的各污染因子对于环境质量的重要程度不同，为此，给各个因素 u_i 一个权重 a_i，各指标的权重集合的模糊集用 A 表示，一个指标对应一个权重，有多少个指标就有多少个权重：

$$A=\{a_1,a_2,a_3,\cdots,a_m\}$$

在没有数据时可以通过层次分析法确定权重，在有数据时可以通过熵权法客观确定权重。

（4）模糊综合评价矩阵

若指标集合 U 中的第 i 个因子对评价标准集 V 中的第 1 个标准级别的隶属度为 r_{i1}，则对第 i 个指标单因素评价的结果用模糊集合表示为：

$$R_i=\{r_{i1},r_{i2},r_{i3},\cdots,r_{im}\}$$

若 U 中有 5 个指标，对每个指标的评价标准分 4 个等级，则评价矩阵为：

$$\boldsymbol{R}=\begin{bmatrix} r_{11} & r_{12} & r_{13} & r_{14} \\ r_{21} & r_{22} & r_{23} & r_{24} \\ r_{31} & r_{32} & r_{33} & r_{34} \\ r_{41} & r_{42} & r_{43} & r_{44} \\ r_{51} & r_{52} & r_{53} & r_{54} \end{bmatrix}$$

（5）模糊综合评价

$$\boldsymbol{Y}=A\bullet\boldsymbol{R}$$

式中，• 为模糊算子符号；$\boldsymbol{Y}$ 表示模糊评价集，按最大隶属度原则对照评价标准进行评判。

例如，选取常用的水质指标 TN、TP、BOD_5、DO、COD_{Cr} 作为评价标准，采用模糊综合评价法评价某湖区 2 个小水域水质总体状况。该湖区水质指标检测数据见表 2-8。

表2-8　水质指标检测数据

小水域编号	水质指标检测结果 /（mg/L）				
	TN	TP	BOD_5	DO	COD_{Cr}
1	1.310	0.069	2.38	8.93	60.06
2	1.443	0.091	2.25	8.70	53.20

① 评价参数的选择和评价标准的建立。

TN、TP、BOD_5、DO、COD_{Cr} 五个因子构成评价因素集合：

U={TN，TP，BOD_5，DO，COD_{Cr}}

建立五级评价标准集合：

V={ Ⅰ级标准值，Ⅱ级标准值，Ⅲ级标准值，Ⅳ级标准值，Ⅴ级标准值 }

$$\boldsymbol{V}=\begin{bmatrix} 0.2 & 0.5 & 1.0 & 1.5 & 2.0 \\ 0.01 & 0.025 & 0.05 & 0.1 & 0.2 \\ 3 & 3 & 4 & 6 & 10 \\ 7.5 & 6 & 5 & 3 & 2 \\ 15 & 15 & 20 & 30 & 40 \end{bmatrix}$$

第一行是 TN 的各级标准值；第二行是 TP 的各级标准值；第三行是 BOD_5 的各级标准值；第四行是 DO 的各级标准值；第五行是 COD_{Cr} 的各级标准值。

② 分别求出 2 个小水域各单项指标对每级隶属度的函数，并建立模糊关系矩阵 $\boldsymbol{R}_i$（i 代表小水域的编号）。

$$\boldsymbol{R}_1=\begin{bmatrix} 0 & 0 & 0 & \dfrac{1.5-1.31}{1.5-1.0} & 1 \\ 0 & 0 & 0 & \dfrac{0.1-0.069}{0.1-0.05} & 1 \\ 1 & 1 & 1 & 1 & 1 \\ 0 & 0 & 0 & 0 & 0 \\ 1 & 1 & 1 & 1 & 1 \end{bmatrix}$$

$$\boldsymbol{R}_2=\begin{bmatrix} 0 & 0 & 0 & \dfrac{1.5-1.443}{1.5-1.0} & 1 \\ 0 & 0 & 0 & \dfrac{0.1-0.091}{0.1-0.05} & 1 \\ 1 & 1 & 1 & 1 & 1 \\ 0 & 0 & 0 & 0 & 0 \\ 1 & 1 & 1 & 1 & 1 \end{bmatrix}$$

③ 建立权重模糊矩阵 $\boldsymbol{B}_i$（i 代表小水域的编号），这里假设 5 个单项指标的权重均等，都为 0.2。

$$\boldsymbol{B}=\begin{bmatrix}0.2 & 0.2 & 0.2 & 0.2 & 0.2\end{bmatrix}$$

④ 采用环境质量模糊综合评价模型 $\boldsymbol{Y}_i=\boldsymbol{B}_i\ \boldsymbol{R}_i$ 得出 2 个小水域在 5 个等级的模糊综合评价结果。

$$\boldsymbol{Y}_1=[0.4\quad 0.4\quad 0.4\quad 0.6\quad 0.8]$$

$$\boldsymbol{Y}_2=[0.4\quad 0.4\quad 0.4\quad 0.4264\quad 0.8]$$

按最大隶属度原则，2 个小水域的最大隶属度均为 0.8，2 个小水域都是五类水质。

模糊综合评价法揭示了客观事物之间联系的模糊性，应用于产地环境质量评价时可以有效克服单因子污染指数评价的片面性，反映产地环境被污染程度的具体等级，突破指数法的缺点限制。模糊综合评价法适用于土壤、水和大气环境质量评价。例如，张二喜 [15] 利用基于基尼系数赋权的模糊综合评价法针对土壤重金属镉、汞、砷、铅、铬、铜、锌、镍对北京市大华山地区土壤环境质量进行评价，获得每个采样点位的质量等级隶属度，统计得到研究区 91.12% 的采样点土壤环境质量为一级，土壤环境比较清洁，没有出现污染现象；5.61% 的采样点土壤环境质量为二级，土壤环境质量较差，属于轻度污染，具有潜在危害，需要采取预防措施，加强监测，进一步调查研究；3.27% 的采样点土壤环境质量为三级，土壤环境质量差，污染程度最为严重，对生长于土壤表层的植物乃至人体健康具有严重危害，需要采取整治修复行动。

2.2.4 加权平均污染指数法

加权平均污染指数法是根据污染物对环境质量的影响作用的差异，引入不同的权重，单项污染指数与权重相乘，乘积再相加，结果表达综合污染状况。加权平均污染指数法的计算方法如式（2-11）所示：

$$\mathrm{PI}=\sum_{i=1}^{n}\left(W_i\frac{C_i}{S_i}\right) \tag{2-11}$$

式中 PI——加权平均污染指数；

W_i——单项污染指数的权重；

C_i——污染物的含量；

S_i——参考标准值；

$\frac{C_i}{S_i}$——单项污染指数。

引入权重可以反映不同污染物对产地环境的影响，可以有针对性地突出某种污染物的作用。但当某单项指数较大，即某个污染因子超标程度较高时，加权平均污染指数值会低于单项污染指数值，可能会掩盖污染问题，权重如何取值是保证评价结果客观、合理、科学的关键问题。

加权平均污染指数法适用于土壤、水、大气环境质量评价。例如，王京文等[16]按国家农业行业标准——《蔬菜地分等》（NY/T 294—1995）中的指标计算方法和分等指标（表 2-9），采用加权平均污染指数法对浙江省慈溪市周巷镇蔬菜基地土壤环境质量进行评价，土壤肥力及环境指标值见表 2-10，1 ～ 26 号采样点所得分值分别为 72.0、72.0、72.0、67.0、62.0、64.5、67.0、77.0、69.5、74.5、74.5、67.0、74.5、67.0、67.0、67.0、67.0、74.5、69.5、62.0、67.0、67.0、67.0、67.0、72.0、72.0，其中有 10 个点为三等，16 个点为四等。

表2-9 蔬菜地分等定级评价指标及其分值和权重

蔬菜地适宜度	4 分	3 分	2 分	1 分	权重
土壤质地	壤土	粉砂质壤土	砂质黏壤土	黏壤土	0.05
碱解氮 /（mg/kg）	≥ 120	100 ～ 120	80 ～ 100	60 ～ 80	0.12
速效钾 /（mg/kg）	≥ 150	100 ～ 150	80 ～ 100	50 ～ 80	0.13
速效磷 /（mg/kg）	40 ～ 60	20 ～ 40	60 ～ 80	＞80 或＜20	0.14
全盐量 /（g/kg）	≤ 1.0	1.0 ～ 2.0	2.0 ～ 3.0	＞3.0	0.03
有机质 /（g/kg）	＞30	20 ～ 30	15 ～ 20	12 ～ 15	0.30

续表

蔬菜地适宜度	4分	3分	2分	1分	权重
pH值	6.5～7.5	7.5～8.0	8.0～8.5	8.5～9.0	0.06
镉/(mg/kg)	≤0.29	≤0.58	≤1.45	≤1.45	0.05
汞/(mg/kg)	≤0.22	≤0.43	≤1.08	≤1.08	0.06
铅/(mg/kg)	≤35	≤100	≤150	≤150	0.04
铬/(mg/kg)	≤85.4	≤170.8	≤427.0	≤427.0	0.02

表2-10 慈溪市周巷镇蔬菜基地土壤肥力及环境指标值

点位	土壤质地	碱解氮	速效钾	速效磷	全盐量	有机质	pH值	汞	铅	镉	铬
		mg/kg			g/kg		—	mg/kg			
1	粉砂质壤土	48	60	21.1	0.58	10.5	7.7	0.13	5.13	0.025	70.50
2	粉砂质壤土	50	60	35.7	0.55	12.2	7.5	0.14	7.71	0.027	75.95
3	粉砂质壤土	42	60	25.7	0.69	12.7	7.6	0.13	7.13	0.028	82.13
4	粉砂质壤土	53	70	25.9	0.66	13.8	7.6	0.30	7.71	0.037	83.99
5	粉砂质壤土	42	50	19.9	0.53	11.3	7.6	0.24	5.98	0.041	70.42
6	粉砂质壤土	61	60	16.9	0.54	16.4	7.7	0.24	4.58	0.033	73.11
7	粉砂质壤土	43	40	19.7	0.63	10.3	7.7	0.10	3.10	0.031	77.04
8	粉砂质壤土	48	50	41.5	0.58	10.8	7.4	0.12	9.64	0.015	66.33
9	粉砂质壤土	51	50	43.5	0.64	13.3	7.6	0.23	10.81	0.009	65.08
10	粉砂质壤土	53	60	38.5	0.55	14.0	7.3	0.10	11.84	0.013	73.35
11	粉砂质壤土	61	70	24.0	0.56	15.7	7.5	0.16	6.89	0.011	76.96
12	粉砂质壤土	53	60	18.1	0.56	14.2	7.6	0.18	10.00	0.015	60.30
13	粉砂质壤土	45	70	28.5	0.56	12.1	7.4	0.16	10.51	0.011	68.15
14	粉砂质壤土	62	50	18.31	0.60	14.6	7.7	0.13	8.35	0.017	63.23
15	粉砂质壤土	46	60	17.5	0.54	12.2	7.6	0.13	9.29	0.015	62.95
16	粉砂质壤土	44	70	15.2	0.60	12.6	7.8	0.13	12.89	0.017	51.31

续表

点位	土壤质地	碱解氮	速效钾	速效磷	全盐量	有机质	pH 值	汞	铅	镉	铬
		mg/kg			g/kg		—	mg/kg			
17	粉砂质壤土	42	50	16.8	0.58	11.3	7.5	0.15	13.84	0.005	54.27
18	粉砂质壤土	49	60	39.9	0.59	14.3	7.4	0.15	14.18	0.017	59.95
19	粉砂质壤土	50	60	19.6	0.51	11.4	7.4	0.20	14.68	0.010	52.81
20	粉砂质壤土	57	60	19.4	0.56	13.2	7.5	0.28	12.97	0.021	54.81
21	粉砂质壤土	43	40	15.3	0.52	14.0	7.5	0.17	8.54	0.022	38.77
22	粉砂质壤土	44	40	16.1	0.51	11.1	7.5	0.13	9.56	0.019	54.96
23	粉砂质壤土	45	40	11.9	0.51	13.1	7.7	0.14	11.23	0.021	49.22
24	粉砂质壤土	51	40	17.5	0.60	14.4	7.5	0.15	11.30	0.025	57.02
25	粉砂质壤土	49	50	28.4	0.72	13.0	7.7	0.19	14.09	0.023	45.83
26	粉砂质壤土	45	50	17.4	0.52	16.5	7.5	0.18	11.36	0.037	60.32

2.2.5　灰色聚类法

灰色系统理论是我国学者邓聚龙于 1982 年创立的。这一方法是在模糊数学法的基础上发展起来的，同样也是为了解决环境污染评价中所涉及的模糊的边界问题。灰色聚类法基于环境质量系统的灰色性，考虑多因子综合影响，将聚类对象对于不同聚类指标所拥有的白化数按几个灰类进行归纳，从而判断该聚类对象属于哪一级。灰色聚类的步骤，由确定灰类白化函数、标定聚类权、求聚类系数构成。聚类权反映聚类指标对灰类的亲疏关系，根据聚类系数来判断土壤污染级别，污染级别取聚类系数中最大者。有等斜率灰色聚类法和宽域灰色聚类法两种改进方法，其原理与灰色聚类法大致相同。等斜率灰色聚类法以等斜率方式构造白化函数，并以修正系数代替灰色聚类法中聚类权而对白化函数进行修正。宽域灰色聚类法以宽域式结构确定白化函数。

设有 n 个聚类对象、m 个聚类指标、s 个不同灰类，根据第 i（i=1,2,⋯,n）个对象关于 j（j=1,2,⋯,m）指标的样本值 x_{ij}（i=1,2,⋯,n；j=1,2,⋯,m）将第 i 个对象归入第 k（k=1,2,⋯,s）个灰类之中，即为灰色聚类。

灰色聚类法的步骤大致如下。

（1）确定灰类白化函数

j 指标 k 子类的白化函数记为 $f_j^k(x)$，第 j 个聚类指标属于第 k 灰类白化函数的阈值记为 a_{jk}，白化函数的计算公式如下：

第 1（k=1）灰类的白化函数为：

$$f_j^k(x)=\begin{cases}1 & x\leqslant a_{j1}\\ \dfrac{x-a_{j2}}{a_{j1}-a_{j2}} & a_{j1}<x<a_{j2}\\ 0 & x\geqslant a_{j2}\end{cases} \tag{2-12}$$

第 k（k=2,3,⋯,m−1）灰类的白化函数为：

$$f_j^k(x)=\begin{cases}0 & x\leqslant a_{jk-1},\ x\geqslant a_{jk+1}\\ \dfrac{x-a_{jk-1}}{a_{jk}-a_{jk-1}} & a_{jk-1}<x\leqslant a_{jk}\\ \dfrac{x-a_{jk+1}}{a_{jk}-a_{jk+1}} & a_{jk}<x\leqslant a_{jk+1}\end{cases} \tag{2-13}$$

最后，第 s 灰类的白化函数为：

$$f_j^k(x)=\begin{cases}0 & x\leqslant a_{js-1}\\ \dfrac{x-a_{js-1}}{a_{js}-a_{js-1}} & a_{j1}<x<a_{j2}\\ 1 & x\geqslant a_{js}\end{cases} \tag{2-14}$$

（2）标定聚类权

给定 $f_j^k(x)$ 为上述白化函数中的一种，其标定聚类权 η_{jk} 的计算公式为：

$$\eta_{jk}=\frac{\lambda_{jk}}{\sum_{j=1}^{m}\lambda_{jk}} \tag{2-15}$$

式中 λ_{jk}——第 j 个聚类指标属于第 k 灰类的初始权重；

η_{jk}——第 j 个聚类指标属于第 k 灰类的标定聚类权。

$$\lambda_{jk}=\frac{C_j}{S_{jk}} \tag{2-16}$$

式中 C_j——第 j 个指标的实测浓度；

S_{jk}——第 j 个指标的第 k 级分级标准值，相当于白化函数的阈值 a_{jk}。

（3）求聚类系数

聚类系数的大小是衡量聚类对象属于某灰类的标准，根据最大原则确定其类别。

第 i 个聚类对象对于第 k 灰类的聚类系数 δ_{ik} 的计算公式为：

$$\delta_{ik}=\sum_{j=1}^{m}[f_j^k(x_{ij})\eta_{jk}] \tag{2-17}$$

由式（2-17）可求出各个聚类对象对于各个灰类的聚类系数。

相对于模糊数学而言，灰色聚类法在处理权重分配的过程中更加客观合理，但是计算过程比模糊数学更为复杂。该方法需要建立的白化函数比较多，计算过程烦琐，在应用时可以借助计算软件，是一种值得应用的土壤重金属污染评价方法。王金生[17]用灰色聚类法评价了江西铜矿开发区土壤重金属污染状况。

2.2.6　物元可拓法

进行产地环境质量评价研究时，由于各单项指标的评价结果往往是不一致的，直接利用环境质量评价标准难以做出确切的评价。我国学者蔡文于 20 世纪 80 年代初创立的可拓学就是从定性和定量两个角度去研究解决矛盾问题的规律和方法，为土壤重金属污染评价提供了新的途径。可拓学在土壤重金属污染评价中把土壤、各种重金属以及土壤关于重金属的量值组成一个整体——物元来研究。该方法的数据处理用可拓集合的关联函数值——关联度的大小来描述各种特征参数与所研究的对象的从属关系，从而把属于或不属于的定性表述扩展为定量描述。该方法以物元为基本元，建立物元模型；以物元为依据，应用物元变换法化矛盾问题为相容问题。

物元可拓法的基本步骤如下[18-19]：

① 确定事物的评价指标和评价标准。例如，根据土壤状况设置六项土壤性状指标作为评价指标：Cu（x_1）、Pb（x_2）、Cd（x_3）、Cr（x_4）、Zn（x_5）、Ni（x_6）。即特征 $\boldsymbol{C}=\{x_1, x_2, x_3, x_4, x_5, x_6\}$，把土壤质量分为 j 个等级。

② 确定物元的经典域与节域。经典域为 [0，各评价指标的 j 级标准值]，节域为 [0，各评价指标的最大一级标准值]，当有土壤严重超标时，节域可适当放大。

$$\boldsymbol{R}=\begin{bmatrix} M_i, & \text{Cu}[ax_1, & bx_1] \\ & \text{Pb}[ax_2, & bx_2] \\ & \vdots & \vdots \\ & \text{Ni}[ax_6, & bx_6] \end{bmatrix} \tag{2-18}$$

式中　$\boldsymbol{R}$——节域物元矩阵；

M_i——由标准事物加上可转化为标准的事物组成的节域对象；

$[ax_i,bx_i]$——节域对象关于特征 $\boldsymbol{C}$ 的取值范围。

节域是根据参与评价的土壤性状指标的取值范围确定的。

③ 确定待评价物元。把样本实际监测的数据和结果用物元表示出来。例如样本 i 的 Cu、Pb、Cd、Cr、Zn、Ni 含量分别为 18.88mg/kg、31.89mg/kg、0.54mg/kg、55.10mg/kg、59.69mg/kg、65.00mg/kg，则该样本的评价物元为：

$$R_1 = \begin{bmatrix} M_i, & \text{Cu}, 18.88 \\ & \text{Pb}, 31.89 \\ & \text{Cd}, 0.54 \\ & \text{Cr}, 55.10 \\ & \text{Zn}, 59.69 \\ & \text{Ni}, 65.00 \end{bmatrix}$$

④ 确定各评价指标的权重。

⑤ 计算土壤样本的关联度。待评价事物 N_x 关于等级 j 的综合关联度 $K_j(N_x)$ 计算方法见公式（2-19）：

$$K_j(N_x) = \sum_{j=1}^{N} a_j K_j(X_x) \tag{2-19}$$

式中 $K_j(N_x)$——待评价事物关于各等级j的综合关联度，表示待评价事物符合某等级标准范围的隶属程度；

$K_j(X_x)$——待评价事物关于各等级的关联度，j=1, 2, …, n；

a_j——各评价指标的权重。

0 ≤ $K_j(N_x)$<1 表示被评价的土壤环境质量符合土壤环境质量的某级标准的要求，数值越大，越接近标准上限；−1.0 ≤ $K_j(N_x)$<0 表示被评价的土壤环境质量不符合土壤环境质量某级标准的要求，但具备转化为符合该级标准的条件，数值越大，越容易转化[19]。

该方法直接采用实测数据计算出问题的关联度，作为对所研究的问题、现象和事物的综合分析、识别、评定或预测的结论。它能改进传统算法的近似性，排除了人为因素对分析、评定或预测结果的干扰。关联函数可以取负值的特点，使可拓识别方法能全面分析待识别对象属于某集合的程度。因此，判别结果更为精细。此外，关联函数公式计算简单，使用方便。

物元可拓法适用于土壤、水、大气环境质量评价。徐笠等[19]应用物元分析法评价了安徽省土壤重金属污染状况，结果表明：黄褐土污染最为严重，其次为黄红壤，污染最轻的为砂浆黑土。陈建勇等[20]利用物元分析法评价了南京某钢铁公司附近土壤重金属污染状况，结果表明：所有采样点中有 1 个采样点高于国家一级标准，剩余采样点均低于国家一级标准。

2.2.7 人工神经网络法

人工神经网络（ANN）是一类模拟生物体神经系统结构的新型信息处理系统。它是一种黑箱建模工具，能够通过数据规律学习建立输入量与输出量之间全局性非线性映射关系，能从已知数据中自动归纳规则并获得数据的内在规律，为解决多元非线性、不确定性和不确知系统的问题提供了有效途径。人工神经网络具有自适应性、自学习性、容错性和联想记忆能力等特点，能够实现多输入和多输出。环境质量评价的过程可以看作是将环境指标监测值与标准值比较的过程，比较结果符合哪种质量级别就认为是哪种环境质量，也就是输入和输出的对应关系问题，可以采用人工神经网络进行环境质量评价。

BP（back propagation）人工神经网络模型是目前最具代表性和广泛应用的一种人工神经网络模型，BP 人工神经网络为反向传播网络，该模型由一层输入层、一层或多层隐含层、一层输出层组成，同一层的每个神经元之间互不连接，层与层之间的神经元全部互连，见图 2-1。其中隐含层神经元通常采用 sigmoid 型传递函数，而输出层神经元则采用线型传递函数。

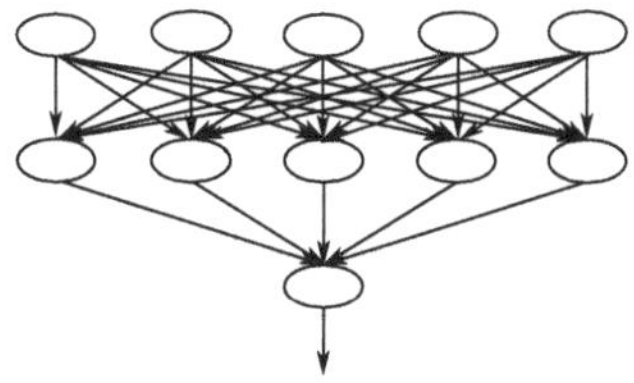

图 2-1　BP 人工神经网络模型结构

人工神经网络模型评价土壤环境质量分为以下几个步骤[18]。

（1）训练数据的选择

农产品产地环境质量评价是依据环境质量标准评价环境质量状况。因此，BP 网络的训练数据要结合环境质量标准。例如，对土壤重金属污染情况进行评价，把土壤污染等级分为未污染、轻度污染、中度污染和重度污染 4 个等级，把这 4 个等级作为 4 类训练样本，每一个等级的污染物浓度标准值作为训练样本的输入特征值。

（2）网络对象的建立

如选取 Cd、Hg、As、Pb、Cr 5 种污染物作为样本的 5 个输入特征因子，把土壤污染的 4 个等级作为 4 类学习样本，建立 6 个输入节点、4 个中间节点和 1 个输出节点的 BP 网络土壤环境质量评价模型。

（3）网络的训练

为了增强网络的鲁棒性及容错能力，可以采用对网络进行三次训练的方法，训练步骤为：

① 用不含噪声的训练集对网络进行初次训练；

② 在训练集中分别加入 10% 和 20% 的噪声；

③ 为保证网络对训练集的正确识别，再次用不含噪声的训练集对网络进行第三次训练，其训练步骤与第一次训练相同。

（4）模型模拟

网络建立并经训练后，用人工神经网络工具箱的 sim 函数进行模拟，也就是对土壤监测数据进行评价，以得出土壤污染状况。

由于 BP 人工神经网络是以训练集作为模式识别的依据，训练集的选择直接关系到识别结果的正确性。评价区域或者评价目的有变化时，要对训练集做适当的调整以满足实际需要。

隐含层神经元数量关系到评价结果的正确性。神经元数量太少，无法实现监测数据的分类；神经元数量太多，网络庞大，结果不稳定，容易产生误差。虽然各国科学家在隐含层神经元数量的确定上做了大量研究工作，但至今没有得到明确结论。因此，在网络建立时用户一般根据网络规模的大小，凭实际经验确定隐含层神经元数量。在对建立的 BP 人工神经网络进行训练时，引入含训练噪声的网络具有更强的容错能力，对监测数据的分类效果明显优于未引入噪声的网络。

BP 人工神经网络适用于土壤、水、大气环境质量评价。杨娟等[21]利用人工神经网络法定量研究了某地区社会经济发展影响要素与土壤重金属 Cd 含量间的内在联系，并预测了 Cd 在 2005 年和 2010 年的污染情况，结果表明：土壤 Cd 含量主要受到非农人口比例、磷肥使用量、客货运周转量、GDP 年增长率等几个方面的影响，2005 年该地区 Cd 含量上升，但均低于国家二级标准；2010 年该地区个别区域会出现 Cd 超标现象。

单因子污染指数法以土壤环境质量污染标准作为基础，目标明确，作为无量纲指数，它具有可比较的等价特性，但是单因子污染指数法仅仅针对土壤中重金属单一元素进行评价，不能反映土壤污染的综合状况。综合污染指数法弥补了单因子污染指数法的这一缺点，尽管综合污染指数法普遍存在有时会发生评价失效的通病，但是综合污染指数法以其特有的易懂、易学、易算、易操作等优点，仍被广大科技工作者所采用。每种重金属评价的方法都有自己的优点和局限性，在运用这些方法评价土壤重金属污染程度时，要充分利用每种方法的优点，规避缺点，才能获得准确的结果。

2.3 质量等级划分

环境质量等级划分是根据一定的划分标准等依据，将环境质量根据一定的指导原则划分为不同的等级，使得环境质量优劣更明确、直观。农产品产地环境质量等级划分的指导原则主要有两种：一是以危害管理为主要目标，以农产品质量安全作为基本判定标准；二是面向污染产地管理需求，每个污染等级均有对应的防治策略和方法。质量等级划分方法主要有直接根据污染物含量阈值划分等级法和根据污染指数分级临界值划分等级法。

2.3.1 阈值划分法

我国于 1995 年颁布实施了《土壤环境质量标准》（GB 15618—1995）[22]，该标准共分三级，分别建立了保护土壤资源的背景值以及保护土壤农业生产功能和生态环境功能的标准值。不过，随着我国对土壤环境及土壤污染现状研究的深入，该版本标准已经不能满足实际应用的需要，国家环境保护总局于2004年下达了《土壤环境质量标准》修订任务，然而，由于复杂性、敏感性等多方面原因，直到2018年8月，生态环境部发布了《土壤环境质量　农用地土壤污染风险管控标准（试行）》（GB 15618—2018）[12]，替代GB 15618—1995，从污染土壤风险管控的角度给出土壤污染风险的筛选值（表2-11、表2-12）和管制值（表2-13）。当土壤中污染物含量等于或者低于标准规定的风险筛选值时，农用地土壤污染风险低，一般情况下可以忽略；高于风险筛选值时，可能存在农用土壤污染风险，应加强土壤环境监测和农产品协同监测；当土壤中镉、汞、砷、铅、铬的含量高于风险筛选值、等于或者低于风险管制值时，可能存在食用农产品不符合质量安全标准等土壤污染风险，原则上应采取农艺调控、替代种植等安全利用措施。GB 15618—2018根据制定的土壤重金属和部分有机污染物的风险筛选值和管制值大致将农用地土壤污染风险分成上述三个等级。

表2-11　农用地土壤污染风险筛选值（基本项目）（GB 15618—2018）　　单位：mg/kg

序号	污染物项目①②		风险筛选值			
			pH≤5.5	5.5<pH≤6.5	6.5<pH≤7.5	pH>7.5
1	镉	水田	0.3	0.4	0.6	0.8
		其他	0.3	0.3	0.3	0.6
2	汞	水田	0.5	0.5	0.6	1.0
		其他	1.3	1.8	2.4	3.4
3	砷	水田	30	30	25	20
		其他	40	40	30	25
4	铅	水田	80	100	140	240
		其他	70	90	120	170
5	铬	水田	80	100	140	240
		其他	70	90	120	170
6	铜	果园	150	150	200	200
		其他	50	70	100	190
7	镍		60	70	100	190
8	锌		200	200	250	300

① 重金属和类金属砷均按元素总量计算。

② 对于水旱轮作地，采用其中较严格的风险筛选值。

表2-12 农用地土壤污染风险筛选值（其他项目）（GB 15618—2018） 单位：mg/kg

序号	污染物项目	风险筛选值
1	六六六总量①	0.10
2	滴滴涕总量②	0.10
3	苯并 [a] 芘	0.55

① 六六六总量为 α- 六六六、β- 六六六、γ- 六六六、δ- 六六六四种异构体的含量总和。
② 滴滴涕总量为 p,p′- 滴滴伊、p,p′- 滴滴滴、o,p′- 滴滴涕、p,p′- 滴滴涕四种衍生物的含量总和。

表2-13 农用地土壤污染风险管制值（摘自GB 15618—2018） 单位：mg/kg

序号	污染物项目	风险管制值			
		pH ≤ 5.5	5.5＜pH ≤ 6.5	6.5＜pH ≤ 7.5	pH＞7.5
1	镉	1.5	2.0	3.0	4.0
2	汞	2.0	2.5	4.0	4.0
3	砷	200	150	120	100
4	铅	400	500	700	1000
5	铬	800	850	1000	1300

早在《土壤环境质量标准》颁布之前，就有人提出了农业土壤分级评价方法。叶嗣宗、罗海林[23]提出利用农业土壤环境背景值和土壤临界值两个主要参数，将土壤质量状况分为背景区、安全区、过渡区、警戒区和控制区五级，具体分级依据见表 2-14。

表2-14 农业土壤环境质量评价分级表

级别	区域名称	元素含量值范围	污染程度
1	背景区	$0 \sim B_i+2\sigma_i$①	未受污染
2	安全区	$B_i+2\sigma_i \sim 0.3C_{ic}$	轻污染
3	过渡区	$0.3C_{ic} \sim 0.7C_{ic}$	中污染
4	警戒区	$0.7C_{ic} \sim C_{ic}$	重污染
5	控制区	$> C_{ic}$	严重污染

① 如元素含量值是算术正态分布，则为 $B_i+2\sigma_i$；若为对数正态分布，则为 $B_i \times S_i^2$。其中，B_i 表示土壤中某种元素的背景含量；σ_i 表示该元素背景值分布的算术标准差；S_i 表示该元素背景值分布的几何标准差；C_{ic} 表示该元素在土壤中的临界值。

上述分级评价的几个界限中，背景值及其标准差、临界值是由实际测定或通过实验得到的，系数值则是从污染物（元素）造成危害的可能程度（危险性）及环境管理角度而确定的。级别划分的主要含义如下：

① 背景区。土壤中污染物（重金属元素）含量在背景值范围内，说明土壤未受到或仅仅间接受到外来污染物的影响，土壤组分基本保持原有的含量状况。从总体上看，该区域中人类活动与自然环境相互适应、相互协调，因此背景区的土壤危害性最小。

② 安全区。该区土壤中污染物含量已超出背景值范围，说明已有外源污染物侵入土壤。根据安全管理的经验，认为含量在 1/3 限制值（临界含量值）以下时一般不会发生超过限制值的情况和后果，即含量在这个级别内的土壤对人类环境的危险性很小。但从环境管理角度看，尽管安全区属轻污染，而防止其向过渡区和警戒区发展是环境管理的主要任务。

③ 过渡区。由于土壤受到重金属等不易降解的物质污染后，土壤本身的自净能力降低，需很长时间才能排出污染物，因此，在安全区和控制区之间划分了过渡区和警戒区。含量在过渡区范围内危险性不很大，但属于此区的土壤，其本身的土壤系统比较脆弱，土壤的自净能力明显低于背景区和安全区。如果再不对进入土壤的污染物严格控制，就特别容易向警戒区和控制区发展，因此对这类地区的土壤要特别注意。

④ 警戒区。根据管理经验，当含量超过过渡区并大于 2/3 限制值时，土壤出现超标的可能性大大增加，随之也会出现作物中含量超标的可能性。所以对这类地区的土壤应绝对控制污染物的侵入，并对种植的作物进行筛选，尽量种植一些低残留作物。在条件允许的情况下，可种植一些经济作物或辟为花卉苗圃用地。环境管理方面应密切注意土壤中污染物含量的变化，采取相应的技术和管理措施以降低土壤中污染物残留量。

⑤ 控制区。含量已超过临界值，即已对人体健康和环境造成危害，土壤利用超过限度。一般来说，这类土壤已不适宜作农业用地，其自然结构已受到破坏。所以，在对这类土壤的利用方式上要重新规划，采取必要的措施来恢复土壤的自然结构，充分利用其自净能力，降低污染物的残留量和活性。可用新土覆盖、原土搬移等方式来降低土壤中污染物的含量，使其向警戒区或过渡区发展。

2.3.2 指数划分法

指数划分法是给定通过计算获得的指数一个分级标准值，根据指数所在的指数分级标准值区间将产地环境质量分成不同的等级。土壤重金属安全评价的根本目的是为产地安全管理服务，因此，当土壤重金属含量超过评估参考值时，意味着产地土壤存在着一定的安全风险。超过倍数越多，安全风险越大。因此，按照行业惯例，采用土壤重金属含量与评估参比值的比值（即风险指数）的大小来划分不同风险水平，并给出相应的风险特征描述。

《全国农产品产地土壤重金属安全评估技术规定》（农办科〔2015〕42 号）[10] 中

土壤各个单项重金属的安全等级按其单因子污染指数 P_i 划分（简称单因子指数法）；土壤各个点位安全等级按其点位单因子污染指数的最大值 $P_{i\max}$ 划分（简称最大单因子指数法）。

土壤单因子指数记为 P_i，计算公式见式（2-1）。

按照保障农产品质量安全程度，其土壤安全性水平分为无风险、低风险、中度风险和高风险四级，等级划分指标值见表 2-15。

表2-15　依据土壤重金属污染指数的安全等级划分

等级	划分依据		土壤安全水平
	单因子指数	点位最大单因子指数	
1	$P_i \leqslant 1$	$P_{i\max} \leqslant 1$	无风险
2	$1 < P_i \leqslant 2$	$1 < P_{i\max} \leqslant 2$	低风险
3	$2 < P_i \leqslant 3$	$2 < P_{i\max} \leqslant 3$	中度风险
4	$P_i > 3$	$P_{i\max} > 3$	高风险

2.3.3　存在的问题

我国现有分级评价标准有污染物浓度和污染指数两类，其中，污染物浓度一般综合运用地球化学法和生态风险法确定，污染指数则根据污染物浓度实测值与指标值之间的比值而得，两种方法均存在一定的问题。

直接以污染物浓度进行等级划分的代表是《土壤环境质量标准》（GB 15618—1995）和《土壤环境质量　农用地土壤污染风险管控标准（试行）》（GB 15618—2018）。《土壤环境质量标准》整体偏严，且过分追求统一，用此标准进行农业生产指导并不合适。以我国主要的超标污染物镉为例，与英国相比，我国的标准偏严近 3 倍，按照我国土壤环境质量二级标准判定，英国 70% 以上的耕地均为镉超标，但是英国农产品超标率非常低。《土壤环境质量　农用地土壤污染风险管控标准（试行）》将标准值进行了放宽，区分了水田和其他农用地，但也不够具体细化。

而以污染指数进行等级划分时，由于我国幅员辽阔、土壤类型多样、作物种类多样，加上相关研究基础还十分薄弱，等级划分指标值的确定困难重重，很难建立起全国统一的指标值。

参考文献

[1] 霍霄妮，李红，孙丹峰，等. 北京市农业土壤重金属状态评价 [J]. 农业环境科学学报，2009,28(1): 70-75.

[2] 李名升，张建辉，梁念，等. 常用水环境质量评价方法分析与比较 [J]. 地理科学进展，2012,

31(5): 83-90.

[3] 刘宁，曹利平 . 河北省大气污染的区域性特征研究 [J]. 安徽农学通报，2016, 22(16): 133-137.

[4] 黄晓华，张政科. 综合污染系数法在城市空气质量趋势分析中的应用 [J]. 环境科学与技术，2001（增刊 1):38-39.

[5] 范晓婷，蒋艳雪，崔斌，等 . 富集因子法中参比元素的选取方法——以元江底泥中重金属污染评价为例 [J]. 环境科学学报，2016,36(10): 3795-3803.

[6] 魏静，郑小刚，张彩铃，等. 官厅水库、密云水库上游流域土壤砷含量特征与环境质量评价 [J]. 环境化学，2019, 38(1):71-77.

[7] 乔冬云，刘瑞雪，安毅，等. 湘潭县农田土壤重金属污染及生态风险评价 [J]. 农业环境科学学报，2019,38(7): 1523-1530.

[8] 朱爱美，张辉，崔菁菁，等. 渤海沉积物重金属环境质量评价及其影响因素 [J]. 海洋学报，2019,41(12): 134-144.

[9] 徐素娟，郑娜，刘景双，等. 有色冶金区街道灰尘中 As 和 Pb 的空间分布特征及其生态风险 [J]. 环境科学，2011,32(5): 1441-1446.

[10] 全国农产品产地土壤重金属安全评估技术规定（农办科〔2015〕42 号）[EB/OL]. 2015.

[11]《全国农产品产地土壤重金属安全评估技术规定》编制说明 [EB/OL]. 2015.

[12] 国家市场监督管理总局 . 土壤环境质量 农用地土壤污染风险管控标准（试行）: GB 15618—2018[S]. 北京：中国标准出版社，2018.

[13] 方明星，黄康伦，李颖慧，等. 农产品产地环境质量评价与分区——以泰州市为例 [J]. 江苏农业学报，2019 35(6): 1476-1483.

[14] 史惠华. 基于改进的内梅罗指数法的北溪引水水质评价 [J]. 水利科技，2017(3): 4-7.

[15] 张二喜. 基于基尼系数赋权的模糊综合评判法在土壤环境质量评价中的应用——以北京市大华山地区为例 [D]. 成都：成都理工大学，2017.

[16] 王京文，厉仁安，陆宏，等. Gis 支持下的大比例尺蔬菜地环境质量评价及其分等研究 [J]. 浙江大学学报（农业与生命科学版），2004,30(2): 173-178.

[17] 王金生. 灰色聚类法在土壤污染综合评价中的应用 [J]. 农业环境科学学报，1991,10(4): 169-172.

[18] 杜艳，常江，徐笠. 土壤环境质量评价方法研究进展 [J]. 土壤通报，2010,41(3): 749-756.

[19] 徐笠，常江，杜艳，等 . 应用物元分析法评价安徽省土壤重金属污染现状 [J]. 土壤 2009,41(6):875-879.

[20] 陈建勇，张江山，郑育毅. 基于熵权的物元分析法在土壤重金属污染评价中的应用 [J]. 安全与环境工程，2011,18(5):57-60.

[21] 杨娟，王昌全，李冰，等. 基于 BP 神经网络的城市边缘带土壤重金属污染预测——以成都平原土壤 Cd 为例 [J]. 土壤学报，2007,44(3): 430-436.

[22] 国家环境保护局，国家技术监督局 . 土壤环境质量标准: GB 15618—1995[S]. 北京：中国标准出版社，1995.

[23] 叶嗣宗，罗海林. 土壤环境质量分级评价 [J]. 上海环境科学，1992(6):39-40.

第3章

农产品产地环境质量区域评估

- 描述性统计
- 空间插值与分析
- 等级边界划分与加密监测

农产品产地环境质量区域评估也是通过在区域布设监测点位，对在监测点位采集的样品的污染物含量检测结果采用不同的方法进行处理分析，以给出该区域产地环境质量优劣的评价结果。区域质量评估的方法主要包括描述性统计法和空间插值法。此外，对于空间插值的结果，采用质量等级边界划分方法将监测区域根据污染程度划分为不同质量等级的小区域。

3.1 描述性统计

对农产品产地环境监测区域内的监测数据进行描述性统计，可以基本明确该区域污染物含量高低情况，整体了解该区域环境质量的优劣。描述性统计分析主要包括数据频率与分布分析、概括统计分析以及空间格局探测。

3.1.1 数据频率与分布分析

制作频率分布表的步骤如下：

① 求全距（全距亦称极差）。从数据中找出最大值 M 和最小值 L，并求出它们的差。全距为 $M-L$，从全距可以初步了解数据的差异幅度，同时亦为决定组距与组数提供了依据。

② 决定组距与组数。

③ 决定组限。组限就是表明每组界限的两个数值，其中每组的起点数值称为下限，终点数值称为上限。

④ 列频率分布表。其中落在各个小组内的数据个数即为频数（或称次数），常用 f 表示，每一小组的频数与样本容量的比值即为频率。

⑤ 累积频率。将各组的频率由下往上逐一相加，称为向上累积频率；同样，若是由上往下逐一相加，则称为向下累积频率。

累积频率表示按某种标志对数据进行分组后，分布在各组内的数据个数称为频数或次数，各组频数与全部频数之和的比值称为频率或比重。为了统计分析的需要，有时需要观察某一数值以下或某一数值以上的频率之和，叫作累积频率，或叫作对频率的累积。从变量值小的一方向变量值大的一方累加，称为向上累积，反之为向下累积。频率的最终累积值为 100%。

（1）直方图

直方图又称质量分布图，是一种统计报告图，由一系列高度不等的纵向条纹或线段表示数据分布的情况[1]。一般用横轴表示数据类型，纵轴表示分布情况。直方图是数值数据分布的精确图形表示。这是一个连续变量（定量变量）的概率分布的估计，并且被卡尔·皮尔逊（Karl Pearson）首先引入。它是一种条形图。为了构建直方图，第一步是将值的范围分段，即将整个值的范围分成一系列间隔，然后计算每个间隔中有多少值。这些值通常被指定为连续的、不重叠的变量间隔。间隔必须相邻，并且通常是（但不是必需的）相等的大小。

（2）饼图

饼图（pie chart）是用圆形及圆内扇形的角度来表示数值大小的图形。它主要用于表示一个样本（或总体）中各类别的频数占全部频数的百分比，对于研究结构性问题十分有用。

（3）QQ 图

QQ 图（quantile-quantile plot），是分位数 - 分位数的散点图，即它的纵坐标与横坐标都是某样本的分位数[2]。QQ 图主要用于判断某一系列值是否符合正态分布，横坐标是理论值，纵坐标是实际值，即某一系列样本点的分位数，如果大部分点落在直线 $y=x$ 上，说明它们是服从正态分布的。

（4）箱形图

箱形图（box-plot）又称为盒须图、盒式图或箱线图，是一种用于显示一组数据分散情况资料的统计图。因形状如箱子而得名。它主要用于反映原始数据的分布特征，还可以进行多组数据分布特征的比较。箱形图的绘制方法是：先找出一组数据的上边缘、下边缘、中位数和两个四分位数；然后连接两个四分位数画出箱体；最后再将上边缘和下边缘与箱体相连接，中位数在箱体中间。

从箱形图不易看出数据分布的实际形状。小提琴图（violin plot）作为箱形图的一个变种，将分布的核密度估计曲线与箱形图结合在一起，它在箱形图上以镜像方式叠加一条核密度估计曲线，从核密度估计曲线可以看出数据分布的大致形状。

当有多个数值变量时，可以使用散点图和气泡图来观察各变量间的关系，包括关系形态、关系的大致强度等。

（5）散点图

散点图（scatterplot）是将两个变量的各对观测点画在坐标中，并通过各观测点的分布来展示两个变量间的关系。设两个变量分别为 x 和 y，每对观测值 (x_i,y_i) 在坐标中用一个点表示，n 对观测值在坐标系中形成的点图称为散点图。利用散点图可以观察两个变量间是否有关系，是什么样的关系，关系强度如何，等等。除了为两个变量之间的关系提供良好的定性感觉外，散点图还有助于引起对异常数据的注意。在研究空间连续数据集的早期阶段，需要对数据进行检查和清洗，任何估计方法的成功都依赖于可靠的数据。即使在清洗了数据之后，一些不稳定的值也可能对估计产生重大影响。散点图可用于帮助验证初始数据和理解后续结果。具有线性关系的两个变量的散点图大致在一条直线周围随机分布，其分布的形状通常为一个椭圆。从广泛意义上说，散点图上可以观察到 3 种模式：变量要么是正相关的，要么是负相关的，要么是不相关的。如果一个变量的较大值倾向于与另一个变量的较大值相关联，那么这两个变量是正相关的。同样，每个变量的较小值也是如此。如果一个变量的较大值倾向于与另一个变量的较小值相关联，则两个变量呈负相关。在地质数据集中，两种主要元素的浓度往往呈负相关。例如，在白云岩和灰岩中，钙含量的增加通常会导致镁含量的减少。最后一种可能是这两个变量并不相关，一个变量的增加对另一个变量没有明显的影响。在这种情况下，变量被认为是不相关的。

（6）P-P 图

P-P 图（probability-probability plot）是一种用于检验数据是否符合某个分布的图形化方法，可以用来判断数据是否符合正态分布。其基本思想是将样本数据的百分位数与期望分布的百分位数进行比较，如果两者之间的对应关系非常接近，就表明样本数据符合该分布。使用 P-P 图来判断数据是否符合正态分布的步骤如下：

① 对原始数据进行排序，计算每个数据的累积分布函数值（即百分位数），并将它们转换为 z 得分（标准化值）。

② 计算标准正态分布中相应的 z 得分，并按照这些值对观测值进行排序。

③ 将样本数据的 z 得分和标准正态分布中的 z 得分进行配对，绘制在同一个图中，其中横坐标表示标准正态分布的 z 得分，纵坐标表示样本数据的 z 得分。

④ 如果样本数据符合正态分布，那么 P-P 图上的点应该呈现出一条近似于直线的对角线。如果点偏离对角线，说明样本数据与正态分布有偏差。

3.1.2　概括统计分析

算术平均数是指在一组数据中所有数据之和再除以数据的个数[3]。它是反映数据集中趋势的一项指标，把 n 个数的总和除以 n，所得的商叫作这 n 个数的算术平均数。

$$A_n = \frac{a_1 + a_2 + a_3 + \cdots + a_n}{n} \tag{3-1}$$

式中　A_n——a_1，a_2，a_3，…，a_n 等监测数据的算术平均数；

n——数据集中数据的个数。

中值是指组距的上下限的算术平均数。当变量值的项数 n 为奇数时，处于中间位置的变量值即为中位数；当 n 为偶数时，中位数则为处于中间位置的 2 个变量值的平均数。

中值也称中位数，即数据按升序或者降序排列，假如有 n 个数据，当 n 为偶数时，中位数为第 $n/2$ 位数和第 $(n+2)/2$ 位数的平均数；如果 n 为奇数，那么中位数为第 $(n+1)/2$ 位数的值。

众数是样本观测值在频数分布表中频数最多的那一组的组中值，主要应用于大面积普查研究之中。众数是在一组数据中出现次数最多的数据，是一组数据中的原数据，而不是相应的次数。

最大值，即为已知的数据中的最大的一个值。一般可以通过排序比较求出。最小值，即为已知的数据中的最小的一个值。一般也可以通过排序比较求出。

极差，又称范围误差或全距（range），用来表示统计数据中的变异量数（measures of variation），其最大值与最小值之间的差距即最大值减最小值后所得数值。

分位数是将一组经过排列后的数据分成均等部分的点，例如将一组数据分为四等份，上四分位数、中位数和下四分位数为 3 个特殊点，即将数据先按照从小到大排序，找到 25%、50% 和 75% 的分位数。分位数相较于平均值，受极端点的影响小，能够合理反映数据的分布情况。

n 个数的方差（variance）定义为标准差的平方，即各数值与其平均值的离差平方的平均：

$$s^2 = \frac{1}{n}\sum_{i=1}^{n}\left(x_i - \bar{x}\right)^2 \tag{3-2}$$

式中　s^2——方差；

n——样本个数；

x_i——第 i 个样本值；

$\bar{x}$——样本的平均值。

n 个数的标准差（standard deviation）定义如式 (3-3)：

$$s = \sqrt{\frac{1}{n}\sum_{i=1}^{n}\left(x_i - \bar{x}\right)^2} \tag{3-3}$$

式中　s——标准差；

n——样本个数；

x_i——第 i 个样本值；

$\bar{x}$——样本的平均值。

偏度用于衡量分布中偏离对称的程度。右偏或正偏代表分布的频数曲线右边的尾部比左边的长，若频数曲线左边的尾部比右边的长，则称为左偏或负偏。偏度的无量纲形式用均值、众数和标准差来衡量，其中均值和众数的差值可代表不对称性。

峰度代表数据分布的陡峭程度。相对于正态分布，尖峰代表有一个相对较高的顶峰的分布，扁峰代表顶峰较为平坦的分布，常态峰代表没有较高和较平坦的顶峰。峰度的无量纲形式如式（3-4）所示：

$$峰度系数 = a_4 = \frac{m_4}{s^4} = \frac{m_4}{m_2^{\ 2}} \tag{3-4}$$

a_4 也可记作 b_2，且在正态分布中 $a_4 = b_2 = 3$，峰度也可定义为 $b_2 - 3$，当值为正时表示尖峰分布，值为负时表示扁峰分布，为 0 时代表正态分布。其中 m_4 为四阶中心矩，s 为标准差，m_2 为二阶中心矩。

3.1.3　空间格局探测

全局 Moran's I 计算公式如下 [4]：

$$\text{Moran's } I=\frac{n\cdot\sum_{i=1}^{n}\sum_{j=1}^{n}w_{ij}\left(x_i-\overline{x}\right)\left(x_j-\overline{x}\right)}{s^2\sum_{i=1}^{n}\sum_{j=1}^{n}w_{ij}} \tag{3-5}$$

式中　s^2——方差，$s^2=\frac{1}{n}\sum_{i=1}^{n}\left(x_i-\overline{x}\right)^2$；

$\overline{x}$——观测值的平均值，$\overline{x}=\frac{1}{n}\sum_{i=1}^{n}x_i$；

x_i——i地区的观测值；

n——地区总数；

w_{ij}——空间权重矩阵中的第i行第j列的一个元素，以度量区域i与区域j之间的距离；

$\sum_{i=1}^{n}\sum_{j=1}^{n}w_{ij}$——所有空间权重之和，若此空间权重矩阵为行标准化，则$\sum_{i=1}^{n}\sum_{j=1}^{n}w_{ij}$为$n$。

LISA 指数可用来检验局部地区是否存在相似或相异属性聚集的现象。地区i的 LISA 指数可用来度量地区i与其邻域之间的关联程度。

$$L_i=\frac{x_i-\overline{x}}{s^2}\sum_{j=1}^{N}w_{ij}\left(x_j-\overline{x}\right) \tag{3-6}$$

式中　L_i——地区i的LISA指数；

s^2——各地区某属性的方差

$L_i>0$为地区i的高值被高值包围（高值 - 高值聚集），或地区i的低值被低值包围（低值 - 低值聚集）；$L_i<0$为地区i的低值被高值包围（低值 - 高值聚集），或地区i的高值被低值包围（高值 - 低值聚集）；$L_i=0$表示该地区与其相邻域之间没有显著的空间关联，通常不予考虑。

半变异函数可用于检验所采集的样本数据中是否存在空间自相关：

$$\gamma\left(h\right)=\frac{1}{2n\left(h\right)}\sum_{s=1}^{n(h)}\left[x\left(s\right)-x\left(s+h\right)\right]^2 \tag{3-7}$$

式中　s——样本点；

$x\left(s\right)$——样本点s的属性值；

$n\left(h\right)$——距离为h的点对数。

因此得到的半变异函数是样本点s和距离其h的样本点属性差值的平方的平均值。

半变异函数值在坐标中显示为离散的点，将这些点拟合为曲线需要进行建模。半变异函数一般用变异曲线来表示，横坐标为距离，纵坐标为半变异函数值（图 3-1）。

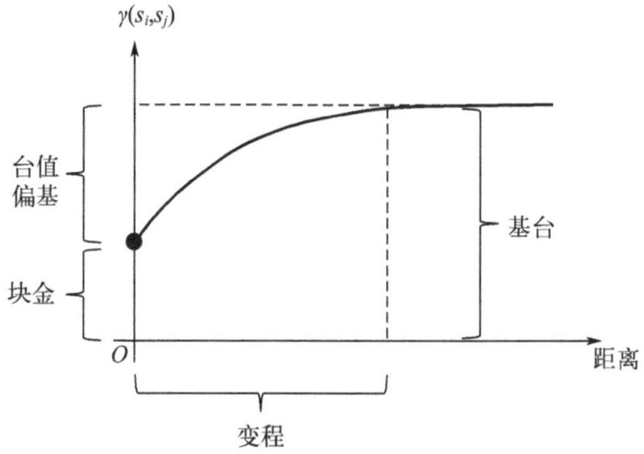

图 3-1　半变异函数图

由图 3-1 中可以看出距离越远，半变异函数值越大，说明两点间的属性相关性就越小。因此当距离越近时，半变异函数值越小，相关性越大。当距离为 0 时，理论上半变异函数值为 0，但由于测量误差的影响，其通常不为 0，就称为块金效应 C_0。当对象属性之间存在空间自相关时，变异曲线就会随着距离的增加逐渐趋于平稳。变异曲线首次呈现水平状态的距离称为变程。比该变程距离近的样本点具有空间自相关，比该变程距离远的样本点不具有空间自相关。半变异函数在变程处取得的函数值称为基台。偏基台值为基台值减去块金效应。步长大小的选择对于经验半变异函数有着重要的影响。如果步长过大，短程自相关可能会被掩盖。

线性回归模型和地理探测器的目的都是通过建立两个变量之间的统计关系得到可能的因果关系[5]。但是当线性回归显著时，地理探测器必然显著；当线性回归不显著时，地理探测器仍然可能显著，两个变量只要有关系，地理探测器就能够探测出来。

地球表面呈现出了难以置信的多样性，几乎无处可描述为空间均匀分布。异质性指差异。空间异质性是指属性值或现象在不同空间位置之间超出随机变异的差异。空间异质性包括：空间局域异质性，指某点上的属性值与周围不同，即热点；空间分层异质性，是指层内方差小于层间方差的现象，且表现为分类和分区。空间分层异质性可以使用地理探测器来度量。空间分层异质性是地理数据普遍具有的特性，探测变量 Y 的空间分层异质性以及探测某因子 X 多大程度上解释了变量 Y 的空间分异[6]。用 q 值度量：

$$q=1-\frac{\sum_{h=1}^{L}N_h\sigma_h^2}{N\sigma^2}=1-\frac{\mathrm{SSW}}{\mathrm{SST}} \tag{3-8}$$

式中　h，L——变量 Y 或者因子 X 的分层，即分类或分区；

N_h，N——层 h 和全区的单元数；

σ_h^2，σ^2——变量 Y 在层 h 和全区的方差；

SSW——层内方差之和，$\mathrm{SSW}=\sum_{h=1}^{L}N_h\sigma_h^2$；

SST——全区总方差，$\mathrm{SST}=N\sigma^2$。

q 的值域为 [0,1]，表示解释了 100q% 的 Y。q 值越大，说明 Y 的空间分异越明显，若分层是由自变量 X 生成的，q 值越大代表 X 和 Y 的空间分布越一致，自变量 X 对属性 Y 的解释力越强。

q 值的一个简单变换满足非中心 F 分布：

$$F=\frac{N-L}{L-1}\times\frac{q}{1-q}\sim F(L-1,N-L;\lambda) \tag{3-9}$$

$$\lambda=\frac{1}{\sigma^2}\left[\sum_{h=1}^{L}\overline{Y_h^2}-\frac{1}{N}\left(\sum_{h=1}^{L}\sqrt{N_n}\,\overline{Y}_h\right)^2\right] \tag{3-10}$$

式中　λ——非中心参数；

$\overline{Y}_h$——层 h 的均值。

当用于判断区域 1 的属性均值是否显著大于区域 2 时，可用 t 统计量来检验：

$$t_{\overline{y}_{h=1}-\overline{y}_{h=2}}=\frac{\overline{Y}_{h=1}-\overline{Y}_{h=2}}{\left[\dfrac{\mathrm{Var}\left(\overline{Y}_{h=1}\right)}{n_{h=1}}+\dfrac{\mathrm{Var}\left(\overline{Y}_{h=2}\right)}{n_{h=2}}\right]^{\frac{1}{2}}} \tag{3-11}$$

式中　$\overline{Y}_h$——层 h 内的属性均值；

n_h——层 h 内样本单元数量；

Var——方差。

统计量 t 近似地服从 Student's t 分布，其中自由度（df）的计算方法为：

$$df=\frac{\dfrac{\mathrm{Var}\left(\overline{Y}_{h=1}\right)}{n_{h=1}}+\dfrac{\mathrm{Var}\left(\overline{Y}_{h=2}\right)}{n_{h=2}}}{\dfrac{1}{n_{h=1}-1}\left[\dfrac{\mathrm{Var}\left(\overline{Y}_{h=1}\right)}{n_{h=1}}\right]^2+\dfrac{1}{n_{h=2}-1}\left[\dfrac{\mathrm{Var}\left(\overline{Y}_{h=2}\right)}{n_{h=2}}\right]^2} \tag{3-12}$$

零假设 H_0：$\overline{Y}_{h=1}=\overline{Y}_{h=2}$。若在置信水平 α 下拒绝 H_0，则认为区域 1 的属性均值显著大于区域 2。

当用于比较 X_1 和 X_2 对属性 Y 的空间分布的影响是否有显著的差异时，以 F 统计量来衡量：

$$F=\frac{n_{X_1}\left(n_{X_2}-1\right)\mathrm{SSW}_{X_1}}{n_{X_2}\left(n_{X_1}-1\right)\mathrm{SSW}_{X_2}} \tag{3-13}$$

式中　n_{X_1}，n_{X_2}——X_1 和 X_2 的样本量；

SSW_{X1}——由 X_1 形成的层的层内方差之和，$\mathrm{SSW}_{X1}=\sum_{h=1}^{L_1}n_h\sigma_h^2$，$L_1$ 为变量 X_1 的分层数目；

SSW_{X_2}——由 X_2 形成的层的层内方差之和，$\mathrm{SSW}_{X_2}=\sum_{h=1}^{L_2}n_h\sigma_h^2$，$L_2$ 为变量 X_2

的分层数目。

其中，零假设 H_0：$SSW_{X_1}=SSW_{X_2}$。如果在 α 的显著性水平上拒绝 H_0，则表明两因子 X_1 和 X_2 对属性 Y 空间分布的影响存在着显著的差异。

当识别不同解释变量间的交互作用时，评估因子 X_1 和 X_2 共同作用时是否会增加或减弱对因变量 Y 的解释力，或探究这些因子对 Y 的影响是不是相互独立的。评估的方法为：首先计算两种因子 X_1 和 X_2 对 Y 的 q 值 $q(Y|X_1)$ 和 $q(Y|X_2)$。然后叠加变量 X_1 和 X_2 两个图层相切所形成的新的层，并计算 $X_1 \cap X_2$ 对 Y 的 q 值 $q(Y|X_1 \cap X_2)$。最后对 $q(Y|X_1)$、$q(Y|X_2)$ 与 $q(Y|X_1 \cap X_2)$ 的数值进行比较，判断交互作用。

3.2 空间插值与分析

3.2.1 空间插值方法分类

按照理论基础，目前的土壤属性空间分布预测方法可以分为基于空间位置关系的方法、基于属性相似关系的方法及结合空间位置关系和属性相似关系的方法三类[7-8]。

第一类空间分布预测方法以地理学第一定律和第二定律为理论基础，基于空间位置和距离预测未采样位置的土壤属性，如基于空间自相关性的反距离权重法（inverse distance weighting，IDW）、普通克里金法[9]，以及考虑空间异质性的各向异性克里金、三明治、分层异质表面点均估计（point mean of surface with non-homogeneity，P-MSN）[10]等方法。

第二类空间分布预测方法以地理学第三定律为基础[11]，基于辅助变量与土壤属性的相似性预测未采样位置的土壤属性，包括多元线性回归[12]、Lasso 回归、Ridge 回归、支持向量机、随机森林[13]、梯度提升决策树[14]和神经网络[15,16]等。

第三类方法同时借助空间位置关系信息和属性相似信息预测未采样位置的土壤属性，如空间自回归（例如空间误差模型和空间滞后模型）[17]、地理加权回归[18,19]、协同克里金[20]、线性回归克里金[21]、空间随机森林 (random forest spatial interpolation，RFSI)[22] 和基于随机森林的回归克里金 (random forest regression Kriging，RFRK)[23]。

3.2.2 普通克里金插值方法

普通克里金法（ordinary Kriging，OK）是用于具有二阶平稳或符合内蕴假设，其区域化变量的平均值在搜索邻域内是未知的常数的随机变量的一种估计（插值）方法[24]。该方法是单个变量的局部线性最优无偏估计方法，也是最稳健常用的一种方法[25]。包括点克里金法和块段克里金法两种。

① 点克里金法。简单的点估值是最常用的克里金法。克里金法可以说是一种局部估值方法，每一估值都是由其邻近观测值加权平均计算而得的。有实验表明，点克里金法比多项式和加权平均法的估值精度高。由克里金法估值产生的方差图，可以识别出需要进一步采样的地区。

② 块段克里金法。是对中心在 x_0 的小区或块段进行估值。任一块段 V 中的属性 Z 的克里金值，是其邻近块段观测值 x_i 的加权平均[26]。块段克里金法的最普通用途是绘制等值线图，而且图中的等值线较平滑，对揭示区域内的变化规律格局尤为有效。

块段克里金法与点克里金法的区别在于权重系数的确定。当块段的大小等于原有平均点或样点所覆盖的范围时，克里金就是精确内插，因为内插值与数据点值相等，点克里金就成为块段克里金的特例。块段克里金法的估值方差总是小于点克里金法。

设区域化变量 $Z(x)$ 满足二阶平稳假设，其数学期望为 m，且为未知常数，协方差函数 $C(h)$ 和变异函数 $\gamma(h)$ 存在且平稳。由于 $Z(x)$ 的数学期望为未知常数，此时需采用普通克里金法进行估计。

现要估计中心点在 x_0 的待估块段 V 的均值 $Z_V(x)$，即

$$Z_V(x)=\frac{1}{V}\int_V Z(x)\mathrm{d}x \tag{3-14}$$

设待估块段 V 附近有 n 个样点 $x_i\,(i=1,2,\cdots,n)$，其观测值为 $Z(x_i)(i=1,2,\cdots,n)$，待估块段 V 的真值是估计邻域内 n 个信息值的线性组合，即

$$Z_V^*(x)=\sum_{i=1}^{n}\lambda_i Z(x_i) \tag{3-15}$$

现要求出权重系数 $\lambda_i\,(i=1,2,\cdots,n)$，使 $Z_V^*(x)$ 为 $Z_V(x)$ 的无偏估计量，且估计方差最小。

（1）无偏性条件

由于

$$E\left[Z_V(x)\right]=E\left[\frac{1}{V}\int_V Z(x)\mathrm{d}x\right]=\frac{1}{V}\int_V E\left[Z(x)\right]\mathrm{d}x=\frac{1}{V}\int_V m\mathrm{d}x=m \tag{3-16}$$

$$E\left[Z_V^*(x)\right]=E\left[\sum_{i=1}^{n}\lambda_i Z(x_i)\right]=\sum_{i=1}^{n}\left\{\lambda_i E\left[Z(x_i)\right]\right\}=m\sum_{i=1}^{n}\lambda_i \tag{3-17}$$

若要满足无偏性条件，需 $E\left[Z_V(x)\right]=E\left[Z_V^*(x)\right]$，则无偏性条件为

$$\sum_{i=1}^{n}\lambda_i=1 \tag{3-18}$$

即在权系数之和为 1 的条件下估计量是无偏的。

（2）最优性条件

最优性条件即估计方差最小条件，在满足无偏性条件下，有如下估计方差公式：

$$\sigma_E^2=\bar{C}\left(V,V\right)-2\sum_{i=1}^{n}\lambda_i\bar{C}\left(x_i,V\right)+\sum_{i=1}^{n}\sum_{j=1}^{n}\lambda_i\lambda_j C\left(x_i,x_j\right) \tag{3-19}$$

要求出在满足无偏性条件 $\sum_{i=1}^{n}\lambda_i=1$ 下使得估计方差最小的权系数 $\lambda_i\left(i=1,2,\cdots,n\right)$，这是个求条件极值问题。根据拉格朗日乘子法原理，建立拉格朗日函数 F。

$$F=\sigma_E^2-2\mu\left(\sum_{i=1}^{n}\lambda_i-1\right)=\bar{C}\left(V,V\right)-2\sum_{i=1}^{n}\lambda_i\bar{C}\left(x_i,V\right)+\sum_{i=1}^{n}\sum_{j=1}^{n}\lambda_i\lambda_j C\left(x_i,x_j\right)-2\mu\left(\sum_{i=1}^{n}\lambda_i-1\right) \tag{3-20}$$

式中，-2μ是拉格朗日乘子（这样设计拉格朗日乘子是为了后面得出的方程较简单），可以看出函数 F 是 n 个权系数 λ_i 和 μ 的 $n+1$ 元函数。求出函数 F 对 n 个权系数 λ_i 的偏导数，并令其为 0，和无偏性条件联立建立方程组。

$$\begin{cases}\dfrac{\partial F}{\partial\lambda_i}=2\sum\limits_{j=1}^{n}\lambda_j C(x_i,x_j)-2\bar{C}(x_i,V)-2\mu=0\ (i=1,2,\cdots,n)\\ \sum\limits_{i=1}^{n}\lambda_i-1=0\end{cases} \tag{3-21}$$

整理得普通克里金方程组：

$$\begin{cases}\sum\limits_{j=1}^{n}\lambda_j C(x_i,x_j)-\mu=\bar{C}(x_i,V)\ (i=1,2,\cdots,n)\\ \sum\limits_{j=1}^{n}\lambda_i=1\end{cases} \tag{3-22}$$

普通克里金方程组有 $n+1$ 个未知数（n 个权系数和一个 μ）和 $n+1$ 个方程，可以从方程组解出未知数值。将解出的 λ_i（$i=1,2,\cdots,n$）代入估计量公式得到普通克里金估计量，即

$$Z_{OK}^*\left(x\right)=\sum_{i=1}^{n}\lambda_i Z\left(x_i\right) \tag{3-23}$$

从普通克里金方程组可得：

$$\sum_{j=1}^{n}\lambda_j C\left(x_i,x_j\right)=\bar{C}\left(x_i,V\right)+\mu \tag{3-24}$$

将上式代入估计方差公式得：

$$\sigma_E^2=\bar{C}(V,V)-2\sum_{i=1}^{n}\lambda_i\bar{C}(x_i,V)+\sum_{i=1}^{n}\sum_{j=1}^{n}\lambda_i\lambda_jC(x_i,x_j)=\bar{C}(V,V)$$
$$-2\sum_{i=1}^{n}\lambda_i\bar{C}(x_i,V)+\sum_{i=1}^{n}\lambda_i\left[\bar{C}(x_i,V)+\mu\right]=\bar{C}(V,V)-2\sum_{i=1}^{n}\lambda_i\bar{C}(x_i,V) \quad (3\text{-}25)$$
$$+\sum_{i=1}^{n}\lambda_i\bar{C}(x_i,V)+\sum_{i=1}^{n}\lambda_i\mu=\bar{C}(V,V)-\sum_{i=1}^{n}\lambda_i\bar{C}(x_i,V)+\mu$$

此估计方差 σ_E^2 称为普通克里金估计方差，记为 σ_{OK}^2。

$$\sigma_{OK}^2=\bar{C}(V,V)-\sum_{i=1}^{n}\lambda_i\bar{C}(x_i,V)+\mu \quad (3\text{-}26)$$

前述普通克里金方程组和普通克里金估计方差也可用变异函数 $\gamma(h)$ 表示。在二阶平稳假设条件下有 $C(h)=C(0)-\gamma(h)$，可以证明 $\bar{C}(x_i,V)=C(0)-\bar{\gamma}(x_i,V)$、$C(x_i,x_j)=C(0)-\gamma(x_i,x_j)$，将其代入普通克里金方程组和普通克里金估计方差公式，可得变异函数表达的普通克里金方程组和普通克里金估计方差公式。

$$\begin{cases}\sum_{j=1}^{n}\lambda_j\gamma(x_i,x_j)+\mu=\bar{\gamma}(x_i,V)\ (i=1,2,\cdots,n)\\ \sum_{i=1}^{n}\lambda_i=1\end{cases} \quad (3\text{-}27)$$

$$\sigma_{OK}^2=\sum_{i=1}^{n}\lambda_i\bar{\gamma}(x_i,V)-\bar{\gamma}(V,V)+\mu \quad (3\text{-}28)$$

当样品不是点支撑，而是以 x_i 为中心的小块段 v_i 时，普通克里金方程组和估计方差的表达式为

$$\begin{cases}\sum_{j=1}^{n}\lambda_j\bar{C}(v_i,v_j)-\mu=\bar{C}(v_i,V)\\ \sum_{i=1}^{n}\lambda_i=1\end{cases} \quad (3\text{-}29)$$

$$\sigma_{OK}^2=\bar{C}(V,V)-\sum_{i=1}^{n}\lambda_i\bar{C}(x_i,V)+\mu \quad (3\text{-}30)$$

或

$$\begin{cases}\sum_{j=1}^{n}\lambda_j\bar{\gamma}(v_i,v_j)+\mu=\bar{\gamma}(v_i,V)\ (i=1,2,\cdots,n)\\ \sum_{i=1}^{n}\lambda_i=1\end{cases} \quad (3\text{-}31)$$

$$\sigma_{OK}^2=\sum_{i=1}^{n}\lambda_i\bar{\gamma}(v_i,V)-\bar{\gamma}(V,V)+\mu \quad (3\text{-}32)$$

在满足二阶平稳条件时，可采用协方差或变异函数表达的普通克里金方程组及克里金估计方差计算式进行求解计算；但在内蕴假设条件下，则只可采用变异函数的表达式进行求解计算。

为了书写简便和便于计算，普通克里金方程组和普通克里金估计方差均可用矩阵形式表示。为理解方便，将用协方差函数表达的普通克里金方程组展开，得

$$\begin{cases} \lambda_1 C(x_1,x_1)+\lambda_2 C(x_1,x_2)+\cdots+\lambda_n C(x_1,x_n)-\mu=\overline{C}(x_1,V) \\ \lambda_1 C(x_2,x_1)+\lambda_2 C(x_2,x_2)+\cdots+\lambda_n C(x_2,x_n)-\mu=\overline{C}(x_2,V) \\ \cdots\cdots \\ \lambda_1 C(x_n,x_1)+\lambda_2 C(x_n,x_2)+\cdots+\lambda_n C(x_n,x_n)-\mu=\overline{C}(x_n,V) \\ \lambda_1+\lambda_2+\cdots+\lambda_n=1 \end{cases} \tag{3-33}$$

为将此方程组表达为矩阵形式，引入三个矩阵，即

$$\boldsymbol{K}=\begin{bmatrix} C(x_1,x_1) & C(x_1,x_2) & \cdots & C(x_1,x_n) & 1 \\ C(x_2,x_1) & C(x_2,x_2) & \cdots & C(x_2,x_n) & 1 \\ \vdots & \vdots & & \vdots & \vdots \\ C(x_n,x_1) & C(x_n,x_2) & \cdots & C(x_n,x_n) & 1 \\ 1 & 1 & & 1 & 0 \end{bmatrix}, \boldsymbol{\lambda}=\begin{bmatrix} \lambda_1 \\ \lambda_2 \\ \vdots \\ \lambda_n \\ -\mu \end{bmatrix} \tag{3-34}$$

$$\boldsymbol{M}=\begin{bmatrix} \overline{C}(x_1, V) \\ \overline{C}(x_2, V) \\ \vdots \\ \overline{C}(x_n, V) \\ 1 \end{bmatrix} \tag{3-35}$$

K 矩阵称为普通克里金矩阵，由于 $C(x_i,x_j)=C(x_j,x_i)\ \forall i,j$，所以矩阵 ***K*** 为一对称矩阵。

普通克里金方程组用矩阵形式表达为

$$\boldsymbol{K\lambda}=\boldsymbol{M} \tag{3-36}$$

权重系数可由 $\boldsymbol{\lambda}=\boldsymbol{K}^{-1}\boldsymbol{M}$ 求得。

同样，普通克里金估计方差用矩阵表达为

$$\sigma_{OK}^2=\overline{C}(V,V)-\boldsymbol{\lambda}^{\mathrm{T}}\boldsymbol{M} \tag{3-37}$$

矩阵形式也可用变异函数形式表达，相应地引入三个矩阵：

$$\boldsymbol{K}'=\begin{bmatrix} \gamma(x_1,x_1) & \gamma(x_1,x_2) & \cdots & \gamma(x_1,x_n) & 1 \\ \gamma(x_2,x_1) & \gamma(x_2,x_2) & \cdots & \gamma(x_2,x_n) & 1 \\ \vdots & \vdots & & \vdots & \vdots \\ \gamma(x_n,x_1) & \gamma(x_n,x_2) & \cdots & \gamma(x_n,x_n) & 1 \\ 1 & 1 & & 1 & 0 \end{bmatrix}, \boldsymbol{\lambda}=\begin{bmatrix} \lambda_1 \\ \lambda_2 \\ \vdots \\ \lambda_n \\ \mu \end{bmatrix} \tag{3-38}$$

$$\boldsymbol{M}' = \begin{bmatrix} \bar{\gamma}(x_1, V) \\ \bar{\gamma}(x_2, V) \\ \vdots \\ \bar{\gamma}(x_n, V) \\ 1 \end{bmatrix} \tag{3-39}$$

则普通克里金方程组表示为

$$\boldsymbol{K}'\lambda' = \boldsymbol{M}' \tag{3-40}$$

未知量权重系数 $\boldsymbol{\lambda}' = [\boldsymbol{K}']^{-1}\boldsymbol{M}'$。

普通克里金估计方差可表达为

$$\sigma_{OK}^2 = [\lambda']^{\mathrm{T}}\boldsymbol{M}' - \bar{\gamma}(V, V) \tag{3-41}$$

3.2.3　回归克里金插值方法

回归克里金法提供了将自变量影响因素数据集的可变性纳入克里金预测的方法[23]。预测模型的因变量大多数具有空间自相关性，自变量与因变量的关系可以用回归方程表示。

空间估计涉及研究变量的确定性和随机成分的统计建模。确定性分量代表大规模趋势，用于模拟研究变量与其预测因子之间的关系，常使用回归分析建模；而随机分量代表小规模自相关性，多元线性回归分析的残差表示空间变化但相关的随机成分，这些成分通过克里金插值法进行插值，最终结果是两个分量预测的总和，准确性采用"留一法"交叉验证进行测试。图 3-2 显示了基于回归克里金法的空间预测一般框架。

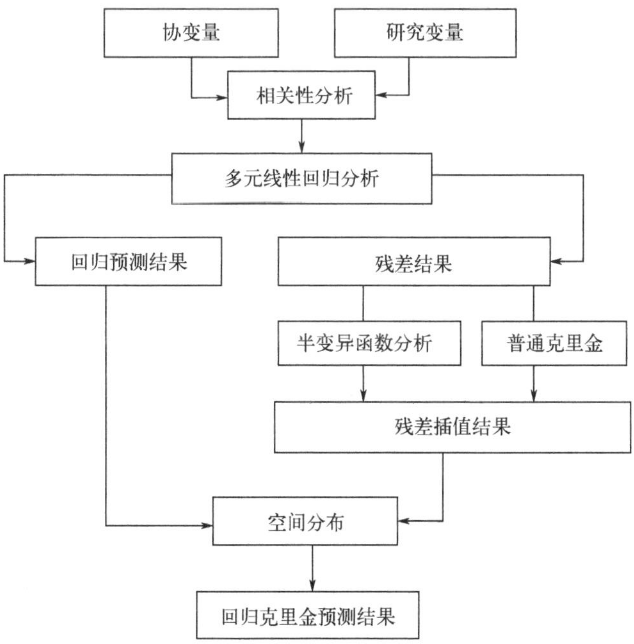

图 3-2　基于回归克里金法的空间预测一般框架

线性回归克里金法（linear regression Kriging，LRK）作为常用的混合插值技术之一，是用于测量研究变量的有效方法，它基于两个或多个变量之间存在回归关系。换言之，两个或多个变量之间的依存关系可以用回归的形式来表示，通过回归拟合外部协变量数据集的趋势，允许方差在空间上变化[27]。预测模型的因变量大多数具有空间自相关性，自变量与因变量的关系可以用回归方程表示，用来估计线性模型，提高预测精度，依赖于变异函数的克里金估计方法可用于预测未观测点或区域的值。先建立自变量与因变量的多元（或一元）线性回归关系，并根据未检测位置 x_0 处自变量的值和回归关系推算 x_0 处变量的确定性趋势项；然后将检测位置的回归趋势项从观测值剔除，用普通克里金推算 x_0 处的残差。因变量可以建模为确定性趋势 $m\left(x_0\right)$ 和随机自相关残差分量 $\varepsilon\left(x_0\right)$ 的和，如下所示：

$$Z\left(x_0\right)=m\left(x_0\right)+\varepsilon\left(x_0\right) \tag{3-42}$$

采用普通克金法（OK）推断残差，将插值结果添加到拟合的线性回归模型来估计新位置 x_0 处的因变量。公式如下：

$$Z^*\left(x_0\right)=\sum_{k=0}^{p}\beta_i q_k(x_0)+\sum_{i=1}^{n}w_i\left(x_0\right)\varepsilon\left(x_i\right) \tag{3-43}$$

上述公式右侧的第一部分表示线性回归，第二部分表示残差的克里金法。其中，p 是协变量或自变量的个数；β_i 是回归模型的系数，使用普通最小二乘法进行拟合；$q_k(x_0)$ 是位置 x_0 处的第 k 个协变量的观测值；n 是样本的数量；$w_i(x_0)$ 是采用普通克里金 OK 插值 $\varepsilon\left(x_i\right)$ 的加权系数。

线性回归克里金模型实质上是将简单或多元线性回归模型与预测残差的普通克里金法相结合而建立的，它允许自变量在未观测位置进行因变量插值，将外部自变量数据集可变性纳入克里金预测中。这种技术结合了两类不同空间插值模式：一是仅依靠空间位置关系的使用目标变量观测值的插值模式；二是基于属性相似性的使用与目标变量存在相关性的辅助变量进行回归的插值模式。

3.2.4 随机森林插值方法

RF 是一种集成学习方法，组合多个决策树算法对相同现象产生重复的预测结果[22]。对每棵树，RF 方法进行自助采样，使误差估计的计算能够基于袋外样本数据。在生成树时，随机产生每棵树的每个节点，且每个节点的分割变量由随机选取的少数变量产生，这样会产生很多决策树，因此被称为随机森林。用于回归的 RF，平均这些树的结果得到因变量的预测值。RF 示意见图 3-3。

RF 回归算法步骤为：

① 应用 bootstrap 从 n 个原始样本中有放回地抽取 m 个自助样本集用于构建 m 棵回归树，未被抽到的样本组成了 $n-m$ 个袋外数据。

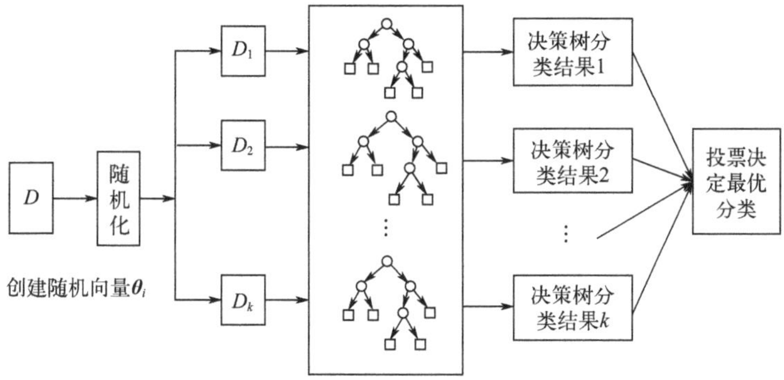

图 3-3　RF 示意图

② 在每棵树的每个节点处，从所有的 p 个解释变量中随机抽取 k 个分割变量（$k<p$），在其中根据分枝优度准则选取最优分枝。

③ 每棵回归树开始自顶向下递归分枝，直到满足分割终止条件。

大量的理论和实证研究都证明了 RF 具有很高的预测准确率，对异常值和噪声具有很好的容忍度，且不容易出现过拟合。可以说，RF 是一种自然的非线性建模工具，是目前数据挖掘、生物信息学的最热门的前沿研究领域之一。

3.3 等级边界划分与加密监测

3.3.1　等级边界划分方法

农业农村部、自然资源部、生态环境部等部门针对土壤环境的重金属污染问题，耗费了庞大的国家资源，进行过详细的土壤采样及污染源调查，期望通过分析样点数据判定土壤环境的真实质量状况，并能够制定出符合客观实际的土壤重金属污染防范方案以及能够广泛进行推广的修复方案。农田土壤重金属污染相关研究已成为农业生态研究发展的热点。研究内容包括农田土壤重金属污染调查、评估、修复和治理等方面。而开展农田土壤重金属风险评估、农田土地环境分类管理、农田土壤重金属修复治理规划设计与工程效果评估，都需要以农田土壤环境质量图为基础。而在实际的土壤环境调查与监测中，土壤采样、检测和分析成本较高，农业投资强度较低，难以广泛进行高密度采样，导致土壤重金属污染的相关研究分析主要依赖于采样密度较低的土壤数据，需要对少量样本进行插值研究来满足制图需求。因此，在样本量有限的情况下，空间插值方法选择是否合理将直接影响到区域土壤重金属污染空间特征识别的准确性，进而影响到相关工作的开展与效率。土壤重金属含量插值制图即根据已有样点数据、辅助数据和先验知识对未采样点重金属含量值进行估计，获得整个研究区域重金属含量的分布图。因此，农田土壤重金属的插值方法、精度及其验证是农田土壤重金属插值中必须考虑的因素。如何更好地结合农田土壤重金属污染的特点、成因、空间变异特征对农田土壤重金属污染进行插值并提高插值精度是众多研究学者的研究重点。

空间插值方法可以分为确定性方法和统计学方法两类。

确定性方法如反距离插值、样条函数等，确定性方法只能给出未知点的估计值，但是不能给出估计值的不确定性。由于样本数据不足及土壤重金属含量机理不清，插值结果存在一定误差，需要结合插值结果的不确定性对插值结果进行解读。统计学方法能够同时给出未知点的估计值和估计值的不确定性，适用于土壤重金属含量插值。简单克里金、普通克里金或趋势克里金等方法常用于土壤重金属含量插值，并通过将插值结果与等级划分阈值进行对比划分农田土壤重金属含量等级。由于其插值结果存在一定的平滑效应，使得较小值和较大值向中间值靠拢，当阈值较大或者较小时，根据插值结果和阈值关系进行等级划分容易产生错误；另外，这几种克里金插值需要基于估计误差服从正态分布的前提假设，而实际土壤重金属样点数据一般具有较高的偏度，并不满足该假设。土壤重金属含量等级划分具有不同于含量插值的特点，它只需准确估计未知点上的含量与等级划分阈值之间的大小关系，而并不需要精确含量值。指示克里金是一种非参数的统计方法，它通过直接与阈值进行对比将含量数据转化为0和1的指示值，能够直接推断得到未知点重金属含量小于阈值的概率，能够减少含量值平滑后的等级划分误差，也不需要限定重金属含量的分布类型，更适合用于农田土壤重金属等级划分。

在划分等级时，根据一定的阈值将研究区域的研究对象划分成相应的等级[28]。基于时空指示克里金的等级确定的基本步骤如下：

1）指示变换

确定 k 个等级阈值 $Z_{c_1},Z_{c_2},\cdots,Z_{c_k}$，分别将目标变量分为 $C_0,C_1,C_2,\cdots,C_k$ 类别，其中 $Z(C_0)=\left(0,Z_{c_1}\right],C_1=\left(Z_{c_1},Z_{c_2}\right],\cdots,C_k=\left(Z_{c_1},\infty\right]$。将每个阈值进行指示变换，得到 k 个指示数据集。

2）计算指示半变异函数

分别计算每个指示数据集所对应的空间半变异函数，或用中位数作为阈值的半变异函数替代每个等级阈值的半变异函数[29]。

3）指示克里金插值计算

依次针对阈值 $Z_{c_1},Z_{c_2},\cdots,Z_{c_k}$，对每一个空间单元使用指示克里金进行空间插值，获得每个空间单元小于第 k 个阈值的概率 $P_0,P_1,\cdots,P_k$ 及其估计误差的标准差 $S_{P_1},S_{P_2},\cdots,S_{P_k}$。

4）空间单元等级确定

为每个阈值的概率设置判定的概率阈值 $P_{c_1},P_{c_2},\cdots,P_{c_k}$，结合上一步计算得到概率估计及其误差对每个空间单元进行类别判定，针对每个空间单元判定方法如下：

① 针对第 i 值 Z_{c_i}，计算估计概率的置信区间，即 $\left[P_i - S_{P_i}, P_i + S_{P_i}\right]$。

② 判断空间单元等级，如果 $i=1$，则按照如下公式对空间单元进行等级划定：

$$c_i = \begin{cases} C_i & P_{c_i} \geqslant P_i + S_{P_i} \\ C_{i-1} & P_{c_i} \leqslant P_i - S_{P_i} \\ C_{-1} & P_{c_i} \in (P_i - S_{P_i}, P_i + S_{P_i}) \end{cases} \tag{3-44}$$

式中　C_i——第 i 级；

C_{i-1}——第 $i-1$ 级；

C_{-1}——未分等级；

P_{c_i}——第 c_i 个概率阈值；

P_i——第 i 个概率阈值；

S_{P_i}——第 P_i 个估计误差的标准差。

如果 $i \neq 1$，按照下述公式进行等级划定：

$$c_i = \begin{cases} C_i & P_{c_i} \geqslant P_i + S_{P_i} \\ c_{i-1} & P_{c_i} \leqslant P_i - S_{P_i}, C_{i-1} \neq C_{-1} \\ C_{i-1} & P_{c_i} \leqslant P_i - S_{P_i}, C_{i-1} = C_{-1} \\ C_{-1} & P_{c_i} \in (P_i - S_{P_i}, P_i + S_{P_i}), C_{i-1} \neq C_{-1} \\ c_{i-1} & P_{c_i} \in (P_i - S_{P_i}, P_i + S_{P_i}), C_{i-1} = C_{-1} \end{cases} \tag{3-45}$$

③ 判断是否已经对所有阈值进行计算，即 i 是否达到 k，若达到则结束，否则转 4）继续执行。

5）划分等级边界

合并同等级空间单元，形成等级边界 [30]。

6）等级划分不确定性分析

通常越是在概率估计值接近概率阈值且估计误差较大处，越容易划错，等级划分的不确定性则越强。等级划分不确定性可以从概率估计值及概率估计误差两方面来确定，并采用错划指数来反映其大小。基于概率阈值进行等级划分，当概率阈值估计误差较小可忽略不计时，概率估计值越接近概率阈值，等级错划概率越大；而概率估计值具有一定的估计误差，特别在一些变异较大且点位稀疏的位置，估计误差通常较大，由此造成的等级划分不确定性也较强。式（3-46）计算得到基于概率估计值的错划指数，式（3-47）计算得到基于概率估计误差的错划指数，基于式（3-48）获得最终的综合错划指数，其大小反映了等级划分不确定性的强弱。

$$I_c\left(x;Z_c\right) = P_c - \left|P_c - \bar{P}\left(x;Z_c\right)\right| \tag{3-46}$$

$$I_e\left(x;Z_c\right) = \delta\left(x;Z_c\right) \tag{3-47}$$

$$I_s\left(x;Z_c\right) = I_c\left(x;Z_c\right) + I_e\left(x;Z_c\right) \tag{3-48}$$

式中 $I_c(x;Z_c)$——概率估计值的错划指数；

$I_e(x;Z_c)$——概率估计误差的错划指数；

$I_s(x;Z_c)$——综合错划指数；

P_c——概率阈值；

$\bar{P}(x;Z_c)$——概率估计值；

$\delta(x;Z_c)$——概率估计误差标准差。

3.3.2 等级边界加密监测

随着工业的发展和农业投入的增加，土壤污染越来越严重，对农业生产、人民生活乃至整个生态环境都有着十分严重的危害。目前我国产地土壤环境污染的形势十分严峻。2014 年环境保护部和国土资源部联合公布的《全国土壤污染调查公报》显示，全国耕地土壤点位超标率为 19.4%，耕地土壤环境污染严重，全国土壤总超标率为 16.1%，部分地区土壤污染比较严重。因此，急需开展产地土壤环境质量等级评价，及时把握产地土壤环境质量现状及其发展趋势，因地制宜地发展农业，有效开展产地土壤环境修复和治理工作，保证食品安全并提高产地土壤利用效率。

在土壤环境质量调查和监测中，空间采样是目前最主要的手段。统计推断是采样的目的，决定采样点布局优化方法的选择。土壤环境质量等级划分是不同于均值估计、空间插值和热点探测的一种特殊的统计推断，其目的是准确估计未采样单元处污染物浓度与等级划分阈值之间的关系。由于空间相关性的存在，土壤环境质量等级在空间上的分布具有连续性，因此土壤环境质量等级划分的目的可以转化为确定不同环境质量等级间的边界。由于常规调查监测一般服务于多个目标且样点分布较为稀疏，为了提高土壤环境质量等级边界划分的准确性，往往需要在等级错误划分发生概率较大的地区进一步开展专项加密采样。但是由于其目标的特殊性，土壤环境质量等级划分需要具有针对性的统计推断与加密采样布局优化方法，以提高采样效率与等级划分精度。

产地土壤环境质量评价，一般是基于采样点插值获得土壤污染物的空间分布，然后根据所得到的全覆盖土壤污染物含量数据进行产地土壤环境质量评价。通常采用一次性的代表性采样方案获得产地土壤污染物含量的空间分布，如《土壤环境监测技术规范》（HJ/T 166—2004）规定的样点数量和样本布局方法。但是由于其目标主要顾及污染物含量全局的分布，不能提供用于土壤环境质量等级边界确定所需的估计精度，这导致土壤环境质量等级边界划分的不确定性较大，不利于农产品禁产区的划定。而如果在一次性采样中加大采样密度至能够满足等级边界确定的需求，则会急剧增加采样成本。因此，需要进行两步或者多步采样，首先通过初步采样获得产地土壤污染物含量的空间分布趋势，然后在可能的等级边界附近加密采样。在有限样本下研究加密采样布局优化，对于提高等级评价的准确性具有一定的现实意义。

当前，产地土壤环境质量等级评价加密布局采样优化研究侧重于对环境质量指标的总体估计、环境质量的空间变异特征的分析，关于插值方法对产地土壤环境污染细节信息的平滑效应和产地土壤环境质量等级评价结果的不确定性对产地土壤环境等级划分的影响还缺乏研究。目前的采样布局方法主要围绕总体估计、插值制图和半变异函数估计，没有充分考虑产地土壤环境质量等级边界确定的精度问题，也没有考虑不确定性条件下估计值与阈值的关系。而在产地土壤环境质量等级评价中，需要在有可能发生错划的模糊地带进行加密，提高样点评价效率，减少评价结果的模糊区域，使得等级划分更加准确。此外，在采样时，由于受到人力、物力和资源的限制，往往希望通过一次调查来服务多个目的或者观测和分析多个指标。在特定的采样目的下，提高每个指标的统计推断精度同样构成了综合优化的问题。因此开展面向产地土壤环境质量多指标等级评价的加密采样布局优化方法研究能为土壤采样布局优化提供有益的补充。

等级边界确认与禁产区划分的加密采样布局优化不同于传统的以地理空间均匀、特征空间均匀或者插值误差最小为目标的采样布局优化。由于其划分的主要目标在于正确估计目标变量取值与阈值之间的大小关系，无需获得每个空间单元中目标变量的具体取值；同时，由于空间自相关性的存在，环境质量等级具有空间连续性。因此，面向等级划分的加密采样应该将样点更多地部署在可能的等级过渡地带（即目标变量估计值接近阈值的区域）。但是，在已有样点稀疏的情况下，等级划分结果具有较大误差和不确定性，难以得到准确的等级边界过渡地带，需要结合估计方法的特性及其估计结果确定可能的等级过渡地带。

农田环境因子中，有些因子符合正态分布。有些因子虽然不符合正态分布，但是通过转换后可以满足正态分布。但是还有大量的环境因子，如许多重金属，既不符合正态分布，也难以通过数学变化转化为正态分布。因此，分别针对正态分布和非正态分布研发了等级边界确认与禁产区划分加密采样方法。

3.3.2.1　正态分布指标的加密采样优化方法

（1）等级边界确认与禁产区划分错划指数

在禁产区划分加密采样优化方法方面，针对正态分布或者可以转化为正态分布的样本数据，提出了基于 multi-Gaussian 分布的错划指数。该指数同时考虑了估计值接近禁产区划分阈值的程度和估计值的不确定性，能够反映发生禁产区错划的概率，数值较大时容易发生禁产区划分错误，数值较小时不易发生等级划分错误。

错划指数的定义如式（3-49）所示，其中 $G(\ )$ 函数为高斯分布函数，具体形式见式（3-50）。

$$\text{Index}=\frac{G\left(\text{threshold},\hat{Z}_0,\sqrt{\text{Var}\left(\text{ERROR}\right)}\right)}{G\left(\hat{Z}_0,\hat{Z}_0,\sqrt{\text{Var}\left(\text{ERROR}\right)}\right)} \tag{3-49}$$

$$G(x,\mu,\delta)=\frac{1}{\delta\sqrt{2\pi}}\mathrm{e}^{-\frac{(x-\mu)^2}{2\delta^2}} \tag{3-50}$$

式中　threshold——《全国农产品产地土壤重金属安全评估技术规定》中定义重金属安全评估参比值；

$\hat{Z}_0$——待划分单元土壤重金属污染含量的估计值，计算方法如式（3-51）所示；

$\mathrm{Var}(\mathrm{ERROR})$——估计值的估计误差，计算方法如式（3-52）所示；

x——变量取值；

μ——变量的期望；

δ——变量的标准差；

Z_i——已采样样点土壤重金属含量值；

λ_i——加权系数，通过求解式（3-52）获得。

$$\hat{Z}_0=\sum_{i=1}^{n}\lambda_i Z_i \tag{3-51}$$

$$\begin{aligned}\mathrm{Var}(\mathrm{ERROR})&=E\left\{\left[\left(\hat{Z}_0-Z_0\right)-E\left(\hat{Z}_0-Z_0\right)\right]^2\right\}\\&=\sum_{i=1}^{n}\sum_{j=1}^{n}\lambda_i\lambda_j\mathrm{Cov}\left(Z_i,Z_j\right)-2\sum_{i=1}^{n}\lambda_i\mathrm{Cov}\left(Z_i,Z_0\right)+\mathrm{Var}\left(Z_0\right)\end{aligned} \tag{3-52}$$

式中　$\mathrm{Cov}(Z_i,Z_j)$——样点 i 和样点 j 之间的协方差；

$\mathrm{Cov}(Z_i,Z_0)$——样点 i 和待估计单元之间的协方差，协方差可以基于半边以函数计算得到；

λ_i——加权系数，同样通过求解式（3-53）获得。

$$\begin{cases}\sum_{j=1}^{n}\lambda_i\gamma(Z_i,Z_j)-l=\gamma(Z_0,Z_{ji})\,i\\ \sum_{i=1}^{n}\lambda_i=1\end{cases} \tag{3-53}$$

式中　$\gamma(Z_i,Z_j)$——样点 i 和样点 j 之间的半方差。

图 3-4 显示了具有相同估计值和不同估计误差的两个待划分单元的错划指数，其中红色竖线与蓝色和绿色分布线的交点的纵坐标值即为错划指数（书后另见彩图）。由图 3-4 可以看出，具有相同估计值的待估计单元，估计误差越大，错划指数越大。图 3-5 为具有相同估计误差和不同估计值的两个待划分单元的错划指数（书后另见彩图）。由图可知，对于具有相同估计误差的单元，估计值越接近重金属安全评估参比值，错划的可能性越大。

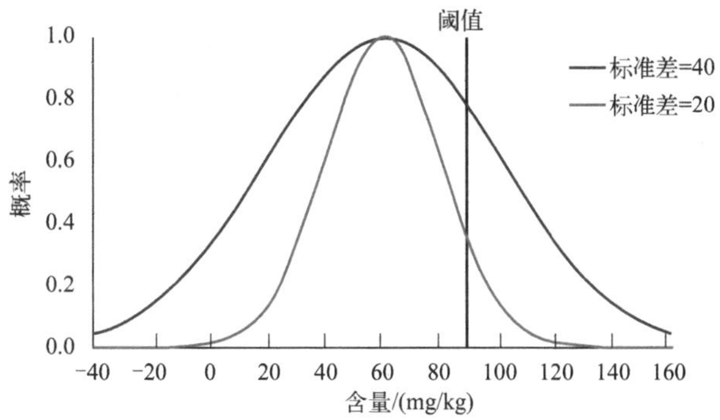

图 3-4 具有相同估计值和不同估计误差的两个待划分单元的错划指数

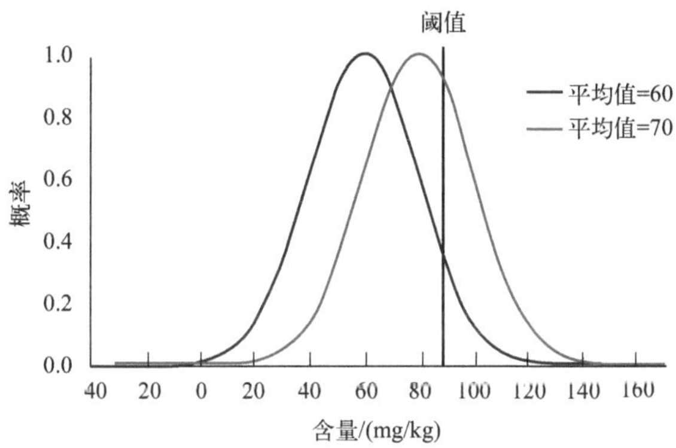

图 3-5 具有相同估计误差和不同估计值的两个待划分单元的错划指数

（2）加密采样优化方法

基于错划指数定义加密采样优化方法的目标函数为

$$O=\frac{1}{NK}\sum_{k=1}^{K}\sum_{i=1}^{N}\text{Index}\left(i;T_k\right) \tag{3-54}$$

式中 O——优化目标函数；

N——研究区域空间单元数量；

K——农田环境等级划分阈值或禁产区划分阈值。

采用空间模拟退火（spatial simulated annealing，SSA）方法优化采样目标，得到最优的采样方案。空间模拟退火被专门应用到空间优化采样中。该方法通过引入一个随温度降低而逐步以衰减率 H_a 减小的距离 H_{max} 来限制各个采样点的移动范围，使得最终各个采样点会在优化准则的引导下落在各自的最优位置。H_{max} 一般定义为可采样区域中相距最远的两个点的距离，以使得样点有足够大的移动空间，可以移动到各自最优的位置。算法步骤如下：

① 设定初始温度为t，循环次数为n。

② 随机选择一个样本s_0，计算错划指数并计算目标函数$o(s_0)$。同时经过一定的随机扰动生成新样本s_1，计算错划指数并计算目标函数$o(s_1)$。根据 Metropolis 准则决定是否接受新样本：

$$P_c(s_0 \to s_1) = \begin{cases} 1 & o(s_0) \geqslant o(s_1) \\ \exp\left[\dfrac{o(s_0) - o(s_1)}{t}\right] & o(s_0) < o(s_1) \end{cases} \tag{3-55}$$

式中　$P_c(s_0 \to s_1)$——用s_1替换s_0的概率。

③ 第 2 步循环次数达到n次，进行降温过程：$t = ct$，$c \in (0,1)$且近似等于 1。

④ 设定最低温度$t_{\min}$，重复①、②、③步，当$t \leqslant t_{\min}$时，算法终止，输出最终的样本。

3.3.2.2　非正态分布指标的加密采样优化方法

（1）等级边界确认与禁产区划分

针对以已有边界为基础的等级边界确认和禁产区划分及生成全新边界的等级边界确认和禁产区划分两类应用需求，分别提出了基于块概率克里金和点概率克里金的禁产区边界划分方法。该方法将块和点都作为空间单元，通过计算空间单元超过阈值的概率进行禁产区划定，具体流程见第 3.3.1 小节。

（2）等级边界确认与禁产区划分错划指数

许多农田污染指标不满足正态分布，而且难以转化为正态分布。同时，在农田环境等级边界确认与禁产区划分阈值较大或者较小时，普通克里金方法的平滑效应会导致较大的划分错误。因此基于非参数的概率克里金提出一套等级边界确认与禁产区划分错划指数。该指数能够充分考虑基于样点插值的不确定性，综合不确定性和插值结果，在越容易发生边界错划的地方取值越高。综合错划指数$I_s(x;Z_c)$由阈值错划指数$I_c(x;Z_c)$和误差错划指数$I_e(x;Z_c)$两部分相加构成，计算公式见式（3-48）。

其中阈值错划指数假定概率估计值准确，估计误差较小，可以忽略不计，由于在越接近概率阈值F_c处禁产区边界错划概率越大，因此定义仅考虑估计值的阈值错划指数：

$$I_c(x;Z_c) = F_c - \left|F_c - \overline{F}(x;Z_c)\right| \tag{3-56}$$

式中　$I_c(x;Z_c)$——空间单元x的阈值错划指数；

F_c——概率阈值；

$\overline{F}(x;Z_c)$——空间单元x小于特征值Z_c的累积概率估计值。

$I_c(x;Z_c)$的变化随着空间单元x处的累积概率估计值$\overline{F}(x;Z_c)$变化，$\overline{F}(x;Z_c)$越接近F_c时$I_c(x;Z_c)$越大，$\overline{F}(x;Z_c)$越远离F_c时$I_c(x;Z_c)$越小。当$\overline{F}(x;Z_c)$估计值等于概率

阈值 F_c 时 $I_c(x;Z_c)$ 达到最大值 F_c，当 $\overline{F}(x;Z_c)$ 与概率阈值 F_c 差别最大时 $I_c(x;Z_c)$ 取得最小值。

图 3-6 为概率阈值等于 0.5 时的阈值错划指数图，横轴为估计概率值，纵轴为阈值错划指数，当估计概率等于概率阈值 0.5 时错划指数达到最大值 0.5，当估计概率等于 0 或者 1 时错划指数达到最小值 0。图 3-7 为概率阈值等于 0.6 时的阈值错划指数图，当估计概率等于概率阈值 0.6 时错划指数达到最大值 0.6，当估计概率等于 0 时错划指数达到最小值 0。图 3-8 为概率阈值等于 0.4 时的阈值错划指数图，当估计概率等于概率阈值 0.4 时错划指数达到最大值 0.4，当估计概率等于 1 时错划指数达到最小值 −0.2。

在使用概率克里金对累积概率值进行估计时，由于空间变异程度以及样点疏密的不同，不同位置具有不同的估计误差。在一些变异较大且样点较为稀疏的区域，估计误差不容忽视，较大的估计误差使得禁产区划分难以进行。因此选择样点时需要尽可能减小样本的估计误差。假设估计累积概率估计值相同，定义只考虑估计误差的误差错划指数，具体见式（3-47）。

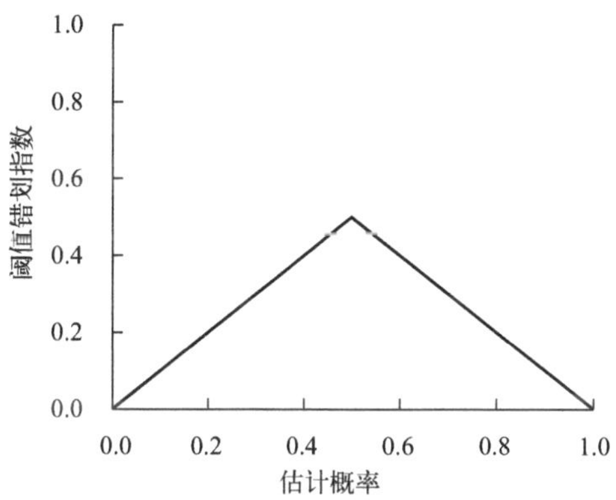

图 3-6　仅考虑概率估计的阈值错划指数图（概率阈值 =0.5）

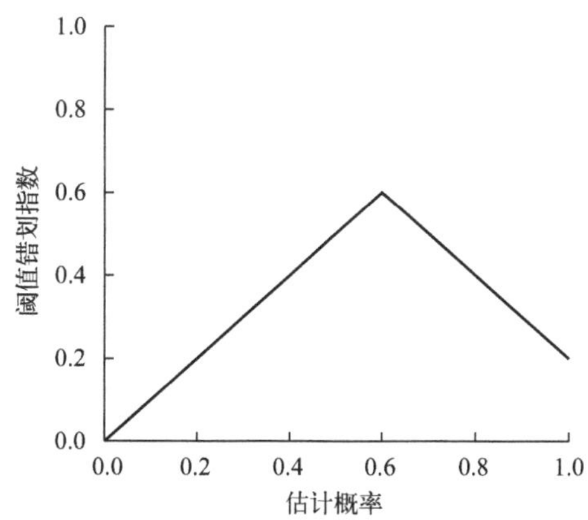

图 3-7　仅考虑概率估计的阈值错划指数图（概率阈值 =0.6）

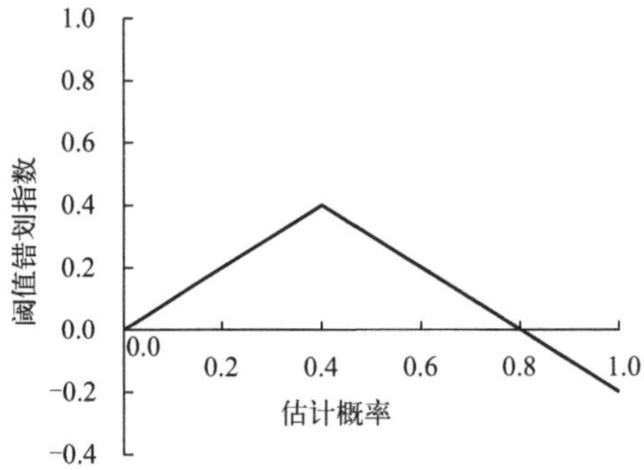

图 3-8　仅考虑概率估计的阈值错划指数图（概率阈值 =0.4）

由图 3-6 中的阈值错划指数和图 3-9 中的误差错划指数构成综合错划指数，如图 3-10 所示。

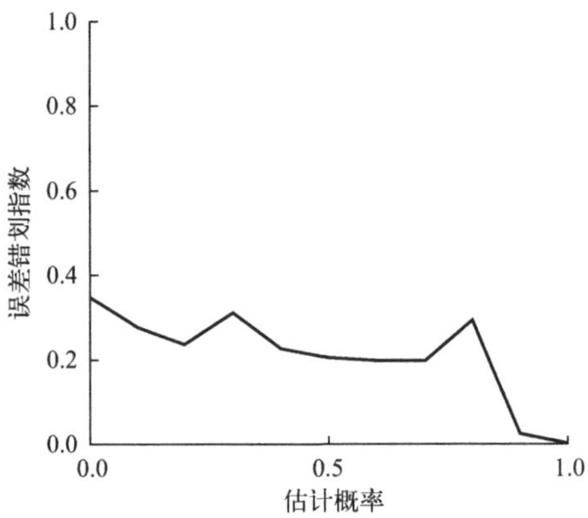

图 3-9　仅考虑概率估计误差的误差错划指数图

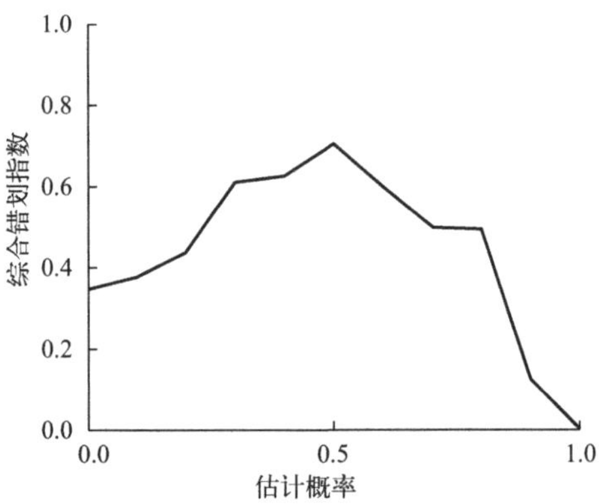

图 3-10　综合错划指数图

有研究者提出了基于综合错划指数的禁产区划分加密采样优化设计方法。该优化方法基于空间模拟退火方法实现，优化目标定义为平均综合错划指数最小或者最大综合错划指数最小，其优化目标函数的定义分别见式（3-57）和式（3-58）。

$$O_{\text{mean}} = \frac{1}{NK}\sum_{k=1}^{K}\sum_{i=1}^{N} I\left(x_i; Z_{c_k}\right) \tag{3-57}$$

$$O_{\max} = \max\left\{I\left(x_i; Z_{c_k}\right)\right\} \quad (i=1,2,\cdots,N;\ k=1,2,\cdots,K) \tag{3-58}$$

为了避免样点过度聚集，提高抽样效率，在自动抽样优化时可以设定样点之间的最小间距 $D_{\min}$，即认为样点及其周围以 $D_{\min}$ 为半径的范围内都可以用样本的值代表，从而能够依据样本的值判断其所属等级，因此在每次产生新的候选方案时分别更新每个样点周围 $D_{\min}$ 范围内各个位置的阈值错划指数，将其设置为阈值错划指数的最小值，如对于 0.5 的概率阈值阈值错划指数最小值为 0，对于 0.4 的概率阈值阈值错划指数最小值为 −0.2。在优化过程中，将目标样本位置进行更新后的阈值错划指数代入目标函数进行计算，如式（3-47）和式（3-57）中将原始的阈值错划指数替换为更新后的阈值错划指数。$D_{\min}$ 的大小可以根据经验或者数据探索性分析结果设定，也可以依据半变异函数进行设定。在依据半变异函数设定中，可以使用测量误差或者容差平方取半作为半变异函数值，计算所对应的空间距离，以此作为 $D_{\min}$。如果测量误差或者容差小于块金值，可以使用增加块金值的倍数作为半变异函数值（如 1.005 倍等），计算所对应的空间距离。

参考文献

[1] 贾俊平，何晓群，金勇进．统计学 [M]．长春：吉林出版集团有限责任公司，2007.

[2] Hoaglin D C，Mosteller F, Tukey J W．探索性数据分析 [M]．陈忠琏，郭德媛，译．北京：中国统计出版社，1998.

[3] 吴喜之．统计学 [M]. 4 版，北京：中国统计出版社，2013.

[4] 苏世亮，李霖，翁敏．空间数据分析 [M]．北京：科学出版社，2019.

[5] 杨忍，刘彦随，龙花楼，等．中国村庄空间分布特征及空间优化重组解析 [J]．地理科学，2016, 36(2): 10.

[6] 齐杏杏，高秉博，潘瑜春，等．基于地理探测器的土壤重金属污染影响因素分析 [J]．农业环境科学学报，2019, 38(11): 2476-2486.

[7] Gao B, Stein A, Wang J. A two-point machine learning method for the spatial prediction of soil pollution [J]. International Journal of Applied Earth Observation and Geoinformation, 2022, 108: 102742.

[8] 王雨雪，杨柯，高秉博，等．基于两点机器学习方法的土壤有机质空间分布预测 [J]．农业工程学报，2022, 38(12): 65-73.

[9] Loiseau T, Arrouays D, Richer-de-Forges A C, et al. Density of soil observations in digital soil

mapping: A study in the Mayenne region, France [J]. Geoderma Regional, 2021, 24: e00358.

[10] Gao B, Hu M, Wang J, et al. Spatial interpolation of marine environment data using P-MSN [J]. International Journal of Geographical Information Science, 2019, 34(3): 577-603.

[11] 朱阿兴，闾国年，周成虎，等．地理相似性：地理学的第三定律？[J]．地球信息科学学报，2020, 22(4): 673-679.

[12] Meersmans J, Deridder F, Canters F, et al. A multiple regression approach to assess the spatial distribution of soil organic carbon (SOC) at the regional scale (Flanders, Belgium) [J]. Geoderma, 2008, 143(1-2): 1-13.

[13] Zhang G L, Liu F, Song X D. Recent progress and future prospect of digital soil mapping: A review [J]. Journal of Integrative Agriculture, 2017, 16(12): 2871-2885.

[14] Wang Z, Du Z, Li X, et al. Incorporation of high accuracy surface modeling into machine learning to improve soil organic matter mapping [J]. Ecological Indicators, 2021, 129(6): 107975.

[15] Luo Y, Wang K, Li H, et al. Application of a combinatorial approach for soil organic carbon mapping in hills [J]. Journal of Environmental Management, 2021, 300: 113718.

[16] Mirzaee S, Ghorbani Dashtaki S, Mohammadi J, et al. Spatial variability of soil organic matter using remote sensing data [J]. Catena, 2016, 145: 118-127.

[17] Du F, Zhu A X, Liu J, et al. Predictive mapping with small field sample data using semi-supervised machine learning [J]. Transactions in GIS, 2019, 24(2): 315-331.

[18] 卢宾宾．R 语言空间数据处理与分析实践教程 [M]．武汉：武汉大学出版社，2018.

[19] Brunsdon C, Fotheringham A S, Charlton M E. Geographically weighted regression: A method for exploring spatial nonstationarity [J]. Geographical Analysis, 2010, 28(4): 281-298.

[20] Pebesma E J. Multivariable geostatistics in S: the gstat package [J]. Computers & Geosciences, 2004, 30(7): 683-691.

[21] Pouladi N, Miller A B, Tabatabai S, et al. Mapping soil organic matter contents at field level with Cubist, Random Forest and Kriging [J]. Geoderma, 2019, 342: 85-92.

[22] SekulićA, Kilibarda M, Heuvelink G B M, et al. Random forest spatial interpolation [J]. Remote Sensing, 2020, 12(10): 12687.

[23] Xu J, Zhang F, Ruan H, et al. Hybrid modelling of random forests and Kriging with sentinel-2A multispectral imagery to determine urban brightness temperatures with high resolution [J]. International Journal of Remote Sensing, 2020, 42(6): 2174-2202.

[24] 王劲峰，廖一兰，刘鑫．空间数据分析教程 [M]．北京：科学出版社，2019.

[25] 刘爱利，王培法，丁园圆．地统计学概论 [M]．北京：科学出版社，2012.

[26] 王璐，胡月明，赵英时，等．克里格法的土壤水分遥感尺度转换 [J]．地球信息科学学报，2012, 14(4): 465-473.

[27] Hengl T, Heuvelink G B M, Stein A. A generic framework for spatial prediction of soil variables based on regression-kriging [J]. Geoderma, 2004, 120(1-2): 75-93.

[28] 李润林，姚艳敏，唐鹏钦．农产品产地土壤环境质量评价研究进展 [J]．中国农学通报，2011,

27(6): 296-300.

[29] 张永发，邝继云，谢茵，等. 海南省农产品产地土壤环境质量评价 [J]. 亚热带资源与环境学报，2014, 9(3): 75-81.

[30] 路婕，李玲，吴克宁，等. 基于农用地分等和土壤环境质量评价的耕地综合质量评价 [J]. 农业工程学报，2011, 27(2): 323-329.

第 4 章

典型农产品产地环境污染特征分析

- 污染特征分析方法总体流程
- 污染空间特征分析方法
- 污染时序特征分析方法
- 污染成因分析

对农产品产地环境污染进行分析可以使用 3 类方法，分别是：

① 对污染物的空间特征进行分析的方法，该类分析方法的目标是区划（污染区域划分）和识别空间上的污染区域及其特征；

② 对污染物累积的时序数据进行分析的方法，该类分析方法的主要目标是研究污染物随时间变化的趋势和规律；

③ 对现有污染物形成的主因进行解析的方法，该类方法的目标是找到污染物的成因及其来源，从而提出针对性的治理措施。

4.1 污染特征分析方法总体流程

不管是对污染进行空间特征分析、时间序列特征分析，还是对污染的成因进行分析，其基本流程都是差不多的 [1]，图 4-1 展示了基于特征分布的方法基本流程，主要包括数据获取阶段、数据预处理阶段、数据使用阶段和结果分析阶段。

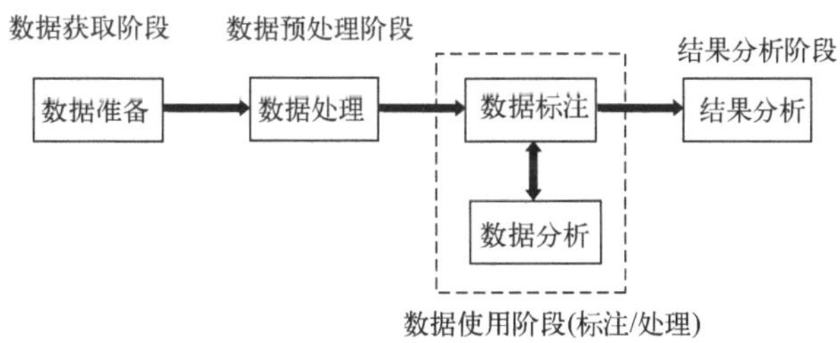

图 4-1　空间分布特征分析方法基本流程

4.1.1　数据获取阶段

在对土壤污染进行分析时数据准备是非常重要的一步，数据获取和准备主要有以下途径。

（1）污染数据收集：收集已经有的污染数据

这些数据可以是通过传感器收集的实时数据，也可以是历史数据或者从其他数据源收集的数据。污染数据收集的主要目的是获得土壤污染状况的定量数据，包括不同污染物的浓度、污染物分布情况等，以便进行后续的分析和建模工作。污染数据收集需要保证数据的可靠性和有效性，其受数据来源、采样设计和实验室分析等多方面的因素影响。

（2）地图数据收集：在进行基于地图的数据获取和分析前，需要准备好地图数据

这些数据可以是基于地理信息系统（GIS）技术获取的地图数据，也可以是从其他地图数据源获取的数据。地图数据收集的主要目的是获取区域内各种空间特征的数据，如地形、土地利用类型、交通道路、水系等。这些数据可以被用来进行土壤污染的空间分析，如建立空间统计模型或制作污染分布图等，以更好地理解污染的空间分布情况和相关的环境特征。此外，地图数据收集也有助于对污染源的分析和定位[2]。

对于土壤污染分析，数据准备工作是至关重要的，它直接影响后续分析结果的可靠性和有效性。

4.1.2 数据预处理阶段

数据获取后，要对原始数据进行预处理，主要包括数据清洗和预处理、初步数据统计。

（1）数据清洗和预处理

收集的污染数据和地图数据可能会存在一些不准确或者不完整的地方，需要对这些数据进行清洗和预处理，以确保数据的准确性。清洗数据可以去除数据中的错误值、缺失值、异常值和噪声等干扰，提高数据质量，为后续分析建立可靠的数据基础。

（2）初步数据统计

初步统计分析可以对数据进行描述性分析和探索性分析，了解数据的分布情况、特征和规律，为后续分析和建模提供基础数据支持。

在土壤污染分析中，数据预处理和初步统计分析是非常重要的工作，能够提高分析效率和准确度，为后续分析和建模奠定基础。同时，这些工作还可以发现数据中存在的问题和潜在的特征，为后续深入分析提供方向和思路[3]。

4.1.3 数据使用阶段

在对土壤污染进行分析时，数据使用阶段视目的不同，可以分为数据（直接）标注和数据分析，这两者可以同时进行，也可以先后进行，或只进行其中的一步。其中数据标注是指将不同的土壤样本或样点分为不同的类别，例如正常样本和受污染样本，并在地图中标注。数据标注的主要目的和意义在于更好地了解污染物在地理空间上的分布情况，发现规律和趋势，以及为后续分析和决策提供基础数据[4]。数据标注通常包括识别和描述空间分布、发现规律和趋势、为后续分析提供基础三个方面。数据分析通常包括空间数据处理和分析、时间序列数据处理和分析两个方面。

（1）数据标注——识别和描述空间分布

数据标注可以帮助用户识别和描述污染物在地理空间上的分布情况。通过在地图上标注污染点、污染面积等信息，可以更直观地展示污染物在空间上的分布情况。

（2）数据标注——发现规律和趋势

通过对标注后的数据进行人工分析，可以发现规律和趋势。例如，可以通过比较不同时间点的标注结果，发现污染物在空间上的分布是否发生了变化，以及污染物在地理空间上的扩散趋势等。

（3）数据标注——为后续分析提供基础

标注后的数据可以为后续的空间分析和模型建立提供基础数据。例如，可以利用标注数据进行空间统计分析、聚类分析等，进一步挖掘污染物的分布规律和影响因素，为环境保护决策提供科学依据。

数据标注是数据分析中的一个十分重要的前置工作，标注质量决定了后续数据处理方法的效果；同时，用户在很多场景下需要根据使用的数据处理方法、数据分析的目的反向定义必要的数据标注内容和数据标注格式。在本节中用户只罗列了针对土壤 - 农产品污染特征分析的数据处理方法，其主要包含从空间和时间角度进行数据分析。

（4）数据分析——空间数据处理和分析

这类方法的核心目的在于研究土壤或农产品污染的空间分布规律，探讨不同地理位置的污染程度和污染物种类之间的关系，确定污染源及其扩散路径。进行空间分析可以为制定有针对性的污染治理策略提供依据，为农产品生产提供空间参考，帮助规划区域环境保护工作。

（5）数据分析——时间序列数据处理和分析

这类方法的核心目的在于研究土壤或农产品污染随时间的变化趋势，探讨污染物浓度随季节、年份、气候等因素的变化规律，识别污染物的累积情况[5]。进行时间分析可以为预测未来污染趋势、制定合理的污染治理计划和农业生产计划以及评估环境保护政策和措施的效果提供依据。

在上述过程中，数据标注和数据分析可能是交互进行或者并行进行的，例如很多场景用户需要对数据进行聚类分析，将聚类结果标注到图例上。对标注结果进行合理性判断和认知后，再继续进行后续分析处理。

4.1.4　结果分析阶段

结果分析指的是在获取数据或者数据的基本分析结果以后，根据实际需要对数据进行可视化和进一步分析，从而更好地理解数据，并得出更深入的结论和洞见。具体来说，结果分析阶段又分为数据预处理和数据分析。

（1）数据预处理

可以将复杂的数据转化为易于理解和解释的图表和图像，同时可以发现数据之间的关系、趋势和异常值，从而更好地理解数据分布和特征。此外，数据可视化还可以为后续分析和决策提供直观、清晰的参考，有助于发现问题和解决问题。

（2）数据分析

进一步的分析工作可以探索数据的更深层次信息，如数据分布、趋势、模式和异常值等，从而更好地理解数据，做出更准确的判断和决策。

4.2 污染空间特征分析方法

在对污染空间特征进行分析时可以采用空间标注法、机器学习法等。下面进行详细介绍。

4.2.1 空间标注法

在 4.1 部分中已经给出了对土壤污染进行分析的基本流程，那么针对空间散点标注，各个部分应该注意的技术问题和相关的方案大致如下。

4.2.1.1 地图图例

在数据准备阶段，需要准备适合标注的地图图例，以便于对污染程度进行分类和标注。其中需要注意以下几个方面。

（1）颜色映射

使用颜色来代表不同的污染程度，是地图图例设计中最基本也最常用的一种方式。具体来说，可以使用色带工具将污染数据的值映射到颜色上，例如使用红色代表高污染、绿色代表低污染等。在实际操作中，可以使用 Python 中的 matplotlib 库或 R 语言中的 ggplot2 库来完成颜色映射的操作。

（2）等级划分

除了颜色映射外，还可以使用等级划分的方式来表示不同的污染程度。这种方式将污染数据按照特定的标准进行分类，例如将 Cd 浓度分为优、良、轻度污染、中度污染、重度污染、严重污染六个等级。在实际操作中，可以使用 Python 中的 pandas 库来完成等级划分的操作。

（3）图标选择

除了颜色和等级划分外，图例中还可以加入特定的图标来表示不同的污染类型，例如使用水流图标表示水源相关的污染，使用烟雾图标表示大气相关的污染等。在实际操作中，可以使用图标库，例如 Font Awesome 或 Material Design Icons 等，来选择适合的图标。

（4）标注格式

在设计图例时需要考虑标注的格式，例如污染数据的单位、颜色或等级分类的具体含义等。在实际操作中，可以使用文本编辑工具或制图工具来进行标注的编辑和排版，例如使用 Adobe Illustrator 或 Inkscape 等向量图形编辑软件。

（5）地理信息处理

在地图图例中，还需要考虑地理信息的处理，例如如何将标注与地图上的地理位置对应起来。在实际操作中，可以使用 GIS 软件，例如 ArcGIS 或 QGIS 等，来完成地图图例和污染数据的对应工作。

4.2.1.2　标注方法

在此节介绍的标注是一个泛性的概念，指的是不使用机器学习等方法，将数据特征在地图上进行直接标注，进而使用人工观察的方法进行污染情况研究的技术手段。故此标注可以分为点标注、等值线标注和热力图标注等标注方式。

（1）点标注

使用点标注的方式，将污染数据点直接标注在地图上。这种方法适用于数据分布比较离散的情况，例如针对个别工业园区或废弃厂址的污染监测数据。在实际操作中，可以使用地图制作工具，例如 ArcGIS 或 QGIS 等，来进行点标注的操作。

（2）等值线标注

等值线标注是一种将连续污染数据转化为等值线的方式。将等值线与地图进行叠加，可以更清晰地展示污染数据在空间上的分布情况。在实际操作中，可以使用 Python 中的 matplotlib 库或 R 语言中的 ggplot2 库来进行等值线的绘制和叠加。

（3）热力图标注

热力图标注是一种将连续污染数据转化为颜色密度的方式。使用热力图标注可以直观地展示污染数据在空间上的密集程度和分布规律。在实际操作中，可以使用 Python 中的 seaborn 库或 R 语言中的 ggplot2 库来进行热力图标注的绘制。

在标注过程中，机器学习具有一定的“黑盒”特性，即很多机器学习模型缺少足够的相关可解释性和透明性。故此人工标注并使用现有知识（先验经验）进行分析是一种具有高必要性、高直观性的方法，可以在机器学习方法之前使用。基于先验知识的标注方法包括地图图例法和地理信息系统法（地图叠加法）。其基本方法如下：

1）地图图例法

利用各种地图图例，如地理地图、行政地图、交通地图等，根据先验知识，对各地区的污染程度和属性进行分类和标注，从而实现空间区划。例如，根据行政地图，将各个行政区域按照先验知识进行分类，如按照土地利用类型、地质地形等分类，并据此标注各区域的污染状况。

2）地理信息系统法

利用地理信息系统（GIS）软件，根据先验知识，将各地区的污染情况进行空间分布分析和标注，从而实现空间区划。通过 GIS 软件可以实现多种地图的叠加，包括行政区划、自然地理要素、人文地理要素等，利用先验知识对各个区域的污染状况进行标注和分类，可以实现空间区划[2]。

① 叠加方法分类。

具体来讲，地理信息系统（GIS）中地图叠加的方法包括以下几种。

Ⅰ. 叠加分析（overlay analysis）。使用叠加分析可以将多个地图层叠加到一起，形成一个新的地图图层，这个新图层可以展示出原始图层中共同存在的区域或特征。例如，可以将行政区划和土地利用类型两个图层叠加，形成一个新图层，展示出不同行政区划中不同土地利用类型的分布情况。

Ⅱ. 缓冲区分析（buffer analysis）。使用缓冲区分析可以为地图上的点、线或面要素创建一个缓冲区，这个缓冲区可以用来表示这个要素的空间范围或影响范围。例如，可以为某个工厂的位置创建一个缓冲区，表示这个工厂对周围环境的影响范围，然后将这个缓冲区与其他地图图层叠加，以了解这个工厂对周围区域的影响。

Ⅲ. 可视化方法（visualization）。使用可视化方法可以将多个地图图层以不同的形式表现在同一个地图上，以帮助用户更好地理解地图信息。例如，可以将地形图、卫星影像和交通流量图层叠加在一起，以便更好地了解某个区域的地形特征、自然环境和道路交通情况。

Ⅳ. 分类方法（classification）。使用分类方法可以将地图要素按照一定的规则进行分类，然后根据分类结果将不同类别的要素用不同的符号或颜色进行标记。例如，可以将一张地图上的土地利用类型按照农田、林地、水域等进行分类，并用不同的颜色标记不同的类别，以便更好地了解这个地区的土地利用情况。

值得注意的是，上述说明的标注方法和前面的标注方式有所区别。标注方法指的是以什么为基础进行标注，例如，地图图例法就是以地图为基础进行标注，地理信息系统法就是以地理信息为基础进行标注。而点标注、等值线标注和热力图标注指的是用什么样的方式，标注什么样的图例。在使用中应加以区分。

② 注意事项。

在使用先验知识进行标注时需要注意的问题：

Ⅰ. 先验知识的准确性和完整性，需要充分了解各种影响土壤污染的因素，包括自然因素和人为因素；

Ⅱ. 地图数据的准确性和完整性，需要对地图数据进行质量控制，确保地图数据的准确性和完整性；

Ⅲ. 标注方法的准确性和一致性，需要对标注方法进行标准化，避免不同标注者之间的标注结果存在较大差异。

4.2.1.3 其他标注问题

另外，在标注过程中用户可能会面临数据质量问题、数据缺失问题和数据可视化问题。

（1）数据质量问题

在进行土壤污染数据的标注时，需要保证数据的质量和准确性。数据质量问题可能涉及采样方法、实验室测试和数据处理等多个环节。因此，在进行数据标注前需要对数据进行充分的检查和验证[6]。把控方法包括但不限于：

① 选择适当的采样方法，例如随机采样或系统采样等，避免因采样偏差导致数据质量问题。

② 实验室测试，采用标准化实验室测试方法，例如环境空气质量监测方法、土壤环境质量监测方法等，确保实验室测试结果的准确性。

③ 数据处理，对数据进行严格的数据处理和质量控制，包括数据去重、异常值处理、数据精度校正等，以确保数据质量符合要求。

（2）数据缺失问题——需要数据空间插值

在标注土壤污染数据时，可能存在数据点稀疏的情况，因此需要使用数据空间插值技术来填充数据空缺。空间插值技术可以根据已有的数据点推算出缺失位置处的数据值。在实际操作中，可以使用 Python 中的 scipy 库或 R 语言中的 spatstat 库或者 ArcGIS 自带的方法来进行空间插值的操作。基本插值方法包括 Kriging 插值法、IDW 插值法、RBF 插值法等。

1）Kriging 插值法

Kriging 插值法是一种常用的空间插值方法，它能够根据现有数据点的空间分布对未知位置的数据进行推算。在实际操作中，可以使用 ArcGIS 自带的插值库或者 Python 中的 scipy 库中的 interpolate 模块来进行 Kriging 插值。

2）IDW 插值法

IDW 插值法是一种基于邻域平均值进行插值的方法，它能够在空间上考虑数据点之间的距离和权重，从而对未知位置的数据进行估算。在实际操作中，可以使用 GIS 软件自带的插值库或者 Python 中的 scipy 库中的 interpolate 模块来进行 IDW 插值。

3）RBF 插值法

RBF 插值法是一种基于径向基函数进行插值的方法，它能够在空间上根据数据点之间的距离和相似性对未知位置的数据进行估算。在实际操作中，可以使用 GIS 软件自带的插值库或者 Python 中的 scipy 库中的 Rbf 模块来进行 RBF 插值。

（3）数据可视化问题

在标注土壤污染数据时，需要将数据可视化展示在地图上。因此，需要考虑如何选择合适的可视化方法和工具以及如何处理数据和地图之间的投影和坐标系转换等问题。在解决过程中可以选择合适的地图制作工具，例如 ArcGIS、QGIS、Google Earth 等，将数据标注在地图上，并进行投影和坐标系转换等操作。后者可以选用合适的可视化库，例如 Python 中的 matplotlib、seaborn、bokeh 等，或者 R 语言中的 ggplot2、lattice、leaflet 等，将数据可视化展示在地图上。另外，也需要针对可视化问题额外关注数据预处理问题，例如缩放、归一化等，可以避免数据过大或过小导致可视化效果不佳的问题。最后，也要关注图例设计：设计合适的图例，能够更加清晰地展示数据信息。在图例设计中，需要考虑颜色搭配、比例尺、标注方式等因素。

4.2.1.4 标注后的观察对象

在标注后，需要使用人工观察的方法对标注结果进行观察分析，通常包括根据颜色分布观察不同地区的污染情况：

① 通过统计分析不同地区的污染数据，可以了解到各个地区的污染程度、污染物种类等信息，从而有针对性地采取相应的污染治理措施；

② 分析多张历史图例观察污染趋势，通过对历史污染数据进行分析可以了解到不同地区污染程度的变化趋势，从而更好地预测未来污染发展趋势，并及时采取相应的污染治理措施；

③ 对照多种地图图例分析污染的影响因素，如通过对污染数据和相关环境因素（如土地利用、气候等）进行统计分析，可以找出导致污染的主要因素，并针对性地制定相应的环境保护政策。

4.2.2 机器学习法

不同于在 4.2.1 部分中提出的使用人工标注并分析的方法理解土壤污染数据，可以使用一部分现有的机器学习工具对污染数据进行分析。以 ArcGIS 为例，这些工具包括但不限于空间插值（spatial interpolation）方法工具、空间聚类分析（spatial cluster analysis）工具、空间交互作用分析（spatial interaction analysis）工具、空间模式分析（spatial pattern analysis）工具。

（1）空间插值方法工具

通过已知的点数据生成一个光滑的表面，以便在地图上进行可视化和分析。在 ArcGIS 中，可用的插值方法包括 Kriging、IDW、Spline 等。

（2）空间聚类分析工具

识别空间上密度较高的数据点，以便发现污染热点区域。在 ArcGIS 中，聚类分析可通过使用热点分析（hot spot analysis）工具来实现。

（3）空间交互作用分析工具

研究不同区域之间的相互作用，以便发现空间上的模式和关系。在 ArcGIS 中，交互作用分析可通过使用空间插值方法和时空分析工具来实现。

（4）空间模式分析工具

研究地理空间上的模式和趋势，以便发现污染分布的规律性和趋势性。在 ArcGIS 中，可用的模式分析方法包括空间自相关（spatial autocorrelation）和 getis-ord general G 工具。

前文所简述的空间插值方法工具、空间聚类分析工具、空间模式分析工具可以完成不同目的下的多种分析工作，例如空间插值方法工具的作用已经在4.2.1部分中给出了一些说明和解释。本节将重点讨论利用空间聚类分析工具对空间分布特征进行分析的方法流程，并适当讨论空间聚类的后续分析工作。图4-2展示了基于聚类的空间分布特征分析方法流程，可以看到,"狭义"的空间聚类指的只是空间区域划分，实际上在"广义"的理解上还有在划分后对区域进行分析的过程（包括管理、识别、可视化三种工作）。

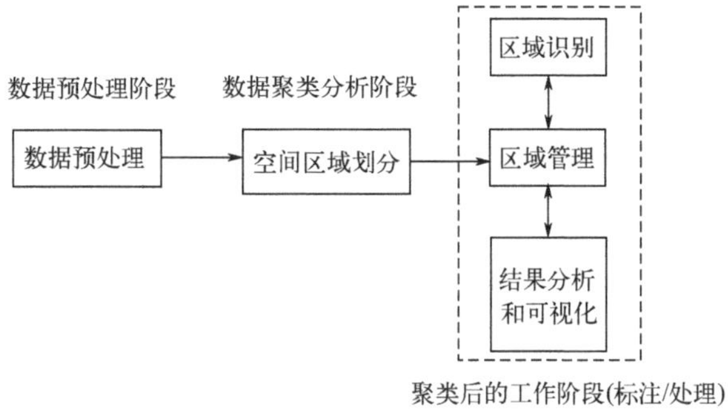

图4-2　基于聚类的空间分布特征分析方法流程

4.2.2.1　空间聚类工具

（1）聚类——空间区域划分

空间区域划分是指将地图按照一定的规则进行划分，每个区域内具有一定的相似性，以便于进行区域管理和分析。在这里，可以使用ArcGIS中的聚类分析（cluster analysis）或者最优热点分析（optimized hot spot analysis）来实现空间区域的划分。其中，聚类分析可以将地图分为多个区域，并且使得同一区域内的数据相似度高，不同区域之间的数据差异性大；而最优热点分析则可以帮助用户找到数据的热点区域，也就是一些污染物浓度比较高的区域。

（2）聚类后分析——空间区域识别

完成空间区域的划分后，需要对每个区域进行识别和标记，以便于后续的管理和分析。这个过程需要确定每个区域的空间意义，例如是否为行政区划、是否具有统一的污染性质等。

（3）聚类后分析——区域管理

在空间区域划分完成之后，需要对每个区域进行管理和分析。这里可以使用ArcGIS中的空间统计分析（spatial statistics analysis）来进行各种污染物浓度等数据的统计分析，例如柱状图、饼图、散点图、热力图等可视化方式，以便于更好地了解各个区域的污染状况。同时还可以使用空间插值（spatial interpolation）技术来填充缺失值，以便于进行后续的分析和处理。

（4）聚类后分析——分析结果可视化

最后，需要将分析结果进行可视化显示，以便于更好地进行数据分析和决策。在这里可以使用 ArcGIS 中的地图制作功能，将分析结果制作成各种形式的地图，如等值线图、点密度图、分级符号图等，以便于更好地呈现污染状况和区域分布情况。

4.2.2.2 聚类分析工作中的难点和解决方案

上述工作中可能会遇到多个难点，尤其当引入机器学习算法后，如何有效地掌控算法至关重要。在工作中使用更准确、有效、可解释、高泛化（可以处理多种情况）的算法就成了首要问题。本文列出了一些值得关注的问题。

聚类方法是比较多样的，比较有名的就有 *K*-means、DBSCAN、ISODATA 以及各种贪心算法等。如何选取合适的方法就成为首要问题。另外，值得注意的是聚类算法本身是一种非监督算法，也就是用户没有办法知道“真实应该怎样”的数据（称为“真值数据”)。换而言之不同算法给出不同的结果，都可能是正确的或者说具有一定道理的。这种未知性显然给用户带来了困难。解决方法如下。

（1）对聚类区域的边界使用其他工具进行优化

可以使用空间插值法，如 Kriging 等方法，对土壤数据进行空间插值，从而得到更加准确的数据分布情况，进而更加精确地进行聚类和区域划分。可以使用 ArcGIS 等软件，通过对聚类结果进行分析和比较优化聚类方法的参数和模型，进而得到更加精确的边界。也可以使用人工智能技术，如神经网络、遗传算法等方法，优化聚类方法的参数和模型，以得到更加准确的边界。

（2）与后续的区域识别过程相结合交叉验证

可以使用 ArcGIS 等软件，结合土壤污染信息和土壤理化性质数据进行空间分析，以确定各个区域的土壤污染情况和土壤特征。可以使用 GIS 等技术将土壤数据和地理信息进行叠加和分析，以得到各个区域的土壤特征和空间分布情况，从而进行区域划分和管理。

（3）与后续的区域管理过程相结合交叉验证

对聚类结果进行分析和评估，例如划分的区域是否合理、是否有重叠、是否能够反映土壤污染情况等。在评估后用户可以选取最合理的聚类算法。

（4）与后续的可视化过程相结合交叉验证

将聚类结果可视化显示，以便于更好地理解各个区域的污染情况和分布特征。评估后用户可以选取最合理的聚类算法。另外，上述的与后续的区域管理过程相结合进行交叉验证不分段以及与后续的可视化过程相结合进行交叉验证两个步骤实际上也是完善区域识别工作的重要组成部分。

在实际操作中，很多聚类算法，例如 *K*-means，没有考虑地理坐标信息可能会导致聚类得到的区域在空间上不具备连续性或连通性[7]。为解决这个问题，可以考虑在聚类过程中加入空间约束条件，以确保聚类结果的空间连续性和空间连通性。这时可以使用以下两种聚类方法：

① 基于自组织映射（self-organizing maps，SOM）算法进行聚类。SOM是一种无监督学习算法，可以将高维空间的数据映射到一个低维空间中，同时保留数据之间的拓扑关系。在这种算法中，除了考虑土壤理化性质或污染指标属性集外，还要考虑空间坐标，使得在特征空间中相邻的数据在地理空间中也是相邻的。

② 具有噪声的基于密度的空间聚类（density-based spatial clustering of applications with noise，DBSCAN）算法进行聚类。DBSCAN通过计算每个数据点周围的密度来判断是否为核心点或边界点，并将这些核心点或边界点组成簇。在这种算法中，空间距离和属性相似度都被用来计算密度，并考虑到了空间连通性。

在加入空间约束条件后，聚类方法可能会面临一些新的难点，例如如何确定空间邻域的大小、如何确定特征空间的维数、如何确定合适的聚类数目等。针对这些问题可以通过交叉验证、参数优化等方法来解决。

4.3 污染时序特征分析方法

在土壤污染数据分析中，使用时序分析的主要目的是对污染情况随时间的变化进行分析和预测，以便更好地了解污染物的扩散和变化趋势，从而提供更有针对性的污染治理方案[8]。不同于空间分析可以使用人工分析的方法进行认知，时间序列的分析往往是比较抽象的，所以更多的时候需要使用机器学习模型进行分析。时序分析可以帮助用户更好地了解污染物浓度的变化趋势，例如是否存在季节性或周期性变化、是否存在突发事件等。此外，时序分析还可以用于预测未来的污染情况，以便采取更加有效的治理措施。总的来说，时序分析在土壤污染数据分析中具有重要的意义，可以帮助用户更加深入地了解土壤污染的动态变化，为污染治理提供科学依据[8]。图4-3展示了基于回归模型的时序分布特征分析方法流程。

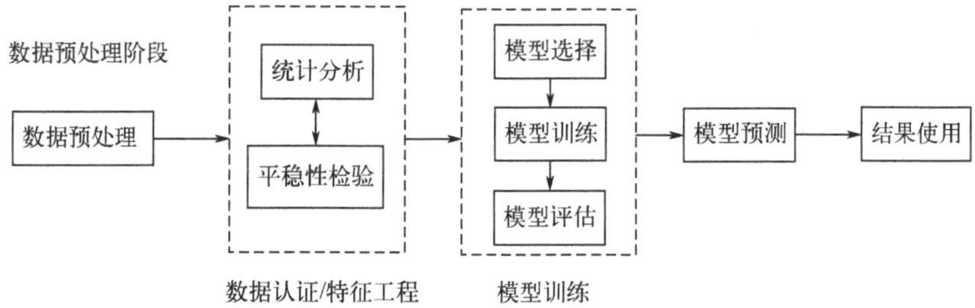

图4-3　基于回归模型的时序分布特征分析方法流程

在上述分析中，数据预处理阶段大致和前文所描述的预处理工作要求类似，但是时序处理中对于填补缺失值任务格外敏感，因为有缺失值的序列是无法按照时间依次分析的。在预处理之后通常需要对数据进行认知，由于是监督学习，模型的先期认知尤为重要，因为每一个模型都有局限的适应性。以下以一个简化例子举例：

用户得到一个时间序列为 $\{1,4,9,16,25,\cdots\}$，显而易见的是该序列符合 $x=n^2$ 的时间变化规律（其中 n 表示不同的时间点，x 则是该时间点的值，不妨理解为不同时间上的污染浓度变化），但是如果用户选择了 $x=an+b$ 的线性模型进行分析，那么不管怎么努力求 a、b，都不可能正确。

对于数据认知包括描述性统计分析，对数据进行基本统计量的计算和可视化，如平均值、标准差、箱线图等和数据平稳性检验，如果数据不平稳，则需要对其进行差分或者采用其他方法进行处理。这里的平稳性就是指数据是否随着时间变化而进行稳定的变化还是剧烈振荡或者无规律扰动。

在模型训练阶段，用户首先需要根据认知选择合适的模型，模型通常可以包括相对静态的线性回归（及拓展到多项式回归、岭回归、Lasso 回归、ElasticNet 回归）、SVR 回归、决策树回归和随机森林回归、相对复杂的特定时序模型的 ARIMA 与 SARIMA 等。其中静态模型用于时序对于缺失点并不敏感，但时间敏感度也较差，而时序模型要求序列对齐，但时间敏感度也较高。在选定一个或者多个模型后，就可以使用数据训练模型，称为模型拟合。而后再使用多种方法对模型进行评估，包括但不限于残差分析、模型参数的显著性检验，以及拟合效果、预测能力分析等，用户需要判定选取的模型是否适合进行预测，或者从多个模型中选取出合适的模型。常见的评估指标包括均方误差（MSE）、均方根误差（RMSE）、平均绝对误差（MAE）和决定系数（R^2）等。可以采用的技术手段包括 Python 或 R 语言中的时间序列库（如 statsmodels 等）、平稳性检验方法（如 ADF 检验、KPSS 检验等）、模型诊断和评价指标（如 AIC、BIC、均方根误差等）等。在选取出合适的模型后就可以使用选定的模型对未来的时间序列进行预测。最后用户可以进行结果分析和可视化。对预测结果进行分析和可视化，包括时间序列趋势图、预测误差分布图、特征重要性分析等。

值得注意的是，与前文的聚类分析不同，本节讨论的回归属于监督学习的范畴。前文中的聚类属于非监督学习，它的目标是从数据中找出隐藏的结构和模式，不需要事先给出标签或目标值，而是根据数据的内在特征自动学习数据的分布，从而进行数据分类、聚类、降维等任务。在土壤污染分析中，非监督学习可以应用于污染源的定位和空间分布的可视化等方面。与之相对的监督学习则是利用有标记的训练数据集进行学习，通过构建输入与输出的映射关系预测新数据的输出结果。在土壤污染分析中，监督学习可以用于预测污染物浓度、评估污染物对农产品质量的影响等方面。总体而言，非监督学习更加侧重于数据挖掘和探索性数据分析，而监督学习则更加侧重于预测和分类。两者在使用层面的核心差异在于是否有可用的标签或者真值数据。监督学习需要使用有标签的训练数据（已知且真实的）来训练模型，然后将该模型应用于无标签（未知）的测试数据进行预测。而非监督学习则是在没有可用标签或真值数据的情况下进行模型训练和数据分析。故而在非监督问题的模型评价时需要用户结合其他知识（如前文提到的聚类方法选择部分中使用其他功能进行交叉验证的工作）。监督学习则存在上述过程中必要的模型评估环节。

4.3.1 时序分析中的缺失数据处理

在土壤污染数据时序分析中，缺失数据会破坏数据的连续性。在时序分析中，数据的连续性非常重要，如果数据中存在缺失值，则会对时间序列数据的准确性和连续性造成影响，同时对建模的准确性、稳定性等造成巨大影响。在建立预测模型时，缺失数据会导致模型的训练数据不完整，从而影响模型的预测准确性。在时序分析中，缺失数据可能会导致模型无法捕捉到时间序列数据的趋势和周期性，从而影响预测结果的准确性。

4.3.1.1 缺失数据处理方法

（1）插值

针对数据缺失的问题可以考虑采用以下插值方法进行处理。

① 线性插值法。根据相邻两个数据点的线性趋势推算中间的数据点，简单易实现，但只适用于数据点变化较为平缓的情况。

② 拉格朗日插值法。根据数据点周围的数据点拟合出一个多项式，从而得到缺失值，适用于数据点变化较为复杂的情况，但对于高次多项式拟合容易出现过拟合问题。

③ 样条插值法。将数据拟合为多个小段的样条函数，从而得到缺失值，相比于拉格朗日插值法更为平滑，但对于较大的数据集计算复杂度较高。

④ Kriging插值法。将空间稳定性引入时间场合，使用时间相关性来估算缺失值，适用于存在空间相关性的数据集，但需要进行时间变异性的建模。

这些插值技术都有各自的优点和缺点，在使用时需要结合具体数据情况选择合适的方法。

（2）其他处理方法

除了插值方法外，还可以使用以下方法对时序分析中的缺失值进行处理：

① 删除缺失值。可以直接删除缺失值，但是这种方法可能会丢失大量有用的信息，并且可能会导致分析结果的偏差。

② 时间序列分解。通过分解时间序列数据，可以将其拆分为趋势性成分、季节性成分和随机性成分。这样可以在每个成分中使用不同的插值方法来处理缺失值。

③ 回归模型。可以使用回归模型来预测缺失值。例如，可以使用线性回归模型，利用其他相关变量来预测缺失值。但是这个方法仅限于没有使用回归模型进

行分析时，用户不可以先使用回归模型进行数据补全再使用回归模型进行分析，这样会产生模型冗余。

④ 插补法。通过查找相似的数据，可以使用插补法来填补缺失值。例如，可以使用 KNN 算法来查找最近邻数据，并使用其来填补缺失值。

⑤ 深度学习模型。使用深度学习模型，如循环神经网络，可以对时序数据进行建模，并使用这些模型来预测缺失值。

以上这些方法各有优缺点，具体应该根据数据场景和所研究的问题进行选择。

（3）数据处理时应考虑的问题

在时序分析中还存在其他与数据质量相关的问题，也应在数据处理阶段进行讨论。这些问题仅仅在此列出如下，包括但不限于：

① 异常值，指与大多数观测值明显不同的值，可能会对分析结果产生重大影响；

② 偏移值，指在数据集中存在偏差或漂移的值，可能会导致数据分布发生变化；

③ 噪声，指在数据集中存在的随机误差，可能会干扰分析结果的可靠性；

④ 不一致性，指数据集中存在的矛盾或不一致的数据，可能会导致分析结果不准确或不可靠。

这些问题需要在时序分析前进行数据清洗和预处理，以确保数据的质量和可靠性。

4.3.1.2 时间序列数据处理方法

下面这两个问题是土壤污染分析过程中常见的数据处理问题。

（1）考虑季节性和趋势性的影响

对于季节性，可以采用季节分解方法（seasonal decomposition）或差分方法（differencing）进行处理。季节分解方法通过将时间序列分解为季节、趋势和随机三部分，进而识别季节性信号[9]。差分方法则通过对时间序列进行差分，将季节性信号转化为趋势性信号，然后再进行建模。对于趋势性，可以使用平滑方法（smoothing）或趋势模型（trend model）进行建模。平滑方法通过对时间序列进行平均或加权平均去除随机波动，从而使趋势更加明显。趋势模型则通过拟合一条趋势线捕捉时间序列的趋势性信号。

（2）不同时间序列之间标准化处理

由于时间序列的输入是多个指标的时间序列（例如降水等环境指标和土壤有机质、酸碱性等土壤理化性质指标一起作为输入），各个指标间可能存在数据量级不同或变化幅度不同的情况，因此需要进行标准化处理。常见的标准化方法包括 Z-score 标准化、Min-Max 标准化和中心化处理。Z-score 标准化通过将数据转化为均值为 0、标准差为 1 的分布进行处理，从而保证数据分布的一致性。Min-Max 标准化则通过将数据转化为 0 ～ 1 的范围内进行处理，从而消除不同数据量级之间的影响。中心化处理则是将数据减去其均值，使数据分布以 0 为中心，从而更好地反映数据的变化趋势。

4.3.2 回归算法综述

在土壤污染数据时序分析中，用户需要使用回归方法进行分析和预测。其中机器学习中的回归任务是指根据输入数据建立一个函数模型来预测输出值。它的目的是通过对已有数据的学习，使得该函数能够准确地预测新数据的输出。回归任务用于预测连续变量的输出值，例如房价、股票价格、气温等。在本小节所讨论的任务中，用户则使用回归方法预测下一个时间点上的污染变化情况。

另外，回归任务被认为是机器学习中监督学习的两个主要的任务之一，另外一个则是分类任务。在分类任务中，用户需要将输入数据分为不同的离散类别。这意味着输出变量是一个离散值，例如“是”或“否”，比如讨论未来的农作物种植是否会产生重金属超标等。分类任务通常使用诸如决策树、逻辑回归和支持向量机等算法来实现。

表 4-1 罗列了常见的回归方法。

表4-1 常见时序分析可用的回归方法

方法类型	方法名称
线性回归	线性回归扩展、岭回归、Lasso 回归、弹性网络、多项式回归
基于概率的方法	贝叶斯回归、广义线性模型
其他机器方法	支持向量回归、随机森林回归、梯度提升回归
深度学习方法	BP 网络、RNN 网络、LSTM 网络
非参或者迭代方法	逐步回归、ARIMA、SARIMA、VAR

上面的方法按照类型分为按照概率进行估计的方法、普通机器学习算法和深度学习算法。值得注意的是，由于线性回归算法具有最大的普遍性，存在大量由线性回归衍生出的回归算法（如表 4-1 中第一行所列出），所以在本文中额外将线性回归列为一类。这类将在 4.3.3 部分中进行阐述，在本小节只做初步的说明。另外，由于农产品分析属于时间间隔较长的序列（低频序列），所以传统回归方法可以和专门的序列分析方法（Arima，Kr/ju）同时使用。

（1）线性回归

线性回归是一种基本的回归算法，通过建立一个线性方程来预测因变量的值。该方程的形式为 $y = a + bx$，其中 y 是因变量，x 是自变量，a 和 b 是常数。线性回归的主要优点在于简单易用，可以快速得到结果，并且可以用于大多数情况下的预测和建模。然而，它的缺点是它假设数据之间是线性相关的，如果数据之间的关系不是线性的，那么线性回归的效果可能会很差。

（2）基于概率的方法

基于概率模型的回归方法还包括广义线性模型（GLM）、贝叶斯回归等。GLM 是一类广泛的线性回归方法，它允许响应变量的分布不一定是正态分布，并且可以使用不同的链接函数来建立响应变量和预测变量之间的关系。贝叶斯回归利用贝叶斯定理进行建模，不仅可以得到响应变量的预测值，还可以得到对预测值的不确定性估计，从而提供更加全面的信息。

（3）其他机器学习方法

支持向量回归（support vector regression，SVR）是一种广泛应用于回归问题的机器学习算法，主要使用核函数对数据进行非线性映射，从而使数据在高维空间中可分。SVR 具有较强的鲁棒性和泛化性能，在应对高维、非线性数据时表现较为出色。但是，SVR 需要人工调整核函数的参数，较难优化。

随机森林回归（random forest regression，RFR）是一种集成学习方法，它通过建立多个决策树来对数据进行拟合，并对这些决策树的结果进行平均，从而得到最终的回归结果。RFR 具有较好的准确性、鲁棒性和可解释性，但是可能会对数据进行过度拟合。

梯度提升回归（gradient boosting regression，GBR）是一种基于决策树的集成学习方法，它通过逐步提升每个决策树的拟合效果来得到最终的回归结果。GBR 具有较好的拟合效果和泛化性能，但是需要花费较长的时间进行训练。

（4）深度学习方法

神经网络回归（neural network regression，NNR）是一种基于人工神经网络的回归算法，它通过多层神经元对数据进行非线性映射，从而得到回归结果。NNR 可以处理高维、非线性数据，并且可以自适应调整权重，从而提高模型的泛化性能。但是，网络回归需要大量的数据和计算资源，同时对于参数的初始化和选择也需要较高的技能水平。网络回归（循环神经网络）是一种处理序列数据的神经网络模型，它能够保留先前输入的信息并将其传递到下一个时间步。RNN 常用于自然语言处理、语音识别、图像描述等任务。LSTM（长短时记忆）网络是一种特殊的 RNN，它通过门控机制（输入门、遗忘门和输出门）来定期清除或更新细胞状态，从而更好地处理长序列数据。LSTM 网络被广泛应用于机器翻译、手写识别、情感分析等任务。在时序预测问题中，RNN 和 LSTM 网络可以被用于学习历史时间步数据之间的关系，并预测未来时间步的值[10]。例如，预测土壤理化性质变化、土壤污染指标变化等。通过将过去的时间步作为输入，用户可以训练模型来预测未来的值。LSTM 网络在这方面比标准 RNN 更为强大，因为其能够更好地处理序列中的长期依赖性。

（5）非参或者迭代方法

这类方法对比其他方法受到的重视较低，但其实际上应用场景非常广，预测能力都非常强。本部分将适当花费更多篇幅进行介绍。ARIMA 是一种常用的时间序列预测方法，其全称是差分自回归移动平均模型（autoregressive integrated moving average model）。它主要分为自回归（AR）部分、差分（I）部分和移动平均（MA）部分三个部分。AR 部分表示当前值和之前 p 个时刻的值有关，MA 部分表示当前值和之前 q 个时刻的误差有关，I 部分表示序列需要进行差分处理。与 ARIMA 相比，SARIMA（seasonal ARIMA）是一个能够处理季节性时间序列数据的模型。在

ARIMA 的基础上，SARIMA 考虑到了季节性的影响，增加了季节性差分、季节性自回归和季节性移动平均三个分量，其中季节性差分和季节性周期需要通过图示法来确定。VAR 模型是一种多元时序模型，它将多个时序变量之间的相互依赖性纳入考虑。VAR 模型是基于向量误差修正的模型（VECM），可以用来分析多个时序变量之间的因果关系。VAR 模型的优点是可以捕捉多个变量之间的相互影响，适用于变量之间存在相互影响的情况。

在土壤污染历史时序数据的场景中，如果存在明显的季节性因素，那么使用 SARIMA 比 ARIMA 更为合适，因为 SARIMA 可以更好地考虑季节性因素对数据的影响 [11,12]。但如果数据中不存在季节性因素，或者季节性因素对数据影响较小，那么使用 ARIMA 可能更加简单和高效。此外，对于土壤污染数据这样的复杂场景，还可以尝试使用其他时间序列回归方法，如 VAR（向量自回归模型）、VARMA（向量自回归移动平均模型）等，具体的选择需要根据数据的特点和分析需求来确定。

ARIMA 和 SARIMA 模型与 VAR 模型的区别在于，ARIMA 和 SARIMA 模型只考虑单个变量的时序依赖性，而 VAR 模型考虑多个变量之间的相互依赖性。因此，如果土壤污染历史时序数据中存在多个变量之间的相互影响，则使用 VAR 模型可能比使用 ARIMA 和 SARIMA 模型更加适合。在使用这些方法时，需要根据土壤污染历史时序数据的特点来选择合适的方法。ARIMA 和 SARIMA 模型适用于单变量、无季节性或弱季节性的数据，VAR 模型适用于多变量之间存在相互影响的数据。需要根据实际情况进行模型选择和参数调整，以提高模型的准确性和可靠性。

另外，ARIMA、SARIMA 等时序回归方法和线性回归等简单回归方法在时序数据的分析上各有优劣。首先，ARIMA 和 SARIMA 等时序回归方法能够考虑时间序列数据的自相关性和季节性，能够更准确地描述和预测时序数据的变化。这些方法适用于数据具有周期性、趋势性等特征的情况，可以通过拟合历史数据来预测未来数据的变化。然而，这些方法需要满足一些假设条件，如数据的平稳性等，如果数据不满足这些假设条件，可能会导致预测结果的不准确性。相比之下，线性回归等简单回归方法则没有考虑时间序列数据的自相关性和季节性等特征，仅仅是对数据进行线性拟合。这些方法更适用于数据变化趋势比较稳定的情况，而且不需要满足太多的假设条件。然而，这些方法可能会忽略数据的周期性和季节性等特征，导致预测结果的不准确性 [12]。

综上所述，对于时序数据的分析和预测，需要根据实际数据的特征选择不同的方法。如果数据具有明显的周期性、趋势性或季节性等特征，建议使用 ARIMA、SARIMA 等时序回归方法；如果数据变化比较稳定，可以考虑使用线性回归等简单回归方法。同时，可以考虑使用多种方法进行比较和综合分析，以得到更加准确和可靠的预测结果。

（6）高频与低频数据

在回归模型选取时，另外一个重要因素就是数据的采样频率。在时序预测中，高频数据和低频数据指的是时间序列中数据点的采样频率。高频数据通常表示为每秒或每分钟采样一次的数据，通常涉及短时间内的变化。例如，股票价格、交通流量等。而低频数据则表示为每天、每周或每月采样一次的数据。通常来说高频数据更不稳定。而低频数据更加平缓和稳定。例如，气象监测、环境监测等。在土壤污染分析的时序研究中，例如对于一个土壤有毒物质含量的监测数据，如果用户每小时采样一次，那么这些数据就可以看作是高频数据；如果用户每天或每周采样一次，则可以将其视为低频数据。对于高频数据，用户可以使用深度网络模型或者迭代方法来预测未来一段时间内的值才能在大量的数据序列中保持预测的稳定性，但是对于低频数据，用户需要采用更长期的趋势分析以及季节性分析方法（例如传统回归模型）才能更准确地预测未来发展趋势。

4.3.3 线性回归详细说明

由于线性回归的重要性，本小节首先介绍一下基本的线性回归算法，然后讨论线性回归的各种变种算法。在讨论线性回归之前需要先明确两个概念，即模型和求解过程。以线性回归为例，其模型简单为：

首先线性回归假定了一个线性模型

$$y = a_1x_1 + a_2x_2 + \cdots + a_nx_n + a_0$$

按照基本的代数学理论，上述式子中有 $a_1, a_2, \cdots, a_n, a_0$ 一共 $n+1$ 个未知数，由简单的代数知识可知，如果对于这个方程提供 N 组变量 $\{x_1, x_2, \cdots, x_n, y\}_{i=1:N}$，当 $N = n+1$ 且这些变量都是彼此间线性无关的（构成的矩阵满秩），则可以通过消元法解得唯一确定解。如果 $N < n+1$ 则由特征根构成不确定解，如果提供 $N > n+1$ 组变量则方程无解。但是在现实情况中，如果提供的数据都是由符合该模型的机制产生，则提供 $N > n+1$ 组变量，都可以从中任意选取 $N_0 = n+1$ 组变量求解，求得的解都是一样的。然而现实场景中，即使数据真的由上述模型场景产生，由于测量误差、环境干扰等，往往得到的 $N > n+1$ 组变量中的任意 $N_0 = n+1$、$N_1 = n+1$ 组变量，解方程组得到的 $a_1, a_2, \cdots, a_n, a_0$ 都是不同的。这时用户就需要模型具有消除误差影响，求得能够尽量满足所有变量且误差最小的办法。这就构成了第二个要素——对上述公式求解的方法。求解过程有两种方法：代数法的最小二乘法和利用损失函数的梯度求解的方法。这两种方法的结果在引入简单的最小平方误差损失函数（MSE）的情况下，是彼此等价的。然而最小二乘法求解不具有拓展性，而借由 MSE 的计算可以拓展得到一系列优化的回归方法，故此本书将以损失函数梯度下降的方法为主导进行介绍。

为了解决上述的“需要模型具有消除误差影响，求得能够尽量满足所有变量且误差最小的办法”的问题，用户需要定义误差函数，并让它最小。传统的损失函数如下：

$$L = \frac{1}{N}\sum_{i=1:N}\left(\widehat{y_i} - y_i\right)^2$$

即假设用户在当前求得的 $a_1, a_2, \cdots, a_n, a_0$ 情况下，对每个训练变量计算了输出 $\hat{y}$，则计算这个 $\hat{y}$ 和真实采样得到的 y 的差异的平方，然后对所有训练变量求均值，这就构成了损失函数。最后将其中的 $\widehat{y_i}$ 展开为含有 $a_1,a_2,\cdots,a_n,a_0$，对每个参数求偏导数并使其为 0 进行迭代，就可以求出最终的 $a_1,a_2,\cdots,a_n,a_0$。

从前文描述可以看出，线性回归的核心工作是建立一个线性模型和使用一个基于误差的损失函数对线性模型进行求解计算，那么如果保证线性回归模型不变，但是将误差损失函数进行变化，就有了下列 4 种回归。

Lasso 回归：

$$L=\frac{1}{N}\sum_{i=1:N}\left(\widehat{y_i}-y_i\right)^2+\alpha\times\frac{1}{n}\sum_{j=0:n}\left|a_j\right|$$

岭回归：

$$L=\frac{1}{N}\sum_{i=1:N}\left(\widehat{y_i}-y_i\right)^2+\beta\times\frac{1}{n}\sum_{j=0:n}\left|a_j\right|^2$$

弹性网回归：

$$L=\frac{1}{N}\sum_{i=1:N}\left(\widehat{y_i}-y_i\right)^2+\alpha\times\frac{1}{n}\sum_{j=0:n}\left|a_j\right|+\beta\times\frac{1}{n}\sum_{j=0:n}\left|a_j\right|^2$$

多项式回归：如果想用现有方法解决相对复杂的非线性问题也是有可能的，此时就需要将线性模型加以调整，变成一系列 $x_1,x_2,\cdots,x_n$ 的函数线性组合即可。比较经典的就是多项式回归，假如用户认为数据可能有一个符合二次多项式但各个变量间没有交互作用的场景产生，就可以使用下列公式进行描述：

$$y=a_{11}x_1+a_{12}x_1^2+a_{21}x_2+a_{22}x_2^2+\ldots+a_{n1}x_n+a_{n2}x_n^2+a_0$$

在形式上这仍然是一个线性式（但是部分变量间有了一定的相关性）。再例如用户认为数据可能有一个符合二次多项式但各个变量间有两两交互作用的场景产生，就可以使用下列公式进行描述：

$$y=\sum_{i=1:n}a_ix_i+\sum_{i=1:n}b_ix_i^2+\sum_{i=1:n}c_{i,j}x_ix_j+a_0$$

上述的多项式回归使用现有的 MSE 或者其他上面列出的损失函数进行求解，但是已经具备了表达非线性关系的能力。

最后值得注意的是，在多项式回归中，要求解的变量数量是随着多项式级数变化而剧烈变化的，其变化复杂度为 $O\left(n^k\right)$，其中 n 为特征的个数，而 k 则是多项式的最高级数。当 k 较高（通常 $k\geqslant3$）时，不再认为模型具有优秀的解释性。

4.3.4　算法评估方法

回归分析是一种建立变量之间关系的方法，评估回归模型的质量是非常重要的。这关系着用户得到的模型是否有效，甚至是否可用。以下是常用的回归模型评估方法。

（1）均方误差

均方误差（mean squared error，MSE）是预测值与真实值之差的平方和的平均值，用来衡量预测值与真实值的偏差程度。MSE 越小，表示模型预测效果越好。但是，MSE 对异常值比较敏感，容易受到极端值的影响。

（2）均方根误差

均方根误差（root mean squared error，RMSE）是均方误差的平方根，和 MSE 一样用来衡量预测值和真实值之间的偏差程度，但是它的值与变量的量纲是一致的，更容易进行解释。

（3）平均绝对误差

平均绝对误差（mean absolute error，MAE）是预测值与真实值之差的绝对值的平均值，与 MSE 相比更加稳健，不受异常值的影响。

（4）决定系数

决定系数（coefficient of determination，R^2）是用来评价回归模型的拟合优度的，其取值范围在 0 ～ 1 之间，值越接近 1 表示模型的拟合效果越好。但是决定系数不能判断模型中变量的影响大小。

（5）相关系数

相关系数（correlation coefficient）用于评估变量之间的线性相关性，其值介于 −1 ～ 1 之间，越接近 −1 或 1 说明相关性越强，而值接近 0 说明变量之间不存在线性相关关系。

（6）对数损失函数

对数损失函数（logarithmic loss）用于衡量二元分类问题或者概率基础模型的预测效果，值越小说明模型预测效果越好。它可以刻画模型对概率的预测能力，对于不同的概率值，该函数的惩罚也不同。

（7）AIC/BIC

AIC（Akaike information criterion）和 BIC（Bayesian information criterion）是常用的模型选择指标。它们的基本思想是在最小化误差的同时降低模型复杂度，对于具有不同复杂度的模型，AIC/BIC 值越小，说明该模型的拟合能力越好。

另外在模型验证过程中，除了选取特定的指标评估模型外，还需要使用交叉验证的方法对模型进行评估。交叉验证是机器学习中常用的模型评估方法之一，其基本思想是通过对数据集进行多次划分，一部分数据用于模型训练，另一部分数据用于模型测试，从而得到模型性能的可靠评估结果。交叉验证的主要目的是充分利用有限的数据集，减小因数据集不足而导致的模型过拟合或欠拟合的风险[13]。交叉验证方法主

要分为 K 折交叉验证和留一交叉验证两种。K 折交叉验证的基本流程如下：

① 将原始数据集划分为 K 个互不重叠的子集，即将数据集平均分为 K 份；

② 对于每一个子集，将其作为测试集，余下的 $K-1$ 个子集作为训练集；

③ 重复第②步 K 次，每一次都选取不同的子集作为测试集，最终得到 K 个模型。计算 K 个模型的评估指标的平均值，作为最终评估指标。

留一交叉验证是一种特殊的 K 折交叉验证，K 等于样本数，即每次只有一个样本作为测试集，其余的样本作为训练集。交叉验证的优点是能够充分利用数据集进行模型评估，能够较好地避免模型的过拟合和欠拟合；其缺点是需要进行多次模型训练和测试，计算量较大，运行时间较长。此外，交叉验证需要对数据集进行划分，如果数据集本身具有某些特殊性质（如时序数据），则需要进行特殊处理。

在土壤污染的时序分析场景下，交叉验证可以用于评估回归模型在时序数据上的性能，例如预测未来某一时刻的土壤污染程度。此时可以采用留一交叉验证方法，对每个时刻的数据进行预测，得到相应的评估指标，从而评估模型的预测能力。同时，也可以采用 K 折交叉验证方法，对整个时序数据集进行划分，评估模型的泛化能力和稳定性，以避免模型在某一时刻的预测表现过于偏离实际情况而导致的误差。

4.4 污染成因分析

对土壤污染成因进行分析是为了更好地理解土壤污染的形成和发展过程，找出土壤污染的主要成因和影响因素，并从中得出预防和治理土壤污染的重要措施。掌握土壤污染成因的机器学习模型可以有效地预测和评估土壤污染的风险，帮助人们合理规划土地利用，制定相应的环保政策和管理措施，减少或避免土壤污染的发生。通过对土壤污染成因的分析，可以了解到污染物在土壤中的行为、迁移和转化过程，对于减轻土壤污染的危害以及修复受污染土壤具有重要的参考价值[14-16]。理解土壤污染成因也可以为相关领域的研究提供关键数据和知识，例如世界范围内的土壤碳储量、微生物群落、环境条件等相关研究。

此外，土壤污染成因分析是一个非常复杂的任务，它涉及很多不确定性因素和影响因素[14-16]。使用机器学习方法进行土壤污染成因分析面临以下难点。

① 缺乏真实标签或真值。与许多其他机器学习问题不同，土壤污染成因分析没有可靠的真实标签或真值来指导模型训练。这意味着用户不能使用监督学习方法进行预测或分类，仅能尝试发现相关关系。

② 数据收集的困难。由于土壤污染成因分析涉及大量的地理、环境、化学等方面的数据，其收集和整理非常困难。同时，由于地质条件、历史遗留问题等原因，样本数量和采样位置也可能存在误差。

③ 数据的高度相关性。土壤污染成因分析中的各个变量之间存在高度的相关性，这使得传统的特征选择和降维技术在这种情况下可能无法发挥作用。同时，相关性也会增加噪声和增大检测偏差，使得找到有意义的特征变得更加困难。

④ 可解释性。土壤污染成因分析需要解释和理解结果，而机器学习模型通常难以提供可解释性。这意味着用户需要采用一些可解释的方法，例如决策树或规则抽取技术。

在土壤污染的成因中，一部分因素来源于现有数据中明确指出的某一种或几种污染源。这些污染源通常可以通过环境监测、数据分析等手段进行识别和量化。例如，工业生产过程中排放的废水、废气、废渣，农业生产中过量使用的化肥、农药，以及城市生活中产生的垃圾等，都是导致土壤污染的明确因素。这些污染源对土壤造成的污染程度和影响范围，可以通过对污染源的分析和监测数据进行评估。然而，除了这些明确的污染源外，还有一部分土壤污染成因是未知的。这些未知的污染因素可能源于多种现象背后的隐藏因素，在现有数据中难以直接找到。这些隐藏因素可能包括土壤微生物活动、土壤理化性质的改变、地下水的流动等，它们与土壤污染的发生和发展密切相关，但难以通过常规的监测手段进行直接测量。

不同污染成因定义和分析方法见表 4-2。

表4-2　不同污染成因定义和分析方法

污染源	定义	描述	处理方法
显性污染成因	污染成因作为数据中某一列出现	有预期猜想的因素（因素来自专家建议或相关文献）	对猜想因素进行假设检验
		无预期猜想的因素，但有初步认知	使用关联性分析等手段，遍历分析所有的数据“列”，寻找主因
潜在污染成因	污染成因未在数据中出现	污染因素为隐藏变量，在某些“后台”机制下干扰多个变量	使用“降维”的方法，将高维数据降至低维

针对既定污染成因的数据处理，污染成因既可以是显性的也可以是潜在的。显性污染成因是指污染成因作为土壤环境数据中的某一列出现，但又细分为两种情况：一是有预期猜想的因素，该因素数据列清晰、明确，即污染成因已知；二是无预期猜想的因素，能初步认知判定土壤环境数据集中应该包含了可能存在的污染成因，但未知具体是哪一列数据。潜在污染成因是指污染成因未在土壤环境数据中出现，污染因素是隐含的。具体如下：

① 已知污染成因分析。专家经验、案例分析等已经初步猜测认定当前数据某一列为当前污染的主要成因。此时污染成因分析的主要任务为通过假设检验对现有猜测进行数据层面的和理论层面的有效支撑，确保当前的猜想是具有统计学意义的且是具有说服力的。这时主要采用的方法是与统计学的假设检验相关的技术。

② 未知污染成因分析。研究者可以初步判定当前采集的数据中应该包含了可能存在的各种污染成因。但尚不知哪一种情况或哪一列数据为当前污染的主因。所以此时污染成因分析的主要任务为在当前的数据列中筛选出有可能是污染主因的那一列，

并对筛选结果进行数据层面的支撑。这时主要采用的方法是相关性分析、方差分析、累积分布函数等统计学方法。

③ 潜在污染成因分析。潜在污染成因指的是在当前的数据列中很大可能并未包括形成污染的主要原因。该原因可能是一个较为复杂的社会因素（如工厂、社会活动等）或环境因素（降水、气候变化等不能够高频记录的数据），这种污染成因潜在地影响了多种已经在当前数据表中列出的因素，并借由这些因素间接地影响到最终的污染形成。此时研究者往往希望的不是找到数据层面所列出的直观的污染成因，而是希望找到这个并未包含在数据中的形成污染的潜在主要成因。这时对数据的污染成因分析就变为对潜在变量的定义和寻找。对潜在污染因素的数据处理，则需要采用更为复杂的方法。例如，主成分分析（PCA）和 *t*- 分布邻域嵌入算法（*t*-SNE）等机器学习方法可以有效地用于处理这类数据。PCA 可以通过降维技术将多维度的环境数据转化为少数几种主成分，从而揭示数据中的隐藏结构和规律。*t*-SNE 则是一种非线性降维技术，它能够更好地保留数据的局部结构信息，有助于发现数据中的隐藏模式和关联。

4.4.1　已知污染成因分析方法

假设检验是统计学中极为关键的方法，其核心在于运用样本数据来验证关于总体特性的某一假设。该方法基于概率论，设立原假设与备择假设，并遵循“料敌从宽”的原则，即预设观测现象主要源于随机性，而非特定因素[17]。通过构建统计量、计算概率值等手段，评估样本数据对原假设随机性的支持程度。若随机性过低（如低于 p=0.05 的阈值），则倾向于拒绝原假设，接纳备择假设，即认为存在显著的非随机因素影响。在研究中，假设检验尤其适用于对既定成因的判定，探究其是否为污染的关键所在。然而，假设检验基于二元判定，即非此即彼，适用于单一因素的验证，而无法同时筛选多种成因。对于复合成因的分析，将在后续章节中深入探讨未知成因的分析方法。

（1）卡方检验

卡方检验是一种统计方法，专门用于检验两个分类变量之间是否独立。其原理基于观察频数与期望频数之间的差异比较。当两个分类变量相互独立时，观察频数应接近期望频数；若差异显著，则可能表明这两个变量之间存在某种依赖关系。

$$X_i \sim N(0,1)$$

则

$$\sum_{i=1}^{n} X_i^2 \sim \chi^2(n)$$

通常情况下，研究者很难判定收集的数据中各个数据列服从正态分布，但是按照中心极限定理，可以判定多种因素的和往往是服从正态分布的。也就是说当研究者使用某个模型来模拟污染情况时，假设这个模型是准确的，那么出现的误差是由多种已知或未知、可控或不可控的情况叠加影响而成。所以这个叠加的影响应该服从正态分布，其误差平方应该服从正态分布。这种假设就是卡方检验的基础。在当前污染研究中，可以认为其分布的差异是自然误差，符合正态分布（平方符合卡方分布），但是如果不符合，那么就是由其他因素造成，称为显著性差异。

在实际应用中，卡方检验的步骤如下：首先，根据样本数据构建观察频数表；然后，基于假设两个变量独立计算期望频数；接着，计算卡方统计量，该统计量衡量了观察频数与期望频数之间的差异程度；最后，通过查询卡方分布表或使用统计软件确定检验的 p 值，从而判断原假设是否成立。

其中在卡方检验的过程中，期望频数的计算是最为重要的一环。这一计算基于一个关键假设，即两个分类变量是独立的。期望频数反映了在这种独立性假设成立的情况下各个分类组合理论上应该出现的频数。计算期望频数的具体步骤如下：

① 需要统计两个分类变量的各个水平在样本中出现的频数，并构建一个频数表。这个表通常是一个矩阵，行代表一个变量的不同水平，列代表另一个变量的不同水平。

② 计算每个变量的边缘频数。边缘频数是通过将频数表中某一行或某一列的所有频数相加得到的。这些边缘频数反映了每个变量各个水平在总体中出现的总次数。

③ 基于独立性假设，可以计算期望频数。期望频数是通过将每个变量的边缘频数相乘，再除以总样本量得到的。具体来说，对于频数表中的每个单元格，其期望频数 = 对应行的边缘频数 × 对应列的边缘频数 ÷ 总样本量。

这样，就可以得到一个期望频数表，它反映了在独立性假设下各个分类组合理论上应该出现的频数分布。需要注意的是，期望频数的计算是基于独立性假设进行的，因此它并不反映实际观察到的频数分布。实际观察到的频数可能与期望频数存在差异，这种差异可以通过卡方统计量来衡量，并据此进行统计推断。在计算期望频数时还需要注意一些特殊情况。例如，当某个变量的某个水平在样本中没有出现时其对应的边缘频数将为零，这会导致某些单元格的期望频数为零。在这种情况下，可能需要对数据进行适当的处理，以避免计算上的困难。

最终观察频数与期望频数之间的差异程度就是前文论述的误差项 $\sum_{i=1}^{n} X_i^2 \sim \chi^2(n)$，在没有其他干扰的情况下，这个误差应该符合卡方分布。研究者可以计算观察到的数值，对应特定卡方分布的发生概率（p 值），如果小于 0.05（通常的小概率事件定义），则认为有其他因素影响，从而做出判定，即有主要因素存在。值得注意的是，在使用卡方检验时，需确保样本量足够大，分类变量的水平数适中，且数据具有随机性。此外，对于不满足卡方检验前提条件的情况，如样本量过小或存在有序分类变量，可能需要采用其他统计方法进行替代。

（2）*t* 检验

在数据分析中，当研究者要探究某一特定列（设为 X）是不是输出数据（设为 Y）

变化的原因时，t 检验是一种常用的假设检验方法。t 检验主要用于比较两组数据的均值是否存在显著差异，因此它适用于检验某一特定输入列对输出列均值的影响。t 检验与卡方检验的区别在于：卡方检验是通过判定两个变量的分布（频数）进行估计，而 t 检验则只讨论了两个变量的均值。通常情况下，只讨论均值差异的 t 检验比卡方检验要求的数据量更少，运算更快捷，但其结果的指向性和解释性比卡方检验要更弱一些。

1）t 检验的思路

原假设（H_0）：假设特定输入列 X 对输出列 Y 没有显著影响，即 X 与 Y 的均值之间没有显著差异。

备择假设（H_1）：假设特定输入列 X 对输出列 Y 有显著影响，即 X 与 Y 的均值之间存在显著差异。

在 t 检验中，研究者会根据样本数据计算出一个 t 统计量，然后将其与一定的显著性水平（如 5%）下的临界值进行比较。如果 t 统计量的绝对值大于临界值，则拒绝原假设，认为 X 对 Y 有显著影响；否则，接受原假设。

2）t 检验案例

假设某研究者在研究空气污染问题时，收集了某地区一年中每日的空气质量指数（AQI）和某工厂的排放量数据。研究者猜测工厂的排放量（X）是影响空气质量指数（Y）的主要原因。通过收集样本数据，研究者可以使用 t 检验来验证这一假设。

首先，研究者需要计算样本中 X 和 Y 的均值。然后，根据 t 检验的公式计算 t 统计量。接着，研究者选择一个显著性水平（如 5%），查找对应的临界值。最后，比较 t 统计量与临界值，如果 t 统计量的绝对值大于临界值，则研究者可以拒绝原假设，认为工厂的排放量对空气质量指数有显著影响。

需要注意的是，t 检验的前提假设包括数据的正态性和方差齐性。在实际应用中，研究者需要通过图形或统计测试来检验这些假设是否成立。如果不满足这些假设，可能需要考虑使用其他假设检验方法[18]，如非参数检验。另外，研究者使用 t 检验只能检验单一因素是不是污染的成因，没有办法同时考虑多种因素。

此处有一个常见误区，即当研究者分别对两个可能成因进行了 t 检验，并都得到了具有显著性影响，研究者也无法判定哪个因素影响更大或哪个因素是主因。尤其值得注意的是，部分情况下有部分研究者会将其发生概率 p 值的大小作为是不是主因的判定依据，对应 p 值越小，其越可能是主要因素。这样的判定是不够严谨的。p 值仅仅表现了当前情况下具有明显倾向性、非随机性的可能性（$1-p$），其不能作为哪一种因素具有更明确的影响的量化判定。多种因素的复合影响应考虑其他的方法，详见下面的 4.4.2 部分相关内容。

4.4.2　未知污染成因分析方法

对于未知污染成因的分析，假设这些成因可能潜藏在现有数据中，表现为数据中的某一列或几列。此时，分析的主要任务转变为从众多因素中筛选出影响最大的几种[19]。

显然，这种筛选并非简单的二分类问题，而是需要从 n 个因素中挑选出 m 个关键因素。因此，前文所述的假设检验方法在此场景下可能不再完全适用。

为了更有效地进行筛选，可以考虑使用相关性分析、方差检验、累积函数等统计学方法。这些方法能够帮助人们量化各因素与污染程度之间的关联程度，从而识别出主要影响因素。然而，值得注意的是，这些统计学方法虽然在表面上看似各异，但其底层本质都是基于假设检验的思路。它们通过测定某一特定统计量的分布可能性，来推断结果的可靠性和置信度。因此，在使用这些方法时仍需遵循假设检验的基本原则和步骤，确保分析结果的准确性和有效性。

（1）相关性分析

相关性分析主要使用相关系数来衡量两个变量之间的关系及其强度，这一点与前文所述的假设分析不同。假设分析只能分析出是否具有关联性，而相关性分析可以量化潜在成因或现象之间的关系强弱。常用的相关系数包括皮尔逊相关系数、斯皮尔曼秩相关系数等。皮尔逊相关系数适用于连续变量，且假设变量间存在线性关系；而斯皮尔曼秩相关系数则对变量的分布无严格要求，适用于非线性关系或有序分类变量。

1）皮尔逊相关系数

皮尔逊相关系数又称为皮尔逊积矩相关系数，是一种广泛应用于统计学中的统计量，主要用于衡量两个连续变量之间的线性关系强度和方向。该系数通常用符号“r”表示，其取值范围在 −1 ～ 1 之间。当 r 的值接近 1 时，表示两个变量之间存在强烈的正相关关系；当 r 的值接近 −1 时，表示两个变量之间存在强烈的负相关关系；而当 r 的值接近 0 时，则表示两个变量之间几乎不存在线性关系。具体计算公式如下：

$$r=\frac{\operatorname{cov}(X,Y)}{\sqrt{D(X)D(Y)}}=\frac{E(XY)-E(X)E(Y)}{\sqrt{D(X)D(Y)}}$$

式中　E，D——随机变量的期望和方差。

皮尔逊相关系数的计算主要基于协方差和标准差，通过这两个统计量的比值来消除单位和数值量级的影响，使得结果更加准确和可靠。这种系数具有对称性，即交换变量的顺序并不会改变其值。但值得注意的是，皮尔逊相关系数的强度和量级仅限于变量之间的关系是线性的。下面就是一个特定的范例：

假设因素 X 服从 0 ～ 1 的均匀分布 $U(0,1)$。结果 $Y=X^2$，即结果 Y 由 X 因素完全确定性地影响。那么对于这两个随机变量，可以计算其相关性为

$$E(X)=1/2,\ E(Y)=1/3,\ D(X)=1/12,\ D(Y)=4/45,\ E(XY)=1/4\Rightarrow$$

$$r=\frac{1/12}{\sqrt{1/12\times4/45}}=0.968$$

保持上面结果 $Y=X^2$，即结果Y由X因素完全确定性影响的情况不变，但是X服从−1～1的均匀分布$U(-1,1)$：

$$E(X)=0,\ E(XY)=0,\ \mathrm{cov}(X,Y)=0 \Rightarrow r=0$$

通过上面的例子可以看到，结果Y由X因素完全确定性这个情况不变，但是由于X的分布变化，其关系不再具有线性相关性，所以其相关系数变为0。

结论：如果因素X和结果Y之间具有很高的相关性，则可以考虑将X认为是影响Y的成因之一；但是，如果因素X和结果Y之间相关性很低（接近0），不可以认为X不是Y的成因，只能猜测X不是线性影响Y的因素。

2）斯皮尔曼秩相关系数

当研究者面临初步分析显示变量之间不存在明显的线性关系，那么可以考虑使用斯皮尔曼秩相关系数来评估它们之间的单调关系。斯皮尔曼秩相关系数是一种非参数统计方法，用于度量两个变量之间的单调关系（注：单调关系即为同增同减的趋势关系）。与皮尔逊相关系数不同，斯皮尔曼秩相关系数并不假设数据服从特定的分布，也不要求变量之间具有线性关系。它关注的是数据值之间的相对大小，即秩次，而不是实际的数据值。

斯皮尔曼秩相关系数的思路是，首先对原始数据进行排序，得到每个数据点的秩次；然后计算两个变量秩次之间的差异；最后根据这些差异计算相关系数。这种方法能够捕捉到变量之间的单调增减关系，而不仅仅是线性关系。

假设某用户收集了一个关于环境污染的数据集，其中包含多种环境因素（如土壤pH值、降雨量、植被覆盖率等）作为输入数据，以及污染程度作为输出数据。初步分析发现，这些因素与污染程度之间不存在明显的线性关系（皮尔逊相关系数）。此时可以考虑使用斯皮尔曼秩相关系数来分析这些因素与污染程度之间的单调关系。通过计算每个因素与污染程度的相关系数，可以发现土壤pH值和植被覆盖率与污染程度之间存在较强的负相关关系，而降雨量与污染程度之间存在较弱的正相关关系。这一结果表明，土壤pH值和植被覆盖率可能是影响污染程度的重要因素，而降雨量虽然也有一定影响，但相对较弱。基于这一分析，用户可以进一步深入研究这些因素对污染程度的具体影响机制，并制定相应的治理措施。综上所述，斯皮尔曼秩相关系数在处理非线性和非正态分布的数据时具有独特的优势，能够帮助用户更准确地识别出变量之间的单调关系，为后续的分析和决策提供有力支持。

（2）方差分析

方差分析（analysis of variance，ANOVA），是一种常用的统计分析方法，主要用于检验两个及两个以上样本均数间的差异显著性，也可以借由方差分析进行成因筛选。方差分析的核心原理在于总的误差分解为不同来源的部分，例如实验条件和随机误差等。默认一个组内（即一个因素同一水平下）的误差是随机误差，并以此为基础，判断实验条件带来的误差与随机误差的比值（并对照不同的分布），如果比值过大则认为实验条件确实带来了一定的影响。

1）步骤

使用方差分析进行成因筛选是一种有效的统计方法，它基于不同组之间是否存在显著性差异的检验原理来评估特征与目标变量之间的关系[20]。以下是使用方差分析进行特征筛选的步骤：

① 方差分析计算。针对每个成因，使用方差分析方法来计算不同组（由目标变量的不同取值定义）之间的均值差异。方差分析将总体方差分解为组内方差和组间方差，并计算 F 统计量（组间均方与组内均方的比值）。

② F 统计量与 p 值判断。F 统计量越大，说明特征与目标变量之间的关系越显著。同时，可以计算 p 值，即观察到的统计量的概率。通常，当 p 值小于设定的显著性水平（如 0.01 或 0.05）时，认为该成因对目标变量有显著影响。

③ 特征排序与选择。根据 F 统计量或 p 值的大小，对成因进行排序。选择那些具有显著影响的成因作为主因，即那些对目标变量有显著预测能力的特征。

2）与 t 检验的区别

方差分析和 t 检验在统计学中都是常用的方法，由于它们检验的都是均值和均值相关的变化，所以很多时候使用者会混淆两种方法，并不清楚该使用哪种检验方法。两者的区别如下：

① 从应用场景来看，t 检验主要用于比较两个样本均值是否有显著差异（均值是否不同），特别是在样本含量较小且总体标准差未知的正态分布情况下。而方差分析，特别是单因素方差分析，则主要用于研究一个控制变量的不同水平（多个值时）是否对观测变量产生了显著影响。

② 从比较的对象来看，t 检验关注的是两个独立样本或配对样本的均值差异，其核心是比较样本均值之间的差异和误差的大小。而方差分析则是对多个样本均值的比较，通过剖析观测变量的方差比较观测变量总离差平方和各部分所占的比例，推断控制变量是否给观测变量带来了显著影响。

③ 从前提条件来看，t 检验通常要求样本数据来自正态分布总体（有部分特例），且两样本总体方差相等，即具有方差齐性。而方差分析则基于一个简单的强假设，即各个总体的观测值是独立的、正态分布且具有相同的方差。

3）分类

方差分析分为单因素方差分析、多因素方差分析和分组方差分析。

① 单因素方差分析主要考察一个控制因素的不同水平对观测变量的影响。其出发点在于，当只有一个控制变量时，可以通过分析这个变量的不同水平判断它们是否对观测变量产生了显著影响。使用单因素方差分析需要满足一些条件，如观测值需独立且服从正态分布，各组方差应齐性，同时组内不能有显著的异常值。

② 多因素方差分析则更为复杂，它考察多个控制因素对观测变量的影响以及这些因素之间可能存在的交互效应。多因素方差分析的出发点在于全面理解多个因素对观测变量的综合影响，进而为决策提供更全面的信息。使用多因素方差分析时，除了需要满足单因素方差分析的条件外，还需要考虑因素之间的独立性以及交互效应的存在。

③ 分组方差分析是根据一定的标准将数据分组，然后比较各组的方差。其出发点在于通过比较不同组的方差判断各组的差异程度，进而揭示数据的内在结构和规律。分组方差分析的使用条件通常包括数据的可分组性、各组内数据的独立性和正态性等。

值得注意的是，当对多因素、多水平的数据进行方差分析时，往往需要的轮次呈几何级增长，例如当用户需要分析 n 个因素、m 个水平的双因素的影响时（考虑到每个因素的组合都要 k 条数据），需要的数据量是 m^2k，并进行 c_n^2 次，c_n^2 是 n 中选 2 的排列组合；当考虑 l 个因素同时影响时，需要的数据量变化是指数级的，也就是所谓的维度灾难，需要的数据量是 n^lk，并进行 c_n^3 次。

例如，当考虑有 20 个因素，其中每个因素 5 个水平，每组数据不得少于 10 个时：a. 如果考虑单因素方差分析，对每个因素依次进行讨论，则需要 50 条数据，进行 20 轮实验；b. 如果采用双因素分析，对两个因素依次组合并进行讨论，则需要 250 条数据，进行 190 轮实验；c. 如果进行三因素分析，则三个因素依次组合并进行讨论，则需要 1250 条数据，进行 1140 轮实验。

通常对于连续数据，用户需要将数据分成 10 个水平，这时数据变成单因素 100 条，20 轮；双因素 1000 条，190 轮；三因素 10000 条，1140 轮。

从前文的实验工作量随因素个数急剧增加的现象（称为维度爆炸）可以看到，当用户需要研究多种因素（因素数量＞ 3）的共同影响并筛选出最有可能的组合时，不能进行列举实验，而往往需要进行正交试验设计。然而正交试验的内容属于试验设计相关知识而非本节关注的内容，即针对实验后获取的数据进行数据分析方法讨论，所以本节不对正交试验的内容进行讨论，读者可以自行检索相关内容。

最后，当用户希望讨论将超过 3 个因素的组合作为主要因素的情景时，通常不应该认为这 3 个因素的组合是污染形成的直接原因。这是由于因素过多，不宜作为主因或者根本成因进行研究，用户应该尝试关注并寻找其背后潜藏的但具有更明确的、单一的主导性的因素作为主因。对此部分研究，用户还可以考虑使用降维技术进行分析。

（3）秩和检验

可以看到前面的各种方法，包括 t 检验、相关性分析、方差分析等都基于很强的假设，假设模型的关系为线性的或假设数据服从正态分布。但当这些假设都不成立时，用户往往需要使用非参数模型对数据的相关性以及成因进行分析。非参数检验的适用条件是不知道数据的总体分布而不得已采取的一种方法，这种方法的精度当面对已知分布时往往不如参数检验。但它给未知或不确定样本分布的数据检验提供了一个有力的工具。秩和检验（rank sum test）就是一种非参数检验方法，特别适用于当数据不满足参数检验的假设条件时，如正态分布或方差齐性等。在特征筛选（成因分析）中，秩和检验可以帮助用户确定哪些特征与目标变量之间的关系更为显著。

秩和检验的基本方法是通过将观察值（或每对观察值差的绝对值）按照从小到大的次序排列，并对每一个观察值（或每对观察值差的绝对值）赋予一个序号，这个序号被称为秩（或秩次）。然后，对于两组观察值（通常是基于配对设计下根据观察值差的正负分为两组），分别计算它们的秩和，并进行比较。

基于分析的情况不同，秩和检验包括多种统计量和相应的检验方法，受篇幅所限，本节只罗列了常见的检验方法，不做过于深入的说明。

1）Wilcoxon 秩和检验（Mann-Whitney U 检验）

① 统计量：U 统计量。

② 适用场景：用于比较两个独立样本是否来自相同的分布，特别是当数据不满足正态分布或方差齐性时。

2）Wilcoxon 符号秩检验（signed-rank test）

① 统计量：T 或 W 统计量。

② 适用场景：用于配对设计的数据，比较同一组对象在不同条件或时间下的差异，如治疗前后的比较。

3）Kruskal-Wallis 秩和检验

① 统计量：H 统计量。

② 适用场景：用于比较两个或两个以上独立样本的总体分布是否相同，特别是当数据不满足正态分布或方差齐性时。

4）Friedman 秩和检验

① 统计量：Q 或 χ^2 统计量。

② 适用场景：用于多个相关样本（即重复测量设计）的非参数检验，比较不同处理或条件下的总体分布是否相同。

5）Jonckheere-Terpstra 检验

① 统计量：JT 统计量。

② 适用场景：用于检验多个独立样本的中位数是否按照某种顺序排列，即是否存在趋势性差异。

6）van der Waerden 秩分数检验

① 统计量：基于秩分数的 t 统计量或 F 统计量。

② 适用场景：当数据不满足参数检验的假设条件时，可以使用该方法将数据转换为近似的正态分布数据，然后进行 t 检验或方差分析。

以上各种秩和检验方法的选择取决于数据的类型（独立样本或配对样本）、数量、分布情况以及研究目的。在实际应用中，应根据具体情况选择合适的检验方法。

（4）累计函数法

上述方法的本质都是基于分析各种因素与最终结果之间的关系特征，如期望、方差等。我们会详细讨论各个因素如何影响最终结果。此外，我们还可以借助更为严格和相近的分布函数来进一步探讨这种关系。具体来说，以 SSD（物种敏感度分布）方法为例，它首先通过构建一个模型来模拟最终的污染情况。在这个模型中，可以首先建立关于最终污染情况的分布函数模型，进而通过改变各个因素的数值情况来观察最终影响的分布函数的变化，并判断哪一个因素的影响更大，是更大的主因。

由于 SSD 已经是一个相对成熟且独立的方法，用户使用时可以在各个平台的软件包下直接调用库函数并解析结果，在此不对 SSD 方法的原理与使用进行讨论，感兴趣的读者可以自行阅读其他文献。

值得注意的是，基于分布函数的方法对比各种基于统计特征的检验方法具有更好的量化效果和更多的分析细节。这是由于分布函数对比统计特征具有更多的信息。这些分布信息可以让用户进行更加深入的分析，从而更准确地观察到各种成因对最终结果的影响。更为重要的是，用户可以进一步使用基于分布函数的运算方法量化各种成因的影响。所以在数据比较充分且相对干扰较小（例如在各种实验室环境中获取的数据）时，可以优先考虑采用 SSD 方法对数据进行分析；然而当数据采集环境较为复杂且具有多种因素干扰影响（例如自然环境）时，其分布函数往往受到的未知干扰变大，变得不够准确，其分析结果也具有较大的误差，此时应考虑更稳健的检验类方法和非参数分析方法。

4.4.3 潜在污染成因分析方法

对于潜在污染成因，潜在污染因素是隐变量，该原因可能是复杂的社会因素或环境因素，其潜在影响了土壤环境数据集列出的因素，间接影响污染的形成。潜在污染成因分析是一项非常具有挑战性的任务，使用机器学习方法时往往使用降维的方法，将数据集降到只有少数几个（通常 $n<5$ 或者 $n<10$）维度，然后将这几个维度进行解释分析，得到的主维度可能是污染的主要因素。下面就介绍两种主要的降维方法——主成分分析（PCA）和 *t*-SNE（*t*-distributed stochastic neighbor embedding）。

（1）PCA 算法

PCA 的核心思路是通过对原始数据进行降维，找到可以解释数据方差最大的特征，从而挖掘出数据的主要信息。在土壤污染成因分析中，用户可以利用 PCA 算法对收集到的污染数据进行降维，从而找到对土壤污染最有影响的主要污染因子[21]。为了说明 PCA 的原理，以下从 SVD（奇异值分解）进行说明。SVD 是一种将矩阵分解为三个较小矩阵乘积的技术。对于一个大小为 $m \times n$ 的矩阵 $\boldsymbol{A}$，SVD 会将其分解为以下形式：

$$\boldsymbol{A} = \boldsymbol{U\Sigma V}^{\mathrm{T}}$$

式中 $\boldsymbol{U}$，$\boldsymbol{V}$——正交矩阵；

$\boldsymbol{\Sigma}$——对角矩阵。

$\boldsymbol{U}$ 中的每个列向量都被称为左奇异向量，$\boldsymbol{V}$ 中的每个列向量都被称为右奇异向量，$\boldsymbol{\Sigma}$ 上的非零元素被称为奇异值。

现在针对数据构造一个协方差矩阵，即

$$\boldsymbol{C} = \begin{bmatrix} \operatorname{cov}(d_1,d_1) & \cdots & \operatorname{cov}(d_1,d_j) \\ \vdots & \ddots & \vdots \\ \operatorname{cov}(d_j,d_1) & \cdots & \operatorname{cov}(d_j,d_j) \end{bmatrix}$$

这个矩阵表明了各个数据之间的“线性”相关性，其第 i 行第 j 列的元素就是第 i、j 两列数据的协方差。而后对这个矩阵进行 SVD，就得到了 PCA 的分解结果。

在运行 PCA 后，用户会得到两个矩阵，分别为负载矩阵和成分矩阵。

① 负载矩阵（loadings matrix）。负载矩阵也被称为旋转矩阵，它是一个 $p×p$ 的矩阵，其中 p 是原始数据集中变量的数量。负载矩阵的每个元素代表了在每个主成分中每个输入变量的权重。负载矩阵的计算方法是对协方差矩阵进行特征值分解。负载矩阵告诉用户原始数据中每个变量对主成分的贡献程度。

② 成分矩阵（component matrix）。成分矩阵是一个 $p×k$ 的矩阵，其中 p 是输入变量的数量，k 是选择的主成分的数量。成分矩阵的每个元素表示每个输入变量在每个主成分上的得分。成分矩阵的计算方法是将负载矩阵与标准化后的数据矩阵相乘，并除以变量标准差。成分矩阵告诉用户每个变量在每个主成分上的权重。

总之，负载矩阵告诉用户如何组合原始变量来生成主成分，而成分矩阵则告诉用户如何计算每个原始变量对于每个主成分的贡献。而最终在污染成因分析中，用户可以借由负载矩阵得到主成分的组成，进而分析主成分的基本构成；同时使用成分矩阵来对求得的污染因子进行定义，推断其到底是哪一类污染。

需要注意的是，PCA 算法是一种无监督学习算法，需要进行合理的参数选择和模型评估，以保证其分析结果的可靠性和准确性。同时，由于 PCA 算法都是基于数据的线性变换，因此在非线性关系比较显著的数据分析中可能不太适用。在土壤污染成因分析中，我们应该根据具体情况选择合适的方法，并结合下面的 *t*-SNE 算法综合分析使用。

（2）*t*-SNE 算法

另外一种常见的降维方法是 *t*-SNE。它是一种非线性降维算法，全称为 *t*- 分布随机邻域嵌入（*t*-distributed stochastic neighbor embedding）。它可以将高维数据降维到低维空间中进行可视化和分析，常用于数据挖掘和机器学习领域。*t*-SNE 弥补了 PCA 只能处理线性的不足。它的核心思想是通过测量样本点之间的相似度来构建数据之间的概率分布，将高维空间中的相似度映射到低维空间中，从而保留相似度关系。具体来说，*t*-SNE 算法首先使用高斯分布来表示每个高维样本点的概率分布，然后在低维空间中使用 *t* 分布来表示样本点之间的相似度。*t*-SNE 通过最小化高维空间和低维空间中概率分布之间的 KL 散度来优化嵌入。这使得相似的点在低维空间中更接近，不相似的点则更远离。因此，*t*-SNE 可以帮助用户发现数据中的隐藏模式和结构，并提供一种直观的方法来探索数据。

t-SNE 的优点是可以保留高维数据的非线性结构，能够发现低维表示中的团簇，并且对离群值有一定的鲁棒性。此外，*t*-SNE 对参数的选择相对较少，因此在使用时比较方便。然而，*t*-SNE 也存在一些缺点。首先，*t*-SNE 是一种密集型算法，需要大量计算时间和资源。其次，由于 *t*-SNE 采用了非凸优化的方法，其结果可能会受到初始条件的影响，因此需要进行多次重复运算以得到稳定的结果。最后，*t*-SNE 的输出结果通常是不可解释的，因为它只能提供降维后的数据点位置，而无法提供每个特征的重要性和解释。

总之，*t*-SNE 是一种有效的数据降维和可视化方法，特别适用于需要发现数据结构和模式的场合。但是，在应用 *t*-SNE 时需要注意其计算密集性和需要重复运算以获得可靠的结果。

参考文献

[1] Artiola J F, Pepper I L, Brusseau M L. Environmental Monitoring and Characterization [M]. New York: Academic Press, 2004.

[2] Shayakhmetov M, Zinich A, Gindemit A. Soil Mapping Using Geo-information Technologies [M]. New York: Atlantis Press, 2019.

[3] Gibert K, Sànchez-Marrè M, Izquierdo J . A survey on pre-processing techniques: Relevant issues in the context of environmental data mining [J]. AI Communications, 2016, 29: 627-663.

[4] McBratney A B, Santos M L M, Minasny B. On digital soil mapping [J]. Geoderma, 2003, 117(1-2): 3-52.

[5] Zhou Y, Niu L, Liu K, et al. Arsenic in agricultural soils across China: Distribution pattern, accumulation trend, influencing factors, and risk assessment [J]. Science of the Total Environment, 2018, 616: 156-163.

[6] Chapman A D. Principles of data quality [R]. GBIF, 2005.

[7] Chen C, Durand E, Forbes F, et al. Bayesian clustering algorithms ascertaining spatial population structure: A new computer program and a comparison study [J]. Molecular Ecology Notes, 2007, 7(5): 747-756.

[8] Venier M, Hung H, Tych W, et al. Temporal trends of persistent organic pollutants: A comparison of different time series models [J]. Environmental Science & Technology, 2012, 46(7): 3928-3934.

[9] Stow C A, Cha Y, Johnson L T, et al. Long-term and seasonal trend decomposition of Maumee River nutrient inputs to western Lake Erie [J]. Environmental Science & Technology, 2015, 49(6): 3392-3400.

[10] Chandra R, Goyal S, Gupta R. Evaluation of deep learning models for multi-step ahead time series prediction [J]. Ieee Access, 2021(9): 83105-83123.

[11] Dubey A K, Kumar A, García-Díaz V, et al. Study and analysis of SARIMA and LSTM in forecasting time series data [J]. Sustainable Energy Technologies and Assessments, 2021, 47: 101474.

[12] Adhikari R, Agrawal R K. An introductory study on time series modeling and forecasting [J]. arXiv preprint arXiv, 2013: 1302.

[13] Yates L A, Aandahl Z, Richards S A, et al. Cross validation for model selection: A review with examples from ecology [J]. Ecological Monographs, 2023, 93(1): e1557.

[14] Cachada A, Rocha-Santos T, Duarte A C. Soil and pollution: An introduction to the main issues [M]// Soil Pollution. Amsterdam: Elsevier, 2018: 1-28.

[15] Delang C O. Causes and distribution of soil pollution in China [J]. Environmental & Socio-economic Studies, 2017,5(4):1-17.

[16] Alloway B J. Soil Pollution and Land Contamination[M]// Harrison R M, Alloway B J. Pollution,

Causes Effects and Control. London: RSC, 1996: 352-377.

[17] Klein J P, Moeschberger M L, Klein J P, et al. Hypothesis Testing [M]. Berlin: Springer, 2003.

[18] Verma J P, Abdel-Salam A S G. Testing Statistical Assumptions in Research[M]. New York: John Wiley & Sons, 2019.

[19] Gilbert R O. Statistical Methods for Environmental Pollution Monitoring[M]. New York: John Wiley & Sons, 1987.

[20] Judd C M, McClelland G H, Ryan C S. Data Analysis: A Model Comparison Approach to Regression, ANOVA, and Beyond [M]. London: Routledge, 2017.

[21] Mostert M M R, Ayoko G A, Kokot S. Application of chemometrics to analysis of soil pollutants[J]. TrAC Trends in Analytical Chemistry, 2010, 29(5): 430-445.

第5章

污染源解析与成因分析

- 污染源解析技术介绍
- 产地水污染源解析案例分析
- 产地土壤污染源解析案例分析
- 产地大气污染源解析案例分析

对水污染、土壤污染和大气污染进行来源解析以及污染成因分析对于制定科学有效的控制策略具有重要意义。污染源解析是一项复杂的工作，主要是因为污染来源种类繁多，而且很大一部分是无组织点源或面源，源排放特征也比较多变。本章将介绍受体模型法、稳定同位素分析法、比值法等污染源解析技术的基本原理，并将以水污染、土壤污染和大气污染为例，介绍这些方法的应用实例。

5.1 污染源解析技术介绍

5.1.1 受体模型法

5.1.1.1 污染源已知类受体模型

（1）化学质量平衡模型

化学质量平衡（CMB）模型为污染源已知类受体模型，由一组线性方程构成，表示每种化学组分的受体浓度等于各种排放源类的成分谱中这种化学组分的含量值和各种排放源类对受体的贡献浓度值乘积的线性加和。CMB 模型利用污染源和受体的化学组分的平衡关系构建线性方程组，利用多元线性回归的计算方法得出污染源对受体的贡献值，是目前最重要、最实用的受体模型。

1972 年 Miller 等[1]第一次给出了化学元素平衡法方程式，并命名为化学元素平衡法（CEB）。1980 年 Cooper 和 Watson 进一步将化学元素平衡法（CEB）重新命名为化学质量平衡法（CMB）[2]。此后多年，很多学者提出了模型的求解方法，包括示踪元素法、线性程序法、普通加权最小二乘法等多种算法[1-3]。直到 1984 年，Watson[4] 提出利用有效方差加权最小二乘法求解化学质量平衡受体模型。该方法标志着 CMB 的求解方法已基本走向成熟。

1）CMB 模型原理

下面以大气颗粒物的源解析为例，介绍 CMB 模型的原理。假设存在着对受体中的大气颗粒物有贡献的若干源类（j），并且各源类所排放的颗粒物的化学组成有明显的差别；各源类所排放的颗粒物的化学组成相对稳定；各源类所排放的颗粒物之间没有相互作用，在传输过程中的变化可以被忽略。那么在受体上测量的总物质浓度 C 就是每一源类贡献浓度值的线性加和。

$$C_i = \sum_{j=1}^{J} F_{ij} S_j \tag{5-1}$$

式中　C_i——受体中所测的第i个组分的浓度，μg/m³；

F_{ij}——第 j 个排放源排放的物质中第 i 个组分占的比例，g/g；

S_j——第 j 个排放源的贡献，μg/m³；

i——化学物质的数目；

j——污染源类型的数目。

当组分的数量大于等于源的数量时，该方程组有解。C_i 和 F_{ij} 值作为模型输入；C_i 和 F_{ij} 的测量误差也需要输入模型中，用于计算有效方差；源贡献 S_j 及其标准偏差由模型计算得到；利用 CMB 模型诊断技术可以对解析结果进行评价。

CMB 模型假设污染物在从源到受体的传输过程中质量没有损失，需要满足以下几个假设条件：各污染源排放的颗粒物化学组成有明显差别；各污染源所排放的颗粒物化学组成相对稳定；各污染源所排放的颗粒物之间没有相互作用，在传输过程中的变化可以被忽略；测量结果的不确定度是独立且随机的且符合正态分布；污染源的不确定性之间相互独立，没有相关关系；模型计算包含了所有对受体具有明显贡献的源类。

目前 CMB 模型最常采用的算法是有效方差最小二乘法，因为有效方差最小二乘法提供了计算源贡献值 S_j 和 S_j 的标准偏差 σ_{S_j} 的实用方法。有效方差最小二乘法实际上是对普通加权最小二乘法的改进，即使加权的化学组分测量值与计算值之差的平方和最小：

$$m^2=\sum_{i=1}^{I}\frac{\left(C_i-\sum_{j=i}^{J}F_{ij}S_j\right)^2}{V_{\mathrm{eff},i}} \quad (5\text{-}2)$$

$$V_{\mathrm{eff},i}=\sigma_{C_i}^2+\sum_{j=i}^{J}\sigma_{F_{ij}}^2 S_j^2 \quad (5\text{-}3)$$

式中　$V_{\mathrm{eff},i}$——最小有效方差，作为权重值；

σ_{C_i}——受体大气颗粒物的化学组分测量值 C_i 的标准偏差，μg/m³；

$\sigma_{F_{ij}}$——排放源的化学组分测量值 F_{ij} 的标准偏差，g/g；

S_j——源贡献计算值，μg/m³。

有效方差最小二乘法在实际运算中采用迭代法，即在前一步迭代计算的 S_j 的基础上再来计算一组新的 S_j 值。具体算法如下：

CMB 方程组的矩阵形式：

$$\underset{i\times 1}{\boldsymbol{C}}=\underset{i\times j}{\boldsymbol{F}}\ \underset{j\times 1}{\boldsymbol{S}} \quad (5\text{-}4)$$

设上标 k 表示第 k 步迭代的变量值，设源贡献初始值为零，则

$$\boldsymbol{S}_j^{k=0}=0 \quad (5\text{-}5)$$

计算有效方差矩阵 $\boldsymbol{V}_{\text{eff},i}$ 的对角线上的分量，所有的非对角线上的分量都等于零。

$$\boldsymbol{V}_{\text{eff},i}^{k}=\sigma_{C_i}^{2}+\sum\left(\boldsymbol{S}_j^{k}\right)^{2}\sigma_{F_{ij}}^{2} \tag{5-6}$$

计算 S_j 的第 k+1 步迭代的值

$$\boldsymbol{S}_j^{k+1}=\left[\boldsymbol{F}^{\mathrm{T}}\left(\boldsymbol{V}^{k}\right)^{-1}\boldsymbol{F}\right]^{-1}\boldsymbol{F}^{\mathrm{T}}\left(\boldsymbol{V}^{k}\right)^{-1}\boldsymbol{C} \tag{5-7}$$

如果式（5-7）中的结果大于 1%，那么执行上一步迭代；如果小于 1%，终止该算法。

若 $\left|\boldsymbol{S}_j^{k+1}-\boldsymbol{S}_j^{k}\right|/\boldsymbol{S}_j^{k+1}>0.01$，返回式（5-6）。

若 $\left|\boldsymbol{S}_j^{k+1}-\boldsymbol{S}_j^{k}\right|/\boldsymbol{S}_j^{k+1}\leqslant 0.01$，到式（5-8）。

计算 σ_{S_j} 的第 k+1 步迭代的值。

$$\sigma_{S_j}=\left\{\left[\boldsymbol{F}^{\mathrm{T}}\left(\boldsymbol{V}^{k}\right)^{-1}\boldsymbol{F}\right]_{jj}^{-1}\right\}^{1/2} \tag{5-8}$$

式中 $\boldsymbol{C}$——第i个化学组分的C_i的列矢量，C=（$C_1\cdots C_i$）^{T}；

$\boldsymbol{S}$——第 j 种排放源类的贡献计算值 S_j 的列矢量，S=（$S_1\cdots S_j$）^{T}；

$\boldsymbol{F}$——$I\times J$ 阶的源成分谱 $\boldsymbol{F}_{ij}$ 矩阵；

$\boldsymbol{V}$——有效方差的对角矩阵，$\boldsymbol{V}=\boldsymbol{V}_{\text{eff},i}$。

以上算法表明，应用有效方差最小二乘法求解 CMB 模型时，模型的输入参数为：受体化学组分浓度谱的测量值 C_i 和 C_i 的标准偏差 σ_{C_i}；源成分含量谱的测量值 F_{ij} 和 F_{ij} 的标准偏差 $\sigma_{F_{ij}}$。模型的输出参数是：源贡献计算值 S_j 和 S_j 的标准偏差 σ_{S_j}；源的化学组分贡献计算值 S_{ij} 和 S_{ij} 的标准偏差 $\sigma_{S_{ij}}$。该算法提供了求解源贡献值 S_j 和 S_j 标准偏差 σ_{S_j} 的实用方法。源贡献值误差 σ_{S_j} 反映了所有输入模型的源成分谱与受体化学组成的测量值按权重大小的误差积累，对精度高的化学组分比精度低的化学组分给出的权重大。

当 $\sigma_{F_{ij}}=0$ 时，有效方差最小二乘解法即普通加权最小二乘法；当 $\sigma_{F_{ij}}=C$（常数）时，有效方差最小二乘解法即为不加权最小二乘法；当化学组分的数目等于源的数目（I=J）时，并且每种源类选择的化学组分是单一的，那么有效方差最小二乘解法即属于标识组分解法。

2）CMB 模型源成分谱

使用 CMB 模型进行大气颗粒物来源解析时，需要输入受体点位颗粒物浓度以及各类污染源的化学成分谱。具体步骤如下：

① 确定研究区域主要的大气颗粒物排放源；

② 筛选 CMB 模型需要的拟合组分；

③ 输入排放源的大气颗粒物化学成分谱；

④ 输入受体点位大气颗粒物浓度和源成分谱的测量误差；

⑤ 使用软件求解 CMB 方程；

⑥ 得到源解析结果，并依据统计参数对结果进行评价。

在筛选 CMB 模型需要的拟合组分时，需要遵循以下原则：

① 拟合组分在环境大气中浓度较高，也就是拟合组分是受体点位环境大气和污染源排放的主要成分，测量误差较小；

② 拟合组分应具有较强的源指示作用，优先选择某类排放源的示踪物。

3）CMB 模型结果的检验

CMB 模型是线性回归模型。使用线性回归模型时一般需要考虑回归推断的估算值与实测值的偏离，偏离程度一般用“残差”来检验；另外，还需考虑对回归推断有较大影响的参数是哪些，影响程度如何衡量。解决上述问题的数学方法一般被称为回归诊断技术。如表 5-1 所列，在本研究中为了验证源贡献估算值的有效性和 CMB 模型拟合的优良程度，选择了下列回归诊断技术对回归结果进行检验：源贡献值拟合优度的诊断技术；不定性 / 相似性源组的诊断技术；化学组分浓度计算值拟合优度的诊断技术；其他诊断技术。

表5-1　CMB模型结果的检验诊断参数

诊断参数	范围	意义
T统计	≥ 2.0	源贡献值与其标准偏差的比值
残差平方和	0.0 ～ 4.0	拟合组分的测量值与计算值之差的平方的加权和
自由度（n）	≥ 0	参与拟合的化学组分数目减去参与拟合的源的数目的值
颗粒物百分质量	80% ～ 100%	各源类贡献计算值之和与受体总质量浓度测量值的百分比
C/M	C/M 接近 1	化学组分浓度计算值（C）与化学组分浓度测量值（M）的比值
R/U	$\|R/U\| \leq 2.0$	计算值和测量值之差（R）与二者标准偏差平方和的方根（U）的比值

① 源贡献值拟合优度的诊断技术。源贡献计算值是 CMB 模型的主要输出项。源贡献计算值应该具有以下 3 种基本特征：

a. 各源类贡献计算值之和应该近似等于受体上总质量浓度的测量值。

b. 源贡献计算值不应该是负值，因为负的源贡献值没有物理意义。但是在线性回归计算中，如果有两类或两类以上的源的成分谱相近或成比例（所谓共线），源贡献值就有可能出现负值。

c. 源贡献计算值的标准偏差反映了受体浓度测量值和源成分谱测量值的精度。

根据统计学原理，源贡献值的真值在一倍标准偏差内的分布概率大约为 66%，在两倍标准偏差内的分布概率大约为 95%。因此把两倍或三倍的标准偏差作为源贡献值的检出限。如果 CMB 模型计算的源贡献值小于该贡献值的标准偏差的话，那么这个源贡献值就不能被检出。

根据上述考虑源贡献值拟合优度用下列回归诊断技术来检验：

Ⅰ. T 统计（TSTAT）

$$\text{TSTAT}=S_j/\sigma_{S_j} \tag{5-9}$$

TSTAT 是源贡献计算值 S_j 和 S_j 的标准偏差 σ_{S_j} 的比值。据前所述，源贡献值的检出限应该是源贡献值的标准偏差的两倍或三倍。因此，若 TSTAT<2.0，表示源贡献值低于它的检出限，说明拟合效果不好；反之，若 TSTAT ≥ 2.0，说明拟合效果好。

残差平方和（chi 或 x^2）

$$\text{chi}=x^2=\frac{I}{I-J_i}\sum_{i=1}^{I}\left[\left(C_i-\sum_{j=i}^{J}F_{ij}S_j\right)^2/V_{\text{e}ij}\right] \tag{5-10}$$

$$V_{\text{e}ij}^k=\sigma_{C_i}^2+\sum\left(S_j^k+\sigma_{F_{ij}}\right)^2 \tag{5-11}$$

式中　x^2——拟合组分的测量值与计算值之差的平方的加权和。

权值为每个化学组分的受体浓度的标准偏差和源成分谱的标准偏差的平方和。理想的情况是化学组分的浓度测量值和计算值之间没有差别，那么 x^2 应该等于零。但是实际情况并非如此。因此，定义 $x^2<1$，表示数据拟合得好；$1\leqslant x^2<2$，表示数据拟合结果可以接受；若 $x^2>4$，表示数据拟合得差，有可能是一个或几个化学组分的浓度不能够很好地参与拟合。

Ⅱ. 自由度（n）

$$n=I-J \tag{5-12}$$

自由度等于参与拟合的化学组分数目减去参与拟合的源的数目的值。只有当 $n\geqslant 0$ 即 $I\geqslant J$ 时，CMB 方程组的解才为正值。

Ⅲ. 决定系数（R^2）

$$R^2=1-\left[\left(I-J\right)X^2\right]/\left[\sum_{i=1}^{I}C_i^2/V_{\text{e}ij}\right] \tag{5-13}$$

R^2 等于化学组分浓度计算值的方差与测量值的方差的比值。R^2 取值在 0 ～ 1 之间，该值越接近于 1，说明源贡献值的计算值与测量值拟合得越好；当 $R^2<0.8$ 时，定义为拟合不好。

Ⅳ. 百分质量（percent mass，PM）

$$\text{PM}=\sum_{j=1}^{J}S_j/C_t\times 100\% \tag{5-14}$$

百分质量表示各源类贡献计算值之和与受体总质量浓度测量值 C_t 的百分比。该值应为 100%，但是在 80% ～ 100% 也是可以接受的。总质量浓度测量值的灵敏度对该值影响很大，所以总质量浓度应该测量准确。如果该值小于 80% 的话，那么很有可能是丢失了某个源类的贡献。

② 不定性 / 相似性源组的诊断技术。当用 CMB 模型求解源贡献值时，源贡献值可能是负值。导致源贡献值为负值的原因有 2 个：

a. 当某种源类的贡献值小于它的检出限时，即该源类贡献值的标准偏差很大，这种源类被称为不定性源类；

b. 当多种源类的成分谱数值相近或成比例时，这几种源类被称为相似性源类。

不定性源类和相似性源类统称为共线性源类。为避免 CMB 模拟时出现负值这种不合理的结果，建议选用以下两种方法诊断源的共线性，并把诊断出来的共线性源类归为一组，称为不定性 / 相似性源组。

Ⅰ. *T* 统计（TSTAT）。

对任何一源类来说，若 TSTAT<2.0，表示源贡献值小于它的检出限，也表示该源类贡献值的标准偏差很大，该源类即可视为不定性源类而归入不定性 / 相似性源组中去。

Ⅱ. 奇异值分解法（singular value decomposition）。对于加权的源成分谱矩阵 $\boldsymbol{F}$，根据奇异值分解原理可以分解成以下等式：

$$\boldsymbol{V}_{\mathrm{e}}^{-1/2}\boldsymbol{F} = \boldsymbol{U}\boldsymbol{D}\boldsymbol{V}^{\mathrm{T}} \tag{5-15}$$

式中 $\boldsymbol{U}$——$I \times I$阶正交矩阵；

$\boldsymbol{V}$——$J \times J$ 阶正交矩阵；

$\boldsymbol{D}$——有 J 个非零正值的 $I \times J$ 阶对角矩阵，其元素被称为分解的奇异值。

$\boldsymbol{V}$ 的列向量就是分解得到的特征向量。当两个或两个以上的源成分谱的特征向量超过 0.25 时，就可以认定为共线性源，而将它们归入不定性 / 相似性源组中去。

③ 化学组分浓度计算值拟合优度的诊断技术。CMB 模型不仅给出源贡献浓度计算值，而且还给出每种化学组分贡献浓度计算值。化学组分浓度计算值和化学组分浓度测量值拟合优劣的诊断指标以 C/M 和 R/U 表示。

Ⅰ. $\mathrm{RATIO_1}$ 即化学组分浓度计算值（C）与化学组分浓度测量值（M）的比值，即

$$\mathrm{RATIO_1} = C / M = C_i / M_i \tag{5-16}$$

$$\sigma_{C/M} = \left(\sqrt{M_i^2\sigma_{C_i}^2} + \sqrt{C_i^2\sigma_{M_i}^2}\right) / \sqrt{\left(M_iC_i\right)^2} \tag{5-17}$$

式中 C_i——化学组分i浓度计算值，μg/m³；

σ_{C_i}——化学组分 i 浓度计算值的标准偏差，μg/m³；

M_i——化学组分 i 浓度测量值，μg/m³；

σ_{M_i}——化学组分 i 浓度测量值的标准偏差，μg/m³。

$RATIO_1$ 越接近 1，说明化学组分浓度计算值与测量值拟合得越好。因此在进行 CMB 拟合时要尽可能地把 C/M=1 的化学组分纳入模型中去进行计算。

Ⅱ. $RATIO_2$ 即计算值和测量值之差（R）与二者标准偏差平方和的方根（U）的比值，即

$$RATIO_2 = R/U = \left(C_i - M_i\right)/\sqrt{\sigma_{C_i}^2 + \sigma_{M_i}^2} \tag{5-18}$$

当某化学组分的 $|R/U| > 2.0$ 时，该化学组分就需要引起重视，如果该比值为正，那么可能有一个或多个源的成分谱对这个化学组分的贡献值不合理得过大；如果该比值为负，那么可能有一个或多个源成分谱对这个化学组分的贡献值不合理得过小，甚至有源成分谱丢失。

④ 其他诊断技术。

Ⅰ. 对总质量浓度有贡献的源类和化学组分的诊断。对总质量浓度有贡献的源类和化学组分以及贡献的大小，用某类源的某种化学组分的计算值占所有源类的某化学组分测量值之和的比值大小来诊断。用下列公式表示：

$$RATIO_3 = C_{ij}/\left(\sum_{j=i}^{J} M_{ij}\right) \tag{5-19}$$

式中　C_{ij}——j 源类贡献的化学组分 i 的浓度计算值，μg/m³；

M_{ij}——j 源类贡献的化学组分 i 的浓度测量值，μg/m³；

J——源类数目，j=1，2，3,…，J。

Ⅱ. MPIN（Modified pseudo-inverse matrix）矩阵——灵敏度矩阵。MPIN 是一个正交化的伪逆矩阵，该矩阵反映了每个化学组分对源贡献值和源贡献值标准偏差的灵敏程度。MPIN 矩阵的表示方式如下：

$$\text{MPIN} = [\boldsymbol{F}^{\text{T}}(\boldsymbol{V}_{\text{e}})^{-1}\boldsymbol{F}]^{-1}\boldsymbol{F}^{\text{T}}(\boldsymbol{V}_{\text{e}})^{-1/2} \tag{5-20}$$

该矩阵已经进行了规范化处理，使其取值范围在 ±1 之间。如果某个化学组分的 MPIN 的绝对值在 0.5 ～ 1，则被认为是灵敏组分，即对源贡献值和源贡献值标准偏差有显著影响的组分；如果某个组分的 MPIN 的绝对值小于 0.3，则被认为是不灵敏组分，即对源贡献值和源贡献值标准偏差没有影响的组分；某个组分的 MPIN 的绝对值在 0.3 ～ 0.5，则该组分的灵敏程度被认为是模糊的，即影响不显著或者也可以被认为是没有影响的组分。

4）CMB 模型面临的挑战

综上所述，CMB 模型对环境样品的数量要求较低，计算原理容易理解，模型运算能够定量计算污染源对单个环境样品的贡献率，在多数情况下可获得比较满意的结果。但由于 CMB 模型需要满足质量守恒这一严格假设，因而在应用时有一定的局限性：首先，模型依赖于建立全面准确的源成分谱，源谱组分尽可能选取寿命相对长且具有该污染源指纹意义的化合物，否则在用模型进行源解析时很容易出现共线问

题而无法区分这些共线源对大气污染物的贡献；其次，具有二次来源的大气颗粒物组分不建议利用 CMB 模型进行解析；再次，根据模型最基本的质量守恒假设，大多数活性组分不能作为拟合物种代入模型计算，这样会给活性组分的来源估计带来一定偏差；最后，某些无组织排放过程的源成分谱较难获得，而且其时空代表性也容易受到质疑。

（2）CMB-GC 模型

人类活动排放颗粒物的同时也会排放气体污染物，但常用的受体模型往往通过考虑颗粒物的物理和化学特性，以确定源类别和分配它们的贡献，气体污染物并不包括在内。对此，改进的 CMB-GC 模型是一种基于化学质量平衡气体约束 - 迭代的方法，并应用于 $PM_{2.5}$ 的源类型识别和源贡献估算（图 5-1）。在源和受体的传递过程中，气态污染物会发生一系列化学反应，因此 CMB-GC 模型不是简单的线性加和，源中总的气态污染物浓度是环境中受体浓度与边界系数的乘积。根据 CMB 模型的原理，利用气态污染物信息，可以进一步细化某些源类，如汽油车和柴油车的区分。CMB-GC（也称为 CMB-LGO、CMB-Lipschitz 全局优化器）是 CMB 模型的扩展，其原理取决于 CMB 方法，都是以化学质量平衡法为基础的，通过确定颗粒物中的化学物种、来源及观测之间的关系来分析来源贡献。CMB-GC 模型以气体与颗粒物的比值为约束条件，考虑了源成分谱和受体数据集的不确定性，这是源解析的关键信息。该模型使用 CMB 并引入环境气态污染物（SO_2、CO、NO_x）来约束结果，考虑了气态污染物，增加了对来源的辨别。污染源指示比率包括 $SO_2/PM_{2.5}$、$CO/PM_{2.5}$ 和 $NO_x/PM_{2.5}$，被用作约束条件，这有助于识别 $PM_{2.5}$ 以及其他气体同时排放的污染源。结合气体污染物的限值，可以得到更准确的结果。然而，CMB-GC 没有考虑源谱和受体数据的不确定性。

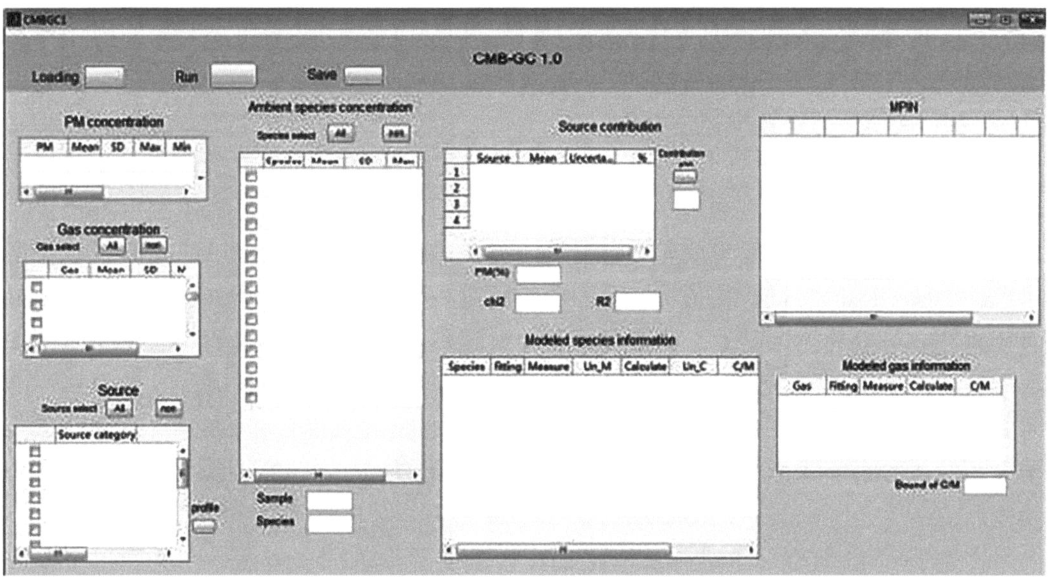

图 5-1 CMB-GC 模型软件界面

5.1.1.2 污染源未知类受体模型

（1）主成分分析（PCA）

因子分析是多元统计分析方法的一种，属于受体模型。与 CMB 相比，其在应用时所需要满足的假设条件更为宽松：不需要事先确定污染源的结构和数目；不需要满足污染源所排放出的化学组分在到达受体点之前保持不变的假设；不仅可以包含浓度参数，还可以包含气象条件等其他参数。

1）主成分分析基本原理

主成分分析的基本思想是通过对变量的相关系数矩阵内部结构的研究，把许多相关因子进行处理和简化，减少因子个数，确定能解释所有变量的少数几个不相关因子，进而确定主要来源。经主成分分析后，样品中各 VOCs 组分浓度可表示为几个因子（污染源）对其贡献的线性组合，每类源的贡献可分解成两个矩阵的乘积：

$$\boldsymbol{X}=\boldsymbol{A}\boldsymbol{F}+\boldsymbol{E} \tag{5-21}$$

式中 $\boldsymbol{F}$——公因子，代表VOCs的可能排放源；

$\boldsymbol{A}$——因子负载矩阵，可看作初始变量（VOCs 浓度）与公因子的相关系数，反映两者间的密切程度；

$\boldsymbol{E}$——特殊因子。

从主成分分析得到的负载矩阵中确定出几个主要因子，即大气 VOCs 的几个主要来源。根据各因子中提供负载绝对值较大的 VOCs 物种来判断该因子所代表的污染源种类。如果初始因子很难解释，可通过适当的旋转，改变信息量在不同因子上的分布，使得因子负载矩阵每列元素能够“两极分化”，某些元素绝对值尽可能大（接近 1），另外一些元素绝对值尽可能小（接近 0）。根据因子负载和对污染源性质（化学成分谱）的了解，鉴别各因子代表的污染源。PCA 方法也常用于正交矩阵因子分析之前对所研究地区的污染源进行初步判断。

2）主成分分析计算步骤

① 前提要求。因子分析根据实测样本来寻找变量间的潜在关系，因此要求样本量比较充足，否则可能无法得到稳定和准确的结果。一般来说，总样本量不得少于 100 且越多越好，样本量与变量数的比例在 5∶1 以上，实际上理想的样本量应为变量数的 10 ～ 25 倍。进行主成分 / 因子分析还需一个严格的前提条件，即各变量间具有相关性，可以使用 KMO 统计量和 Barlett's 球形检验判定数据是否符合因子分析要求。KMO 统计量考察变量间的偏相关性，取值范围为 0 ～ 1。一般认为当 KMO ＞ 0.9 时做因子分析的效果最佳，0.7 以上效果尚可，0.6 时效果很差，0.5 以下不适合做因子分析。Barlett's 球形检验用于检验相关矩阵是否为单位矩阵，即各变量是否各自独立。

② 公因子的提取。主成分分析法是较为常用的提取因子方法，用公因子方差比来表示各变量中信息分别被提取出的比例。公因子方差比在 0 ～ 1 之间，取值越大说

明该变量被公因子解释的程度越高。

通常根据以下原则来确定公因子（主成分）的数量。因子相应的特征根：特征根可看作反映因子影响大小的指标，一般把特征根≥1的因子作公因子（主成分）；公因子的累计贡献率：一般认为累计贡献率达到80%～85%及以上结果比较满意，可由此来确定需要提取多少个公因子。在实际计算过程中，用特征根确定的公因子数量常常偏少，而利用累计贡献率来确定又偏多。此外，因子分析的重点在于提取出的公因子是否可以解释，如果该因子有实际物理意义（如对应污染源的特征、化学反应的影响），即使累计贡献率较小，也可以考虑保留。

③ 旋转。当难以找到因子所代表的实际意义时，可通过适当的旋转，改变信息量在不同因子上的分布，为所有因子找到合理解释。旋转并不会影响公因子的提取过程和结果，只会影响各变量对因子的贡献。旋转方法可分为正交和斜交两大类。方差极大正交旋转是计算时常采用的一种方法，它的旋转原则是在保持各因子仍然直角正交的情况下，使得因子间方差的差异达到最大。

④ 因子得分。利用回归法计算因子得分，得到各大气样本在每个因子上的得分，即反映该因子所对应来源的贡献。

（2）正定矩阵因子分解模型

正定矩阵因子分解（positive matrix factorization，PMF）是近年来出现的一种源解析技术，它是在传统的因子分析的基础上发展起来的，需要满足受体模型基本假设。与CMB模型相比，PMF需要基于受体点位的大量观测数据来估算污染源及其对环境浓度的贡献。PMF模型不需要输入污染源个数及源谱，更适用于对污染源情况认知不是很清楚的地区。1985年，Thurston和Spengler[5]首次提出绝对因子（APCS）的概念，将PCA模型与多元线性回归相结合而形成PCA/MLR模型，能够定量计算出源类对受体的贡献值。该模型通过PCA得到因子载荷和得分矩阵，进而可以定性判断和分析污染源的数量和类型，然后根据APCS使用多元线性回归计算源贡献值。PCA/MLR模型自提出以后便得到了广泛应用[6-8]。然而，在应用过程中经常会遇到估算的源成分谱和贡献值出现负值，计算过程中无法估算不确定度问题，会产生有歧义的结果。针对这些问题，在因子分析的基础上，Paatero和Tapper[9]于1994年发表论文首先提出PMF模型的原理，接着于1997年提出PMF模型基于最小二乘法的运算方法[10]。此后，Paatero和Hopke不断对PMF模型进行改进，使得PMF模型在国内外大量研究中得以应用[11,12]。PMF模型可实现对因子谱和源贡献矩阵加以非负处理，并且在输入受体数据过程中加入受体浓度的标准偏差对受体数据进行不确定度估计，使得计算结果更加可靠。

1）PMF模型原理

PMF模型基本原理是将受体组分浓度矩阵$\boldsymbol{X}_{n\times m}$因子化，分解为两个因子矩阵，$\boldsymbol{G}_{n\times p}$和$\boldsymbol{F}_{p\times m}$，以及一个“残差矩阵”$\boldsymbol{E}_{n\times m}$，如下式表示：

$$\boldsymbol{X}_{n\times m}=\boldsymbol{G}_{n\times p}\boldsymbol{F}_{p\times m}+\boldsymbol{E}_{n\times m} \tag{5-22}$$

式中　$G_{n\times p}$——源贡献矩阵；

$F_{p\times m}$——源成分谱矩阵；

n——样品个数；

m——化学成分种数；

p——解析出来的因子（污染源）的数目。

PMF 模型限定矩阵 $\boldsymbol{G}$ 和 $\boldsymbol{F}$ 中的元素都是正值，即非负限制。PMF 模型解析上述矩阵的方法是通过定义一个“目标函数”（objective function）Q，并使这个目标函数的值最小：

$$Q_{(E)}=\sum_{i=1}^{m}\sum_{j=1}^{n}\left(E_{ij}/\sigma_{ij}\right)^2 \tag{5-23}$$

$$\boldsymbol{E}_{n\times m}=\boldsymbol{X}_{n\times m}-\boldsymbol{G}_{n\times p}\boldsymbol{F}_{p\times m} \tag{5-24}$$

式中　σ_{ij}——第j个样品中第i个化学成分的标准偏差或者不确定性。

当目标函数 Q 值最小时，得到的 $\boldsymbol{G}$ 矩阵和 $\boldsymbol{F}$ 矩阵就是 PMF 模型计算的源贡献矩阵和因子谱（源谱）矩阵。

2）PMF 模型数据准备

PMF 模型需要输入：污染物组分浓度的文件和各污染物组分的不确定性的文件两个数据文件。在输入数据中，组分浓度的文件不允许有数据缺失，模型中可以使用“−999”来标识缺失数据，也可用该组分的算术平均浓度代替。低于方法检测限的数据建议以检测限的 2/3 代替。不确定性的文件中不允许出现 0 和负值。当有 −999 标识缺失数据或有替代值时，其不确定性建议设为平均不确定性或替代值（算术平均浓度）的 4 倍。输出文件主要包括：

① 因子谱（factor profiles，各污染物组分的浓度以及在因子谱中的比例）；

② 因子贡献（factor contributions，各因子对每个样品中污染物总浓度的贡献）；

③ 模型诊断统计信息（diagnostics）。

不确定性是 PMF 模型中的关键输入数据，直接影响 PMF 模型计算结果。受体模型的不确定性主要来自大气 $PM_{2.5}$ 采集和化学成分测量的不确定性、源成分谱的共线性（即不同排放源可能有相似的源成分谱）以及对二次来源的正确判定等问题。不确定性是在 PMF 模型计算过程中对组分的浓度矩阵进行加权计算。不同研究者在 PMF 模型计算过程中可能会采用不同不确定性的计算方法。美国 EPA 的 PMF 模型操作手册［*EPA Positive Matrix Factorization (PMF) 5.0 Fundamentals and User Guide*］中统一规定了不确定性的计算方法，如下：

$$U_{\mathrm{nc}}=\frac{5}{6}\times \mathrm{MDL} \tag{5-25}$$

$$U_{\mathrm{nc}}=\sqrt{\left(\mathrm{EF}\times C_{\mathrm{onc}}\right)^2+\left(0.5\times \mathrm{MDL}\right)^2} \tag{5-26}$$

式中　U_{nc}——颗粒物分析项目的不确定度，$\mu g/m^3$；

MDL——颗粒物分析项目的检出限，μg/m³；

C_{onc}——颗粒物分析项目的质量浓度，μg/m³；

EF——颗粒物分析项目的误差系数。

当 C_{onc} ≤ MDL 时，采用式（5-25）计算；当 C_{onc} > MDL 时，采用式（5-26）计算。

关于误差系数（EF），不同的研究学者在 PMF 模型计算中的设定有所差异。对特定的研究问题，误差系数可设置为 0.05 ～ 0.2、0.2 ～ 0.5。例如，粒径为 25 ～ 600nm 的颗粒物，误差系数为 0.1；粒径 > 600nm 的颗粒物，误差系数为 0.15[13]。蔡凡涛等 [14] 对南京市 $PM_{2.5}$ 污染事件进行解析时，将所有组分的误差系数均设置为 0.1。总结 PMF 模型实际使用经验，推荐误差系数设置范围为 0.1 ～ 0.6。当组分不稳定或者组分浓度接近检出限时，给予较大的误差系数。当某一组分的缺失数据较多时，可设定较大的误差系数。

为得到较好的 PMF 模型模拟结果，可根据 PMF 模型操作手册中推荐的信噪比（S/N）对参与模拟的物种进行筛选，并剔除异常样本。其中，0.2 ≤ S/N < 2 的物种，建议降低其参与的权重，设置为“weak”；S/N ≥ 2 的物种，建议设置为“bad”，不参与计算。在实际应用 PMF 模型进行计算时，需要根据当地实际测量数据的质控情况（环境浓度大小、测量误差大小）合理地设置信噪比。此外，当某个或某几个组分存在较多的缺失值或低于检出限浓度时，不建议其参与模型计算（S/N 可设置为“bad”）。

3）PMF 模型计算步骤

在 PMF 模型实际运行中，确定因子数量是最大的难题。设置因子数量，即设定“源类”的个数，该数量必须为介于 1 ～ 999 之间的整数。下面以大气颗粒物源解析为例，介绍怎么合理确定因子数量。因子的数量需要基于对 $PM_{2.5}$ 可能来源、样品数量、采集时间等认识来综合确定，一般需要多次反复尝试。此外，当因子个数无法判断时，也可以通过数学验证和实际情况等进行验证和确定。数学验证方法是不考虑物理意义，从纯数学计算角度进行验证：

① Q 值随因子个数变化的关系。在设定合适的不确定度后，可逐渐增加因子数，观察 Q 值的变化。当因子数逐渐增加，Q 值没有明显变化，则因子数增加合理。当因子数增加到某一特定值（例如 p），Q 值开始有明显变化，则 p−1 为适合的因子数。

② 组分的残差（尤其是标识组分）应在 ±3 以内，如果残差有较广的分布，则应重新检查因子个数。

③ 多次运行不应该得到多个差异性比较大的结果（如 20 个结果中有多个结果之间差异较大），如果有则说明因子数量的设定不合理。

④ $\boldsymbol{G}$ 矩阵与颗粒物浓度数据的回归检验。如果决定系数出现负值，说明因子数量设置可能过多；$\boldsymbol{F}$ 矩阵的每一个因子除以相应的决定系数后，如果加和大于 1 则说明选择的因子可能过少。

由于在实际检测过程中存在采样、分析等误差，因此上述的数学检验结果不一定完全反映实际情况，需要根据具体问题具体分析。值得注意的是，当数学验证合理时仅代表所输入的数据从数学意义上是合适的，不一定代表完全符合实际情况。需要通过物理意义（当地的实际情况）来辅助判断因子数的选择，例如可以根据当地排放源清单、污染源普查数据、工业布局、能源结构、机动车保有量等信息设定因子个数。

当初步确定因子数目并输入模型计算后，模型基础计算得到的因子可能难以识别为实际的污染源类。此时可利用 PMF 模型的旋转计算（rotational run）功能，对模拟计算结果进行优化，使因子谱中的标识组分更加突出，更加有利于将因子识别为具体污染源类。其中，旋转计算包括 ***F*** 矩阵峰值模型计算（***F*** peak model run）和约束模型计算。

下面主要介绍常用的旋转计算方法——***F*** 矩阵峰值模型计算。PMF 模型可以通过参数 $\boldsymbol{F}_{\mathrm{peak}}$ 来控制模型旋转的方向。对于标识组分的占比不够突出（某一标识组分在各因子中的占比比较平均），不利于源类的识别情形，可以通过 ***F*** 矩阵峰值旋转计算，调整提取出的 ***F*** 矩阵中的各因子中组分占比，从而使因子中的标识组分的占比更加突出，从而识别为具体源类。***F*** 矩阵峰值模型计算的基本原理如下：一对因子矩阵（***G*** 和 ***F***）可以被转换为另一对具有相同 Q 值的矩阵（$\boldsymbol{G}^*$ 和 $\boldsymbol{F}^*$），称为“旋转”，即 $\boldsymbol{G}^*=\boldsymbol{GT}$，$\boldsymbol{F}^*=\boldsymbol{T}^{-1}\boldsymbol{F}$。***T*** 矩阵是一个 $p\times p$ 的非奇异矩阵，其中 p 是因子的个数。在 PMF 中，这不是严格意义上的旋转，而是 ***G*** 和 ***F*** 矩阵的线性变换。***F*** 矩阵峰值模型计算中，需要尝试不同的 F_{peak} 值。一般在 −5 ～ +5 之间设置 F_{peak} 值，经过多次试算，考察 ***G*** 和 ***F*** 矩阵变化，最终确定 F_{peak} 值，得到最为合理的解析结果。当 F_{peak} 设为正值时，***F*** 矩阵中的组分在某些因子中占比会更加突出；F_{peak} 设为负值时，***F*** 矩阵中的组分在各因子中的占比则相对较平均。设置不同的 F_{peak} 值时，Q 值不能变化太大，Q 值的变化在 5% 以内被认为是可以接受的。

在确定因子数量过程中不断优化条件，确定最后的因子数量，则可以进行正式计算。通过大量重复计算，得出的 ***F*** 矩阵源廓线特征，并比较已知源谱和示踪物特征，解释各个因子的污染源代表性。结合源贡献矩阵 ***G***，最后计算出 ***X*** 矩阵，即各类源对每个样本中各组分的贡献。

4）PMF 模型计算结果检验

在得到模型基础计算结果之后，需要对结果进行误差评估，确定计算结果的不确定度，从而判断源解析结果的准确性。参考美国 EPA 的模型操作手册［*EPA Positive Matrix Factorization* (*PMF*) *5.0 Fundamentals and User Guide*］，结果误差评估方法主要有 bootstrapping（BS）误差评估、displacement（DISP）误差评估、bootstrap-displacement（BS-DISP）误差评估，3 种误差评估方法的适用性有所差别。BS 误差评估和 BS-DISP 误差评估适合解释源谱的不确定性，并且能够说明是否出现因子数量过多引起的数据过拟合。BS 误差评估结果通常不能捕捉旋转模糊度，但可以帮助识别重复性不高的因子。DISP 误差评估则要求具有较强的稳健性，否则可能导致没有 DISP 误差评估结果。此外，DISP 分析给定的不确定性区间比较短。BS-DISP 的一个缺点是它的计算时间较长，可能需要几十个小时。

通过分析多次 BS 计算得到的因子和基础计算得到的因子匹配程度、Q 值的分布情况、各化学组分计算结果分布情况等，评估结果的可靠性。主要的评估方法如下：在 BS 误差评估中，通过分析得到的因子和基础计算得到的因子的匹配程度，评估因子中主要化学组分分配的合理性。如果两者匹配不到80%，则这个因子的主要组分分配可能不当，需要通过调整因子数量或提高数据质量等提高匹配程度。通过 Q 修正值的分布情况评估基础计算中 Q 值的合理性。BS 计算可得到 Q 修正值的最小值、最大值、中位数，以及第 25 和第 75 百分位数值。基础计算得到的 Q 值一般要求在第 25 和第 75 百分位数值之间。通过分析每个化学组分计算结果的分布情况，评估化学组分计算结果的不确定度。例如，一个化学组分的箱形图上下距（第 25 和第 75 百分位数值）较宽（＞20%），则表明该化学组分计算结果的不确定度可能较高；如果一个化学组分的箱形图上下距较窄（≤20%），则说明该化学组分模型计算结果的不确定度可能较低，模型计算结果较好。

（3）**WALSPMF 模型**

WALSPMF 是在 PMF 模型的基础上开发出来的一种新型模型。它将 PCA 方法和加权交互最小二乘（WALS）过程结合起来，通过提取正交因子，降低被提取因子的相似度；同时对其做非负限制，并将不确定性考虑在内，试图对潜在来源进行解析。这种 PMF 方法的变体模型既丰富了受体模型的解决方案，又提高了源解析结果的有效性。但是，模型不确定性和旋转模糊性还有待进一步研究。WALSPMF 模型是我国自主研发的媲美 EPA PMF5.0 模型的明码软件。

图 5-2 为 WALSPMF 模型软件的界面。

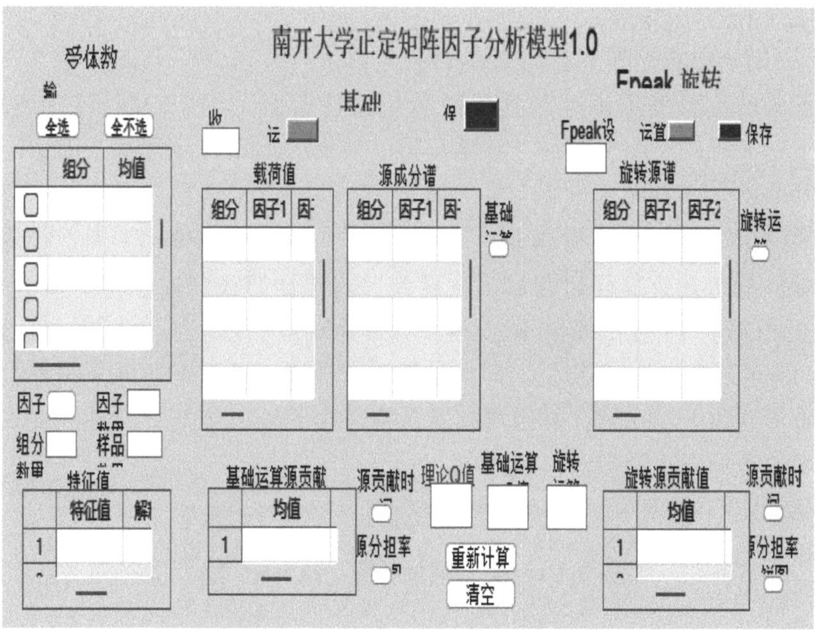

图 5-2 WALSPMF 模型软件的界面

1）WALSPMF 模型原理

WALSPMF 的原理与二维 PMF（PMF2）相似。WALS 是一种加权交互最小二乘法，它的提出是为了更适当地处理数据的不确定性，并避免噪声传播到估计参数中。结果表明，当存在大量噪声时这些方法可以提供更可靠的结果和更好的估计参数。

WALSPMF 的目标也是求最小 Q 值。求最小 Q 值的解决方案是使用 WALS（加权交互最小二乘）迭代。

2）WALSPMF 模型的算法

详细的 WALSPMF 过程描述如下：

① 通过主成分分析（PCA），确定初始源成分谱（F_0）和源贡献（G_0）。

首先归一化受体化学成分矩阵 $\boldsymbol{X}_{m\times n}$（$m$ 是样品的数目，n 是化学物种的数目）：

$$Z_{ij}=\frac{x_{ij}-\overline{x_j}}{\sigma_j} \tag{5-27}$$

式中 Z_{ij}——第j个物种中i样品的归一化浓度值，μg/m³；

x_{ij}——第j个物种中i样品中的原始浓度，μg/m³；

$\overline{x_j}$——第 j 个物种中所有 m 样品的平均浓度，μg/m³；

σ_j——第 j 个物种中所有 m 样品的标准差。

因此，对于归一化矩阵 $\boldsymbol{Z}_{m\times n}$，每个物种的平均浓度为 0μg/m³，标准差为 1μg/m³。

然后，利用变量最大旋转的 PCA 从矩阵 $\boldsymbol{Z}$ 中提取因子：

$$\boldsymbol{Z}_{m\times n}=\boldsymbol{T}_{m\times n}\times \boldsymbol{L}'_{m\times n} \tag{5-28}$$

式中 $\boldsymbol{T}$——因子得分矩阵；

$\boldsymbol{L}'$——因子加载矩阵（$\boldsymbol{L}'$ 是 $\boldsymbol{L}$ 的转置矩阵）。

根据相关研究，提取因子的建议数应包括特征值大于 1 的因子。WALSPMF 模型也采用了这一规则。APCS 由一个矩阵和一个人工矩阵 $\boldsymbol{Z}_0$ 计算，初始 $\boldsymbol{F}$（称为 $\boldsymbol{F}_0$）将通过 APCS 和受体矩阵 $\boldsymbol{X}$ 获得。

② 采用非负约束步骤以获得非负成分（$\boldsymbol{F}_0^*$）和贡献（$\boldsymbol{G}_0^*$）。为了获得非负原始成分和贡献，非负约束迭代过程如下：首先，对于初始成分谱，将矩阵 $\boldsymbol{F}_0$ 中的负元素替换为 0，得到一个新的矩阵 $\boldsymbol{F}_1$，再次计算源贡献；然后，将矩阵 $\boldsymbol{G}_1$ 中的负元素替换为 0，得到一个新的矩阵 $\boldsymbol{G}_2$，再次计算源成分谱；重复上述两个过程，直到矩阵 $\boldsymbol{F}$ 中负值的平方和小于 0.01，最后得到非负成分（$\boldsymbol{F}_0^*$）。

$$\boldsymbol{G}_1=\boldsymbol{X}(\boldsymbol{F}_1\boldsymbol{F}_1')^{-1}\boldsymbol{F}_1 \tag{5-29}$$

$$\boldsymbol{F}_2'=\boldsymbol{G}_1'\left(\boldsymbol{G}_1\boldsymbol{G}_1'\right)^{-1}\boldsymbol{X} \tag{5-30}$$

③ WALS 迭代以获得最终的正因子谱（$\boldsymbol{F}_\omega^*$）和贡献（$\boldsymbol{G}_\omega^*$）以及最小 Q 值。与传统的 PMF 模型相似，WALSPMF 的目的是求最小 Q 值。在 WALS 迭代之前，首先应计算对角线矩阵 $\boldsymbol{S}_{i(n\times n)}$ 和 $\boldsymbol{S}_{j(m\times m)}$：

$$s_i=\sum_{i=1}^{m}\sigma_{ij}^2 \tag{5-31}$$

$$s_j = \sum_{j=1}^{n} \sigma_{ij}^2 \tag{5-32}$$

式中 m——$\boldsymbol{X}$矩阵行的数量（样品数）；

n——$\boldsymbol{X}$矩阵列的数量（物种数）；

σ_{ij}——第 j 物种中 i 样品的不确定性。

也就是说，s_i 是第 j 物种中所有行 σ^2 的总和，s_j 是第 i 样品中所有行 σ^2 的总和。s_i 是对角线矩阵 $\boldsymbol{S}_i$ 中的第 i 个元素，s_j 是对角线矩阵 $\boldsymbol{S}_j$ 中的第 j 个元素。

在 WALS 迭代过程开始时，原始受体浓度矩阵 $\boldsymbol{X}$ 将做 $\boldsymbol{F}$ 侧加权处理：

$$\boldsymbol{x}_{i.}^* = \boldsymbol{x}_{i.} s_i^{-1} \boldsymbol{F}_0^* \left(\boldsymbol{F}_0^{*\prime} s_i^{-1} \boldsymbol{F}_0^* \right)^{-1} \boldsymbol{F}_0^{*\prime} \tag{5-33}$$

式中 $\boldsymbol{x}_{i.}$——$\boldsymbol{X}$矩阵中第i行的向量；

$\boldsymbol{x}_{i.}^*$——新 $\boldsymbol{F}$ 侧加权矩阵 $\boldsymbol{X}_i^*$ 中第 i 行的向量，在 $\boldsymbol{F}$ 侧加权之后不确定性较大的原始浓度矩阵 $\boldsymbol{X}$ 的行将被降低加权，因此对最终结果的影响较小。

接下来，新的矩阵 $\boldsymbol{G}^*$ 将由 $\boldsymbol{X}_i^*$ 和 $\boldsymbol{F}_0^*$ 计算：

$$\boldsymbol{G}_i^* = \boldsymbol{x}_i^* \left(\boldsymbol{F}_0^* \boldsymbol{F}_0^{*\prime} \right)^{-1} \boldsymbol{F}_0^* \tag{5-34}$$

矩阵 $\boldsymbol{G}_1^*$ 是由非负约束下的等式得到的（$\boldsymbol{G}_1^*$ 的下标表示迭代的第一步）。在下一步中，原始受体浓度矩阵 $\boldsymbol{X}$ 将被 $\boldsymbol{G}$ 侧加权：

$$\boldsymbol{x}_{.j}^* = \boldsymbol{G}_1^* \left(\boldsymbol{G}_1^{*\prime} s_j^{-1} \boldsymbol{G}_1^* \right)^{-1} \boldsymbol{G}_1^{*\prime} s_j^{-1} \boldsymbol{x}_{.j} \tag{5-35}$$

式中 $\boldsymbol{x}_{.j}$——$\boldsymbol{X}$矩阵中第j列的向量；

$\boldsymbol{x}_{.j}^*$——新 $\boldsymbol{G}$ 侧加权矩阵 $\boldsymbol{X}_j^*$ 中第 j 列的向量。

同样，在 $\boldsymbol{G}$ 侧加权之后，不确定性较大的原始浓度矩阵 $\boldsymbol{X}$ 的列将被降低加权。接下来，新的矩阵 $\boldsymbol{F}_1^*$ 将由 $\boldsymbol{X}_j^*$ 和 $\boldsymbol{G}_1^*$ 计算：

$$\boldsymbol{F}_1^{*\prime} = \boldsymbol{G}_1^{*\prime} \left(\boldsymbol{G}_1^* \boldsymbol{G}_1^{*\prime} \right)^{-1} \boldsymbol{X}_j^* \tag{5-36}$$

同样，矩阵 $\boldsymbol{F}_1^*$ 也是在非负约束下计算的。在第一次迭代结束时，Q 值将被最小化为：

$$Q_1 = \sum_{i=1}^{m} \sum_{j=1}^{n} \frac{x_{ij} - g_{1ip}^* \times f_{1pj}^*}{\sigma_{ij}} \tag{5-37}$$

式中 Q_1——WALSPMF第一次迭代中的Q值；

g_{1ip}^*——$\boldsymbol{G}_1^*$ 中第 i 行、第 p 列的元素；

f_{1pj}^*——$\boldsymbol{F}_1^*$ 中第 j 行、第 p 列的元素。

重复上述过程，直到达到收敛准则。当 Q_k 和 Q_{k-1} 之间的差值小于某一具体的较小值时，迭代停止。则矩阵 $\boldsymbol{F}_k^*$ 和 $\boldsymbol{G}_k^*$ 是由 WALSPMF 解析出的最终源成分谱和源贡献。应该指出，$\boldsymbol{G}_k^*$ 不是总质量浓度（PM 质量）的最终源贡献，因为 PM 质量不涉及上述方程。因此，源对 PM 质量的贡献应按标度常数 s_p 进行缩放。通过将 PM 质量回归到 $\boldsymbol{G}_k^*$ 来计算 s_p。

$$\mathrm{PM}_i=\sum_{p=1}^{P} g_{kip}^* \times s_p + a_0 \tag{5-38}$$

式中　PM_i——第i个样品的PM质量，μg/m^3；

g_{kip}^*——由 WALSPMF 解析出的第 p 个源中第 i 个样品的源贡献，对于第 p 个源，s_p 是计算的标度常数，a_0 是截距，P 是已识别源类别的数目，$g_{kip}^* \times s_p$ 是从第 p 个源到 PM 质量的计算贡献。

④ 旋转。为了锐化或平滑源谱的形状（$\boldsymbol{F}$ 矩阵）或源贡献（$\boldsymbol{G}$ 矩阵），在 WALSPMF 的解决方案中也包含了旋转。用一个非奇异矩阵 $\boldsymbol{T}$ 定义了解的旋转，如下：

$$\boldsymbol{X}=\boldsymbol{G}\times\boldsymbol{F}=\boldsymbol{G}\boldsymbol{T}^{-1}\boldsymbol{T}\boldsymbol{F}=\boldsymbol{G}^*\times\boldsymbol{F}^* \tag{5-39}$$

类似于EPAPMF 模型的 F_{peak}，旋转的正值在 $\boldsymbol{F}$ 矩阵上产生“峰值”，而负值会“锐化”$\boldsymbol{G}$ 矩阵。$\boldsymbol{G}^*$ 和 $\boldsymbol{F}^*$ 是源贡献和源谱的旋转矩阵，它们也是非负限制的。

（4）正定矩阵因子分解 / 多线性引擎 2- 物种比值（PMF/ME2-SR）模型

PMF 模型基于大量统计学方法从受体数据中提取因子，没有考虑物理意义，导致被提取的因子可能在环境中不一定真实存在。而 PMF/ME2-SR 模型基于 PMF/ME2 科学计算平台，将污染源特征组分的比值作为提取过程的约束条件纳入模型，使得提取的因子更具物理意义[15]。该模型可以求解 PMF 模型中各种多线性和拟多线性问题，通过实施外部约束，拉伸因子元素，使解析结果更接近目标值[16,17]。一般来说，源特征组分比值必须作为辅助方程处理，辅助方程作为附加项（Q_{aux}）包含在增强对象函数 Q_{enh} 中[15, 18,19]：

$$Q_{\mathrm{enh}}=Q_{\mathrm{main}}+Q_{\mathrm{aux}} \tag{5-40}$$

$$Q_{\mathrm{main}}=\sum_{i=1}^{m}\sum_{j=1}^{n}\left(e_{ij}/\delta_{ij}\right)^2 \tag{5-41}$$

$$Q_{\mathrm{aux}}=\frac{\left(f_{\mathrm{pk}}-a_{\mathrm{pk}}\right)^2}{\sigma_{\mathrm{pk}}^{\mathrm{aux}^2}} \tag{5-42}$$

式中　Q_{enh}——从PMF/ME2-SR获得的输入文件中标记为“Q”的总Q值；

Q_{main}——与 PMF 模型相同；

δ_{ij}——第 j 类源中 i 样品的不确定度；

e_{ij}——δ_{ij} 对应的误差；

Q_{aux}——由辅助方程引入的附加项，其中 σ_{pk}^{aux} 是拉伸方程的不确定度；

f_{pk}——从 ME2 基本运行中得到的因子加载元素；

a_{pk}——目标值。

（5）偏目标转换 - 正定矩阵因子分解（PTT-PMF）模型

偏目标转换 - 正定矩阵因子分解（PTT-PMF）模型是在 PMF/ME2 模型基础上的进一步改进。PTT-PMF 模型将源成分谱数据纳入模型，通过目标转换方法实现源解析。该模型将实测源谱作为目标因子，通过选择并固定源的标识组分，实现因子谱的目标转换，使模型提取的因子谱更接近真实的源成分谱，从而增强解析结果的真实性和可靠性。具体步骤如下：

① 将受体数据输入 ME2 软件，完成 ME2 的初次运算。输出运算结果中包含初始因子贡献矩阵 $\boldsymbol{G}_1$ 以及初始因子谱矩阵 $\boldsymbol{F}_1$。

② 将初始结果中的初始因子谱 $\boldsymbol{F}_1$ 替换为同格式的实测源谱 $\boldsymbol{F}$，进一步对指定目标因子进行固定，随后将替换后的文件作为第二次运算的起点，再一次进行运算。

③ 再一次计算输出得到目标因子转换后的解析因子谱矩阵 $\boldsymbol{F}_2$ 以及对应的初始因子贡献矩阵 $\boldsymbol{G}_2$，完成目标因子转换计算。

其中，最终得到的解析因子谱 $\boldsymbol{F}_2$ 是具有明确的物理意义的，可轻易识别为对应的真实源类。且理论上来说，该算法解析得到的因子谱 $\boldsymbol{F}_2$ 的源类顺序（因子顺序）与输入模型中的实测源谱源类顺序一致，这意味着该算法理想情况下可以省略源识别的步骤，直接将对应的行列指定为对应的源类、组分类别，可以轻松得到具有物理意义的源类和对应的源贡献。目标因子转换 -PMF 耦合算法的技术路线如图 5-3 所示。

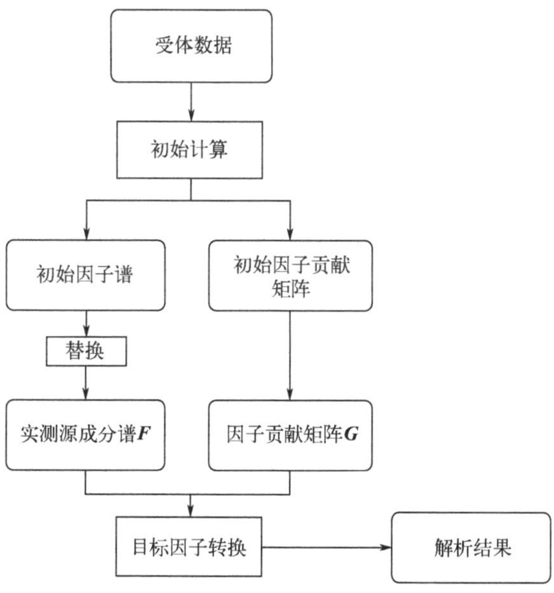

图 5-3　目标因子转换 -PMF 耦合算法的技术路线

5.1.2 稳定同位素分析法

（1）稳定同位素的基本概念

稳定同位素分析技术主要包括光谱、质谱、气相色谱、核磁共振谱等。不同来源物质的稳定同位素组成各不相同，稳定同位素分析技术可以应用于环境污染（水污染、土壤污染和大气污染）事件的研究[20,21]。稳定同位素为同位素中无放射性的一种，如稳定氧同位素（^{16}O、^{17}O 和 ^{18}O）以及稳定氮同位素（^{14}N、^{15}N）。元素的同位素比值定义为重的同位素与轻的同位素的原子丰度之比（R），如 $^{18}O/^{16}O$、$^{17}O/^{16}O$、$^{15}N/^{14}N$。由于某些同位素自然丰度较低，常以同位素原子丰度的相对关系作为表征同位素的指标：

$$\delta(^{18}\mathrm{O})=\left(\frac{R_{\mathrm{sam}}}{R_{\mathrm{st}}}-1\right)\times 1000‰ \tag{5-43}$$

式中 R_{sam}——样品的同位素比值；

R_{st}——标准物质的同位素比值。

当 $\delta>0$ 时，样品中的同位素比标准物质中的更加富集；当 $\delta<0$ 时，样品中的同位素比标准物质中的更加贫化。其中，氮同位素的标准物质为大气中的氮气（N_2），氧同位素的标准物质通常为维也纳标准平均海洋水（Vienna standard mean ocean water，V-SMOW）。

同位素质量分馏是指根据原子质量进行原子的分配的分馏过程。以氧同位素为例，在氧同位素质量分馏过程中，$\delta(^{18}O)$ 和 $\delta(^{17}O)$ 之间始终保持着一种线性关系 [$\delta(^{17}O)=0.52\times\delta(^{18}O)$][22]。对流层中的 H_2O、O_2 · OH 等物质中的同位素分馏都遵循同位素质量分馏的规则。与同位素质量分馏不同，大气中 O_3 的形成过程中两个较重的同位素 ^{18}O 和 ^{17}O 的分配与原子质量无关。在 O_3 形成过程中，对称分子的生成速率低于以 ^{17}O 或 ^{18}O 作为边缘原子的非对称结构分子的生成速率，使得 ^{17}O 和 ^{18}O 在臭氧中丰度相同，与其原子量无关，称为同位素非质量分馏。

（2）稳定同位素的示踪原理

以大气污染为例，在探索硝酸盐气溶胶的形成机制时，可利用氧同位素来确定。在硝酸盐气溶胶形成过程中，不同氧化途径消耗的氧原子不同，生成的 NO_3^- 中来自 O_3 的 O 原子数量不同，导致不同途径生成的 NO_3^- 的 $\delta(^{18}O)$ 和 $\delta(^{17}O)$ 值将是不同的，因此氧同位素可用于区分大气中 NO_3^- 的生成途径[23-25]。对于 $\delta(^{18}O)$ 来说，对流层中 H_2O 的 $\delta(^{18}O)$ 在 −20‰～0‰之间[26]，而 O_3 的 $\delta(^{18}O)$ 为 90‰～120‰[27]，因此通过比较大气样品中硝酸盐的 $\delta(^{18}O)$[$\delta(^{18}O\text{-}NO_3^-)$] 与 $\delta^{18}(O\text{-}H_2O)$ 和 $\delta(^{18}O\text{-}O_3)$ 之间的差异，可以对 NO_3^- 的生成途径进行解析。但是由于 H_2O 和 O_3 中的 $\delta(^{18}O)$ 存在一个明显的变化范围，因此解析过程具有一定的不确定性。

5.1.3 比值法

比值法是根据不同污染源中不同化学组分比值的明显差异来定性识别污染源的方法[28]。表征污染源的化学组分比值是基于大量源成分谱中的化学组分的比值而确定的[29]。目前，已经有大量关于化学组分比值的研究用来进行定性源类识别。

大量研究表明，比值法在颗粒物源解析方面得到了广泛应用。Elliott 等[30]的研究表明，利用 S/N 值研究了区域的 NO_3^- 主要来自固定的 NO_x 的排放而不是机动车的排放。Kertész 等[31]通过对意大利热那亚城市颗粒物的特征研究，发现当 Cu 与 Pb 的比值为 3.9 ± 0.6 且 Cu 与 Zn 的比值为 1.0 ± 0.2 时，可以识别为交通排放源；当 V 与 Ni 的比值为 3.2 ± 0.8 时，可以识别为重油燃烧源。Cuccia 等[32]在颗粒物的粒径分布综合特征的研究中，通过 PMF 提取的 PM_{10} 和 $PM_{2.5}$ 成分谱，研究了各种源的特征比值的范围，结果如表 5-2 所列。Cao 等[33]通过研究秋冬季大气颗粒物样品中有机碳（OC）与元素碳（EC）的比值，发现煤燃烧源的 OC/EC 值为 12，机动车尾气排放源的 OC/EC 值为 4.1，生物质燃烧源的 OC/EC 值为 60.3。

表5-2　典型源类分粒径的特征比值结果

元素比	交通排放源		重油燃烧源		土壤尘	二次硫酸盐		二次硝酸盐	
	PM_{10}	$PM_{2.5}$	PM_{10}	$PM_{2.5}$	PM_{10}	PM_{10}	$PM_{2.5}$	PM_{10}	$PM_{2.5}$
Cu/Pb	5.6	0.9	—	—	—	—	—	—	—
Cu/Zn	1.01	0.4	—	—	—	—	—	—	—
OC/EC	1.3	1.5	—	—	—	—	—	—	—
V/Ni	—	—	2.4	1.9	—	—	—	—	—
Al/Ca	—	—	—	—	0.27	—	—	—	—
Al/Si	—	—	—	—	0.72	—	—	—	—
SO_4^{2-} / NH_4^+	—	—	—	—	—	2.9	2.8	—	—
NO_3^- / NH_4^+	—	—	—	—	—	—	—	3.4	3.3

比值法除了在颗粒物源解析方面得以应用外，还在多环芳烃（PAHs）源解析方面也得以应用[34,35]。20 世纪 80 年代以来，比值法被广泛应用于颗粒相 PAHs 的来源解析研究中。Simcik 等[36]利用比值法识别了芝加哥和密歇根大气中 PAHs 的来源：使用 B*a*P/B*ghi*P 值和 B*e*P/B*a*P 值等判断了污染源的类型。其中 B*a*P/B*ghi*P 值在 0.3 ～ 0.78 之间时为机动车尾气排放源；比值在 0.9 ～ 6.6 之间时为燃煤源；B*e*P/B*a*P 值为 1.4 时为道路尘源。Yunker 等[37]利用 An/(An+Pn) 和 IP/（IP+B*ghi*P）（An：蒽；Pn：菲；IP：茚并 [1,2,3-*cd*] 芘；B*ghi*P：苯并 [*g*,*h*,*i*] 苝）定性识别了主

要污染源：分子量为178（An+Pn）的PAHs用来区分燃烧源和石油源；An/178＜0.1时是石油源；An/178＞0.1时是燃烧源。此外，IP/（IP+B*ghi*P）的比值还可以用来区分石油、木材燃烧等燃烧源。IP/（IP+B*ghi*P）＜0.20可能为石油源，在0.20～0.50之间是液体化石燃料（车辆及原油）燃烧源，＞0.50可能是草、木材和煤炭的燃烧。

上述研究表明，化学组分之间的比值是表征源类的重要参数，比值法在源类识别方面得以成功应用。化学组分之间的比值可以作为源成分谱的重要表征参数，用来表征污染源类数。上述研究为我们的研究提供了基础信息，因此本研究选择比值法，并耦合其他定量技术，更好地识别污染源类并量化其贡献。

5.2 产地水污染源解析案例分析

以太湖沉积物中多环芳烃的潜在来源贡献为案例，分析水污染的源解析技术方法。太湖地处长江三角洲地区，是我国第三大淡水湖，平均水深1.9m。随着工业、农业的快速发展以及城市化进程的加快，太湖水环境污染日趋严重，现已成为富营养化严重的湖泊之一。大量的研究对太湖不同区域的多环芳烃污染进行了广泛的调查，并对其可能的来源和环境风险进行了分析讨论。然而，在以往的文献中，几乎所有的研究都是通过多环芳烃比值法来阐明多环芳烃的来源分布。本小节采用主成分分析-多元线性回归（PCA-MLR）、Unmix模型和PMF模型3种受体模型对太湖沉积物中多环芳烃（PAHs）的潜在来源进行研究[38]。

5.2.1 水污染整体概况

（1）研究区域概况

太湖流域内湖泊众多，总水面面积约为3159km^2，湖泊面积占全流域面积的8.6%。受到自然和人为因素的影响，太湖流域内基本都是浅水碟形，属于长江三角洲浅水湖泊类型。2010年，太湖流域废水排放总量达到31亿吨。化学需氧量（COD）总排放量为36.71万吨，其中农业面源、工业废水、生活污水的COD排放量分别为7.62万吨、10.44万吨、18.56万吨。氨氮年排放总量为5.35万吨，其中农业面源、工业废水、生活污水氨氮排放量分别为0.83万吨、0.67万吨、3.82万吨。太湖的水污染源主要有农业面源污染、生活污染、工业污染、水产养殖污染、水土流失、船舶污染源等。2011年，太湖湖体综合营养状态指数为58.5，处于轻度富营养状态。河流水质总体为轻度污染。

（2）样品采集与分析

2010 年 5 月在太湖共采集了 29 个表层（0 ～ 20cm）沉积物。表层沉积物样品采用不锈钢抓斗采集。每个采样点的材料混合均匀，储存在有聚四氟乙烯衬里盖的玻璃瓶中。所有沉积物样品都用冰块运输到实验室，在 −20℃下保存，直到进一步处理。沉淀物样品被冷冻干燥并均质。每个沉积物样品各取 5g，再加 5g 铜粉和 2g 硅藻土，用自动 Dionex ASE 200 提取，以己烷 - 二氯甲烷混合物（50/50，体积比）为提取溶剂。萃取温度为 100℃，萃取压力为 1500psi（1psi=6.895kPa）。预热时间和静态时间均设置为 5min。总冲洗体积为细胞体积的 100%，氮气吹扫时间为 60s。最终提取量约为 20mL，提取周期为 2 次。将提取物完全浓缩至约 2mL，然后进行固相萃取，并浓缩至 1mL 进行分析。

多环芳烃的测定采用 Agilent 6890N 气相色谱仪，配备 5975C 质谱检测器（GC/MSD），Agilent 7683B 自动液体进样器和 HP-5MS 毛细管柱（长 30m，内径 0.25mm，膜厚 0.25mm）。以氦气为载气，柱流量为 1.2mL/min，恒流模式。注入器、离子源和传输管线温度分别设置为 250℃、230℃和 280℃。GC 烤箱温度从 70℃（2min）到 260℃（8min），升温速率 10℃ /min；然后到 300℃，升温速率 5℃ /min，保持 5min。电子冲击能设置为 70eV。以无分裂方式注射 1mL 样品。采用离子监测模式对多环芳烃进行分析。使用单个组分的五点校准曲线对样品进行定量。5 种浓度梯度的相关系数在 0.995 ～ 0.999 之间。所有的分析程序都有严格的质量保证和控制措施。实验室质量控制程序包括方法坯（溶剂）、加标坯（标准品加到溶剂中）、基质尖刺 / 基质尖刺重复件和样品重复件的分析。使用 NIST 标准溶液（SRM No.1647c）检查仪器稳定性和响应。仪器每日用校准标准进行校准，所有目标分析的 7 点校准与每日校准之间的相对百分比差异＜20%。测定了萘（Nap）、苊（Ace）、芴（Flu）、蒽（Ant）、菲（Phe）、荧蒽（FLua）、芘（Pyr）、苯并 [*a*] 蒽（B*a*A）、䓛（Chr）、苯并 [*a*] 芘（B*a*P）、苯并 [*b*] 荧蒽（B*b*F）、苯并 [*k*] 荧蒽（B*k*F）、苯并 [*g,h,i*] 苝（B*ghi*P）、茚并 [1,2,3-*c*,*d*] 芘（Ic*d*P）和二苯并 [*a*,*h*] 蒽（D*ah*A）15 种化合物。沉积物中 PAHs 未被检出或远低于该方法的检出限，沉积物的检出限为 1.0 ～ 6.0ng/g。对个别多环芳烃，替代标准物的回收率范围较窄，分别在 7.5% ～ 70.2%(萘 -d8）、5.6% ～ 84.5%（苊 -d10）、5.6% ～ 92.5%（菲 -d10）、10.2% ～ 92.4%（䓛 -d12）、9.4% ～ 89.0%（苝 -d12）之间。为了进行统计学分析，本研究采用双尾 *t* 检验比较样品间的平均浓度。

5.2.2　水污染源解析结果

（1）沉积物中多环芳烃的浓度

在所有 29 个地表沉积物样品中检测到 15 种多环芳烃化合物。太湖沉积物中 29 个站点的 15 种 PAHs 的平均浓度变化较大，为 209 ～ 1003ng/g（干重），平均值为 476ng/g（干重）。一般情况下，湖滨沉积物的 PAHs 浓度远高于湖中心，这主要是由于人类活动以及湖附近工农业的发展。太湖沉积物中大部分 PAHs 单体浓度均相对低于日本东京湾、美国萨吉诺河流域[39]、美国克拉克湖[40]、中国长江武汉段[41]和黄河兰州段[42]。几种单独的多环芳烃，包括 Phe、Ant、FLua、Pyr、B*a*A、Chr、B*a*P 和 I*cd*P 均高于印度 Gomti 河[43]，Ace、Flu、Phe 等多环芳烃浓度均相对高于中国黄河兰州河段[42]。

在这项工作中，利用 EPA PMF 模型计算了 15×29（15 个多环芳烃物种和 29 个采样点）数据集，以估计沉积物中多环芳烃的来源贡献。因为 PMF 可以表现出旋转模糊性，需要测试因子的数量和 F_{peak} 值。本研究采用 3 个因子、F_{peak}=0.7 进行模型拟合。PMF 模型确定了 3 个因素，如表 5-3 所列。因子 1 中 B*b*F、B*a*P 和 B*ghi*P 等多环芳烃均有较高的浓度。这些物种与车辆排放相关，表明该因子代表了车辆排放源。湖上燃烧柴油和汽油的船只以及湖旁道路上的交通可能是造成这一因素的原因。对于因子 2，Ant 获得了相对较高的权重，可作为木材燃烧源的标志。因子 3 与苯丙氨酸高度相关，可识别为煤炭燃烧源。除提取的源剖面外，PMF 模型还得到了 3 个因子对总 PAHs 的源贡献。沉积物中车辆排放源对总 PAHs 的贡献最高，为 54.0%，其次是煤炭燃烧（28.8%）和木材燃烧（11.9%）。车辆排放对总 PAHs 的重要贡献主要来自捕鱼活动，渔业是太湖的重要经济功能之一，每天有数千艘船只在太湖上行驶，加之湖周围的车辆排放。煤和木材燃烧来自工业、农业和栖息地活动，是沉积物中总 PAHs 的主要组成部分。

（2）Unmix 模型

模型提取了识别源剖面的 3 个因子（表 5-3），结果与 PMF 模型相似。从表 5-3 可以看出，因子 1 可能是车辆排放源，因子 2 可能是木材燃烧源，因子 3 可能是煤炭燃烧源。3 种来源的平均贡献估计也与 PMF 模型相似，其顺序为车辆排放（54.3%）> 煤炭燃烧（23.8%）> 木材燃烧（16.0%）。

表5-3　PMF和Unmix模型获得的因子谱　　单位：ng/g（干重）

项目	因子 1		因子 2		因子 3	
	PMF	Unmix	PMF	Unmix	PMF	Unmix
Nap	0	4.87	3.04	3.77	15	11.4
Ace	0.16	0.64	0.36	0.46	1.1	0.61
Flu	2.49	3.76	1.92	2.39	5.05	3.49
Phe	23.9	34.9	10.5	16.3	49.8	35.2
Ant	3.2	2.16	6.47	6.55	0	1.14
FLua	38.4	34.9	5.83	12.9	18.7	16.7
Pyr	24	22.8	6.48	10.5	14.7	12.7
B*a*A	13.3	12.1	2.99	5.31	3.93	3.69
Chr	24.7	24.5	2.31	6.86	9.19	6.22

续表

项目	因子 1		因子 2		因子 3	
	PMF	Unmix	PMF	Unmix	PMF	Unmix
B*b*F	40.7	39.8	0.96	8.23	15.4	10.7
B*k*F	9.91	9.5	0.01	1.83	3.44	2.47
B*a*P	16.7	15.5	1.63	4.46	4.52	3.76
Ic*d*P	27.9	25	0	5.27	10.2	8.34
D*ah*A	3.98	3.58	0.23	0.95	1.42	1.21
B*ghi*P	23.4	21.7	0.55	4.88	8.66	6.75
可能的源类	车辆排放		木材燃烧		煤炭燃烧	

（3）PCA-MLR 模型

PCA-MLR 模型采用旋转模型。两个因子（特征值 > 1.0）的占比大于 91%。采用 PCA-MLR 模型提取数据集中的方差，旋转因子负荷如表 5-4 所列。B*k*F、B*b*F、Ic*d*P 和 B*ghi*P 高负荷的因子 1（占总方差的 55.8%）被认为是车辆排放源，Flu、Phe、Ace 和 Ant 高负荷的因子 2（占总方差的 36.0%）可能是煤炭、木材混合燃烧源。车辆排放源和煤炭、木材混合燃烧源对两个因素的平均贡献分别为 53.6% 和 41.3%。

表5-4 PCA-MLR模型得到的旋转因子负荷

项目	因子 1	因子 2
Nap	0.17	0.77
Ace	0.38	0.88
Flu	0.40	0.88
Phe	0.30	0.86
Ant	0.35	0.86
FLua	0.74	0.6
Pyr	0.64	0.72
B*a*A	0.76	0.61
Chr	0.91	0.35
B*b*F	0.97	0.16
B*k*F	0.98	0.11

续表

项目	因子 1	因子 2
B*a*P	0.92	0.38
I*cd*P	0.97	0.19
D*ah*A	0.92	0.35
B*ghi*P	0.96	0.23
特征值	8.37	5.40
方差百分比 /%	55.8	36.0

5.2.3 水污染源解析结果分析

3 种模型在 29 个地点的测量值与估算值总 PAHs 浓度之间的回归范围为（1∶0.87）～（1∶1.00），r 值为 0.98 ～ 1.00，表明大多数预测的总 PAHs 浓度值接近实测值。结果表明，这 3 种模型在沉积物数据集上有较好的应用价值。此外，上述 3 种受体模型的源贡献也得到了类似的结果。车辆排放是最显著的贡献源（53.6%～54.3%），其次是煤炭燃烧（23.8%～28.8%）和木材燃烧（11.9%～16.0%）。PCA-MLR 模型得出的煤炭与木材混合燃烧源的贡献为 41.3%，与 PMF 模型得出的煤炭与木材混合燃烧源的贡献之和（40.7%）、Unmix 模型得出的煤炭与木材混合燃烧源的贡献之和（39.8%）基本一致。不同模型获得的每个站点来源贡献的相关系数也较高，高相关性（$r > 0.8$）也表明 3 种不同模型得到的结果一致。

5.3 产地土壤污染源解析案例分析

减少重金属对土壤的输入是减少土壤污染的最佳策略，因此对土壤重金属污染进行定量来源解析有利于有效防范土壤重金属污染风险。土壤重金属污染来源复杂，其中包括滥用化肥、污水废物输入、工业不受控制的排放和运输、大气沉积和其他人类活动[44-47]。近年来，对土壤污染的来源进行了许多研究，包括主成分分析（PCA）[48]、相关分析（CA）[49]、基于空间对象和空间相关性的地统计学方法[50,51]、受体模型法[52,53]。本小节中，以湖南省湘潭市湘潭县为案例，介绍 PCA 等方法在土壤重金属污染源解析中的应用情况。

5.3.1　土壤污染整体概况

（1）研究区域概况

研究区域在中国湖南省湘潭县（东经112° 25′～113° 03′，北纬27° 20′～28° 05′）。该县位于湖南省中部偏东，衡山以北，湘江下游西岸。县域的地形特征为西北、西南、东南三面高，中部和东北部低，域内是丘陵与平原的交错分布地带，地貌类型齐备，包括平原、山地、丘陵和岗地。研究区属典型的亚热带季风湿润气候，冬季和夏季偏长，春季和秋季较短。年平均气温16.7～18.3℃，1月平均气温在5℃左右，7月平均气温在30℃左右，年平均降水1300mm，具有明显的季节性和大陆性气候特征[54]。湘潭县矿产资源丰富，至少有6个矿区和14个化工厂开采和加工锰、铅、磷、石膏、铁、高岭土等矿物[54,55]。此外，研究区有多条河流流经，地表水资源达603.75亿立方米。研究区主要土壤类型为水稻土和潮土，适宜水稻生长，以水稻为主要粮食作物[54, 56]。在水稻生长期间，施用一些传统肥料，如尿素、过磷酸钙和氯化钾。

（2）样品采集与分析

在水稻收获季节，通过完全随机排列，在湘潭县采集了747个土壤样品。采样点采用全球定位系统（GPS）精确定位，远离道路、田野、堆肥堆等。表层土壤用木铲收集，深度为0～20cm。采集后的混合土样去除石头、植物枝叶、草根等杂质后置于室内自然风干。然后用四分法取适量土样用陶瓷研钵研磨，土壤重金属全量的检测研磨后过100目筛并装密封袋备用。

根据相应的标准方法，称量土样，然后在微波消化器中消化。HNO_3、HF、H_2O_2溶液的体积比为3∶1∶1。测定了Cd、Pb、Cr、Cu、Zn、Ni、Hg、As、K、Si、Se、Na、Mn、Mg、Fe、Ca共16种元素，各项指标的检测方法均采用国家标准或行业标准（表5-5）。所有样品的质量控制均采用空白样品、平行样品和国家标准材料（GBW07429）（IGGE, 2003），所有重金属的加标回收率为87%～106%。

表5-5　土壤指标检测方法综述

序号	元素	检测方法	标准
1	Cd	AAS	GB/T 17141—1997
2	Pb	ICP-MS	HJ 766—2015
3	Cr	ICP-MS	HJ 766—2015
4	Cu	ICP-MS	HJ 766—2015
5	Zn	ICP-MS	HJ 766—2015
6	Ni	ICP-MS	HJ 766—2015

续表

序号	元素	检测方法	标准
7	Hg	AFS	NY/T 395—2000①
8	As	AFS	NY/T 395—2000①
9	K	浸提 + 光度计法	NY/T 889—2004
10	Si	酸浸法	LY/T 1266—1999
11	Se	酸浸法	LY/T 1259—1999
12	Na	AAS	LY/T 1259—1999
13	Mn	浸提法	NY/T 890—2004
14	Mg	AAS	NY/T 1121.13—2006
15	Fe	浸提法	NY/T 890—2004
16	Ca	AAS	NY/T 1121.13—2006

①现已更新为NY/T 395—2025。

5.3.2 土壤污染源解析结果

（1）重金属污染的空间分布

土壤中重金属浓度的描述性统计见表5-6。土壤中种植的作物为水稻，pH值范围为4.6～7.8，平均值为5.5。以湖南省土壤背景值和《中国土壤环境质量标准》作为研究区土壤重金属污染阈值的依据。Cd、Hg、Pb、Cr和Cu的平均浓度分别是背景值的4.37、1.64、1.34、1.04和1.03倍。而As、Ni、Zn则接近背景值。除Cd外，其余均低于二级标准化临界值。土壤Cd浓度范围为0.34～1.80mg/kg，平均为0.55mg/kg。与中国其他地区土壤重金属浓度相比，Cd、Hg、Cr和Cu浓度均较高[57-60]，而As、Pb、Ni、Zn浓度则较低[61]。总体而言，中国不同地区土壤重金属浓度存在较大差异。在研究区域内，Cd是主要污染物，研究区域也存在不同程度的潜在汞、铅风险。

表5-6　土壤元素浓度的描述性统计　　单位：mg/kg

元素	均值 ± 标准偏差	范围	背景值	二级标准值
As	14.40 ± 2.48	6.41 ～ 29.07	15.7	40
Cd	0.55 ± 0.26	0.34 ～ 1.80	0.126	0.3
Hg	0.19 ± 0.06	0.10 ～ 0.77	0.116	1.3
Pb	41.55 ± 7.02	32.37 ～ 65.41	29.7	70

续表

元素	均值 ± 标准偏差	范围	背景值	二级标准值
Cr	74.57 ± 9.63	52.33 ～ 111.07	71.4	150
Cu	28.07 ± 6.92	16.58 ～ 57.46	27.3	50
Ni	27.58 ± 4.44	22.15 ～ 44.77	31.9	60
Zn	76.08 ± 15.45	33.08 ～ 192.88	94.4	200

基于采集的 747 个土壤样品，进一步利用克里金插值法探究土壤重金属的空间分布。克里金插值法是一种常见的空间插值法，与其他方法相比，该方法可以对空间变量提供最佳的线性无偏估计[61-63]。例如：As 在研究区分布均匀，东北部浓度较高，南部浓度较低；土壤 Cd 具有明显的空间分布特征，东北地区浓度极高；土壤 Hg 具有明显不同于其他金属的特殊点状空间分布，可能受到人类活动的影响；土壤 Pb 在空间分布上与 Cd 相似，具有明显的高浓度区和低浓度区界限，高集中区主要分布在东北和西南，低集中区主要分布在中部。

（2）土壤重金属污染源解析

首先分析了土壤元素之间的皮尔逊相关系数（图 5-4，书后另见彩图）。其中，Ni-Cr、Zn-Cd、Se-Fe、Mn-Cd、Mn-Se 和 Mn-Ca 之间存在极显著相关性（$P < 0.01$）。Ni 和 Cr 的显著相关系数最高为 0.75，表明 Ni 和 Cr 可能受到自然来源的影响，包括母质和成岩源[64,65]。许多研究报告称，农业活动、交通排放和工业活动等人为活动是 Zn 和 Cd 的主要贡献源[66,67]。此外，Mn、Fe、Se 三者之间高度相关，与 As、Cd、Zn 也存在相关性，是农业活动的标识元素。

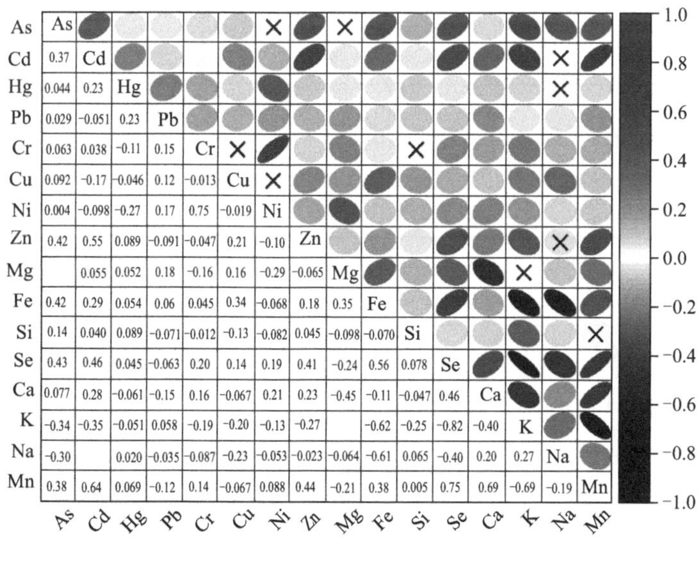

图 5-4 各土壤元素 Pearson 相关分析（在 0.01 水平上呈极显著相关）

5.3.3 土壤污染源解析结果分析

利用 SPSS Statistics 25 软件，采用主成分分析法对研究区土壤各项指标的含量进行分析，以更好地识别土壤中重金属的主要来源。根据 Kaiser-Meyer-Olkin（KMO）检验系数（0.632）和 Bartlett's sphere 检验 *P* 值（＜0.01），重金属元素具有较强的相关性，适合进行因子分析。PCA 总解释变量如表 5-7 所列，主成分分析得到的主成分矩阵如表 5-8 所列。土壤指标含量分布见图 5-5。

表5-7 PCA总解释变量

成分	初始特征值			提取载荷平方和		
	总计	方差百分比 /%	累积 /%	总计	方差百分比 /%	累积 /%
1	4.29	26.81	26.81	4.29	26.81	26.81
2	2.33	14.57	41.38	2.33	14.57	41.38
3	1.98	12.35	53.73	1.98	12.35	53.73
4	1.29	8.06	61.79	1.29	8.05	61.78
5	1.15	7.19	68.98	1.15	7.19	68.97
6	0.97	6.09	75.07			
7	0.96	6.00	81.07			
8	0.84	5.24	86.31			
9	0.60	3.74	90.05			
10	0.48	3.03	93.08			
11	0.31	1.96	95.04			
12	0.27	1.71	96.75			
13	0.20	1.27	98.03			
14	0.14	0.90	98.93			
15	0.10	0.65	99.58			
16	0.07	0.43	100.00			

表5-8 主成分分析得到的主成分矩阵

元素	PC1	PC2	PC3	PC4	PC5
Mg	−0.142	0.696	0.069	0.170	0.116
Fe	0.626	0.599	0.306	−0.073	−0.025
Si	0.094	−0.037	−0.214	0.067	−0.860
Se	0.911	−0.055	0.096	−0.072	−0.063

续表

元素	PC1	PC2	PC3	PC4	PC5
Ca	0.512	−0.627	−0.208	−0.088	0.240
K	−0.833	−0.048	−0.113	0.056	0.218
Na	−0.378	−0.433	−0.466	0.214	0.156
Mn	0.873	−0.214	−0.190	0.008	0.121
As	0.587	0.236	−0.031	0.022	−0.138
Cd	0.637	0.027	−0.427	0.321	0.148
Cr	0.226	−0.455	0.632	0.306	−0.067
Cu	0.153	0.402	0.347	−0.218	0.320
Hg	0.082	0.248	−0.327	0.635	−0.090
Ni	0.149	−0.578	0.679	0.174	0.003
Pb	−0.084	0.166	0.344	0.713	0.137
Zn	0.562	0.083	−0.353	0.043	0.273

由表5-7可以看出，PCA结果提取了5个主成分，占总方差的68.97%。因子1(PC1）包括Fe、Se、Ca、Mn、As、Cd、Cr、Cu、Ni和Zn等，解释总方差的26.81%。传统上，这些微量元素被添加到农药中，然后进入环境基质。如用波尔多硫酸铜混合物（$CuSO_4$）控制真菌[44]，用砷和含砷化合物控制害虫[68]。此外，农用化肥中含有大量的微量元素，如As、Cd、Cr、Zn、Cu、Ni[57]。一些微量金属（Zn、Ni和Fe）被认为是必需营养素[69]。在中国，化肥的广泛农业应用约占全球化肥消耗的32.9%（55925.6万吨）[70]。因此，PC1被分配到农业活动。因子2（PC2）中Mg、Fe、As、Cu、Zn等的含量较高，占数据集总方差的14.57%。此前有研究表明，Cu、Zn、As主要来源于天然岩石母质[71]。传统上认为镁和铁是土壤母质。因此，PC2被认为是天然来源。PC3以Fe、Cr、Cu、Ni、Pb为主，占总方差的12.35%。已有研究报道Pb、Zn、Fe是交通排放的微量元素[72-74]，因为刹车、轮胎和润滑油很容易将Pb、Zn和Fe释放到环境中，然后沉积到土壤中。此外，有人指出，Cr、Cu、Cd和Pb是车辆交通相关元素，如果水稻毗邻公路，这些元素是显著因素[75]。因此，因子3(PC3）被确定为交通排放。因子4（PC4）主要富集了Cd、Cr、Hg、Ni、Pb等多种重金属元素，占数据集总方差的8.05%。它可能与工业活动有关，如金属矿石开采、冶炼、加工（磨矿、浓缩和尾矿）活动以及酸性矿山排水[76]。采矿活动被认为是水稻土壤-水稻系统中微量金属污染的一个重要问题[77]。根据以往文献，Pb、Cr、Ni、Hg主要来源于工业排放[47, 76, 77]。研究区工业和化工企业较多，分布在主干道和河流周边。研究表明，米粒中的重金属含量在一定程度上取决于相邻的高速公路和河流[44]。因此，PC4被视为工业活动。PC5（PC5）中各元素的正比例不大于0.5，作为示踪元素不显著。因此，将其归结为其他来源。

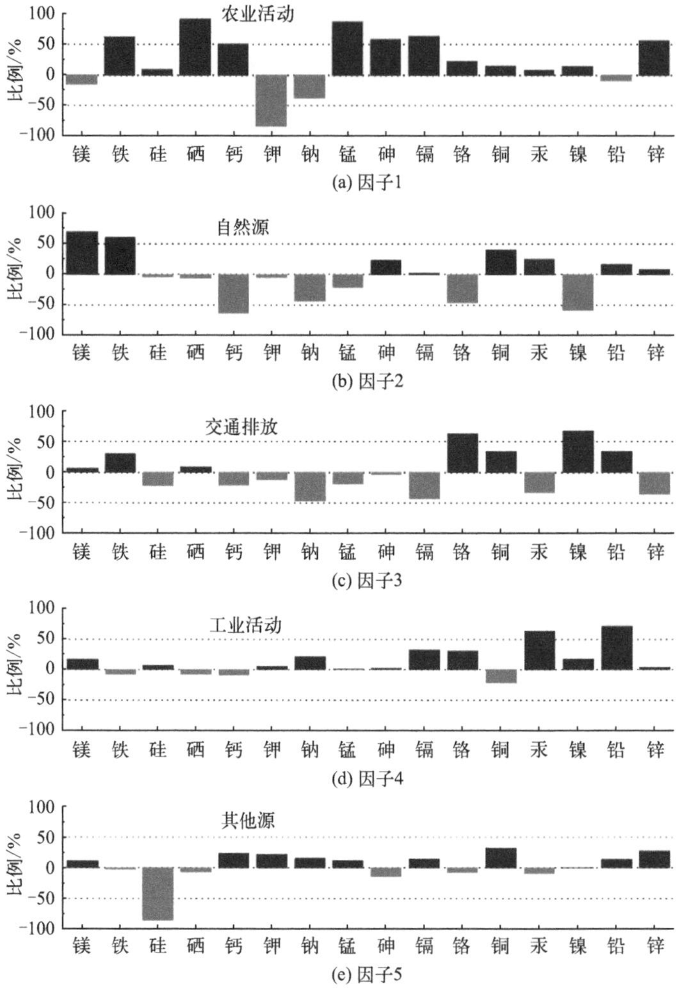

图 5-5　土壤指标含量分布

5.4 产地大气污染源解析案例分析

5.4.1　污染源已知类受体模型应用案例分析

5.4.1.1　PMF模型应用于$PM_{2.5}$源解析

由于$PM_{2.5}$的化学组分种类繁多，在将其纳入受体模型PMF前，选择合适的$PM_{2.5}$化学组分是完成$PM_{2.5}$源解析的关键步骤。在本研究中，物种纳入受体模型的原则如下：选择丰量物种，也就是绝对浓度较高的物种，例如 $PM_{2.5}$ 化学组分中的 OC、EC、NO_3^-、SO_4^{2-}、NH_4^+；选择典型标识组分，也就是特定排放源的典型示踪剂，例如 Mg^{2+}、Ca、Fe 是扬尘源的标识物，K 是生物质燃烧源的标识元素，As 是燃煤源的标识物。因此，在本研究中，纳入计算的数据具体包括 OC、EC、Cl^-、NO_3^-、SO_4^{2-}、NH_4^+、Mg^{2+}、As、Ca、K、Zn、Fe。

图 5-6（a）（书后另见彩图）给出了通过观测和 PMF 模型计算的 $PM_{2.5}$ 的浓度分布情况。对于 $PM_{2.5}$ 的浓度，观测值与模拟值之间的皮尔逊相关系数（r）为 0.95；对 $PM_{2.5}$ 浓度的观测值与模拟值进行线性拟合，拟合方程为 $y=0.99x$，决定系数（R^2，COD）为 0.91。图 5-6（b）（书后另见彩图）给出了观测的和 PMF 模型计算的 $PM_{2.5}$ 的化学组分的物种分布情况。可以看出，PMF 模型有较好的计算结果。对于 $PM_{2.5}$ 的化学组分，观测值与模拟值皮尔逊相关系数（r）为 0.99；对不同 $PM_{2.5}$ 的化学组分的散点进行线性拟合，拟合方程为 $y=1.48x$，决定系数（R^2，COD）为 0.99。所以，可以得出结论，PMF 预测的 $PM_{2.5}$ 浓度与实测 $PM_{2.5}$ 浓度具有可比性，模型计算结果较好。

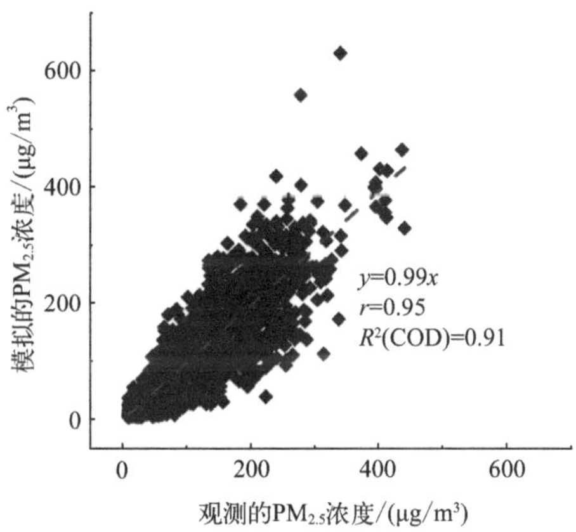

(a)

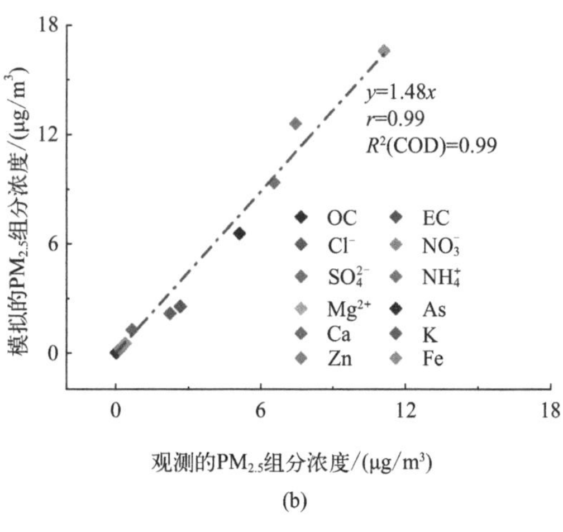

(b)

图 5-6 PMF 模型对 $PM_{2.5}$ 的浓度及组分的模拟效果

表 5-9 给出了 PMF 模型模拟计算的 $PM_{2.5}$ 的因子谱结果。从因子谱结果中可以看出，PC1 中具有较高质量分数占比的 NO_3^-、SO_4^{2-}、NH_4^+，分别为 99.9%、97.6%、96.6%；还具有较高质量分数占比的 OC（28.9%）。因此，PC1 可被识别为二次颗粒物源。PC2 中，Ca、Mg^{2+}、Fe 具有较高的质量分数占比，分别为 69.4%、61.6%、46.0%。由于在线观测数据中缺少扬尘源的标识元素 Si 和 Al，因此在本研究中，将 Ca、Mg^{2+}、Fe 作为扬尘源的标识元素。PC2 可被识别为扬尘源。PC3 中包含具有较高质量分数占比的 OC、EC、As，OC 和 EC 通常被作为化石燃料燃烧的指示物，尤其是在煤燃烧的过程中。其他研究中，As 则是燃煤源的良好指示剂。因此，PC3 可被识别为燃煤源。PC4 中 OC、EC、Fe、Zn 的相对比例较高。$PM_{2.5}$ 组分中的 OC、EC 也是机动车尾气中颗粒物的重要组成；Fe 和 Zn 则是机动车在制动时，刹车片磨损而排放的金属元素。因此，PC4 可被识别为机动车尾气源。PC5 可被识别为生物质燃烧源，因为 K 的质量分数占比最高，达到 91.0%，并有较小的 Cl^- 质量分数占比。PC6 中具有较高质量分数占比的 OC、EC，此外，Zn 和 Fe 也具有较高的质量分数占比。因此，PC6 可被识别为工业排放源。

表5-9　PMF模型模拟计算的$PM_{2.5}$的因子谱　　单位：μg/m³

项目	PC1	PC2	PC3	PC4	PC5	PC6
OC	1.8696	1.3873	1.1511	1.0158	0.0000	1.0470
EC	0.2607	0.6399	0.3242	1.1222	0.0000	0.1946
Cl^-	0.6650	0.0000	0.0956	0.6570	0.4088	0.3281
NO_3^-	16.5530	0.0000	0.0001	0.0000	0.0000	0.0000
SO_4^{2-}	9.1128	0.2235	0.0000	0.0000	0.0000	0.0000
NH_4^+	12.1060	0.0848	0.0000	0.1120	0.1626	0.0608
Mg^{2+}	0.0130	0.0209	0.0000	0.0000	0.0000	0.0000
As	0.0000	0.0000	0.0037	0.0000	0.0000	0.0013
Ca	0.0000	0.1807	0.0000	0.0548	0.0000	0.0250
K	0.0000	0.0000	0.0000	0.0000	1.1399	0.1129
Zn	0.0000	0.0548	0.0681	0.0483	0.0000	0.0220
Fe	0.0000	0.2355	0.1001	0.1179	0.0000	0.0583
可能的源类	二次颗粒物源	扬尘源	燃煤源	机动车尾气源	生物质燃烧源	工业排放源

基于上述识别的 $PM_{2.5}$ 的污染源，分别计算了不同污染源对 $PM_{2.5}$ 的贡献，如图 5-7 所示（书后另见彩图）。对于 $PM_{2.5}$ 来说，共有 6 种污染源，其中二次颗粒物

对 $PM_{2.5}$ 浓度的贡献最大，约为 56.01μg/m^3，贡献占比为 55.9%。其次分别为机动车尾气源、扬尘源、燃煤源、生物质燃烧源和工业排放源，对 $PM_{2.5}$ 浓度的贡献分别为 11.11μg/m^3、10.50μg/m^3、10.08μg/m^3、6.36μg/m^3、6.07μg/m^3，贡献率分别为 11.1%、10.5%、10.1%、6.3% 和 6.1%。

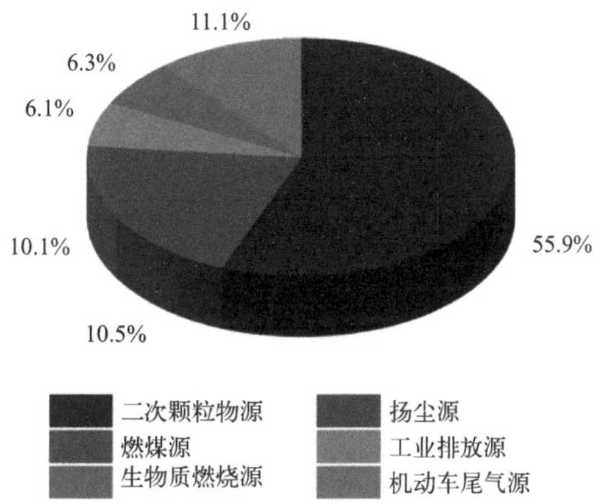

图 5-7 PMF 模型模拟计算的 $PM_{2.5}$ 的污染源贡献

5.4.1.2 PMF模型应用于VOCs源解析

VOCs 物种纳入受体模型的原则如下：选择丰量物种，例如乙烷、丙烷、乙烯、异戊二烯、苯、甲苯等；选择典型标识组分，也就是特定排放源的典型示踪剂，例如异戊二烯是生物排放源的重要指标；选择具有特殊比值的物种用于识别特定的排放源，例如异丁烷与正丁烷的比值在机动车尾气源中为 0.2 ～ 0.3，在天然气排放源为 0.6 ～ 1.0，异戊烷 / 正戊烷的比值在天然气排放源、机动车尾气源和汽油蒸发源中的比值分别为 0.82 ～ 0.89、2.2 ～ 3.8 和 1.8 ～ 4.6。因此，纳入计算的数据具体包括乙烷（ethane）、丙烷（propane）、异丁烷（*iso*-butane）、正丁烷（*n*-butane）、异戊烷（*iso*-pentane）、正戊烷（*n*-pentane）、正己烷（*n*-hexane）、正庚烷（*n*-heptane）、乙烯（ethylene）、丙烯（propylene）、反式 2- 丁烯（*trans*-2-butene）、1- 丁烯（1-butene）、顺式 2- 丁烯（*cis*-2-butene）、异戊二烯（isoprene）、苯（benzene）、甲苯（toluene）、乙苯（ethylbenzene）、间 / 对二甲苯（*m*-/*p*-xylene）和乙炔（acetylene）。

图 5-8（a）（书后另见彩图）给出了观测的和 PMF 模型计算的 VOCs 的浓度分布情况。对于 VOCs 的浓度，观测值与模拟值之间的皮尔逊相关系数（r）为 0.87；对 VOCs 浓度的观测值与模拟值进行线性拟合，拟合方程为 y=0.97x，决定系数（R^2，COD）为 0.76。图 5-8（b）（书后另见彩图）给出了观测的和 PMF 模型计算的 VOCs 的物种分布情况。对于 VOCs 的物种，观测值与模拟值皮尔逊相关系数（r）为 0.97；对不同 VOCs 的物种的散点进行线性拟合，拟合方程为 y=0.98x，决定系数（R^2，COD）为 0.93。所以，可以得出结论，PMF 预测的 VOCs 浓度与实测 VOCs 浓

度具有可比性，模型计算结果较好。

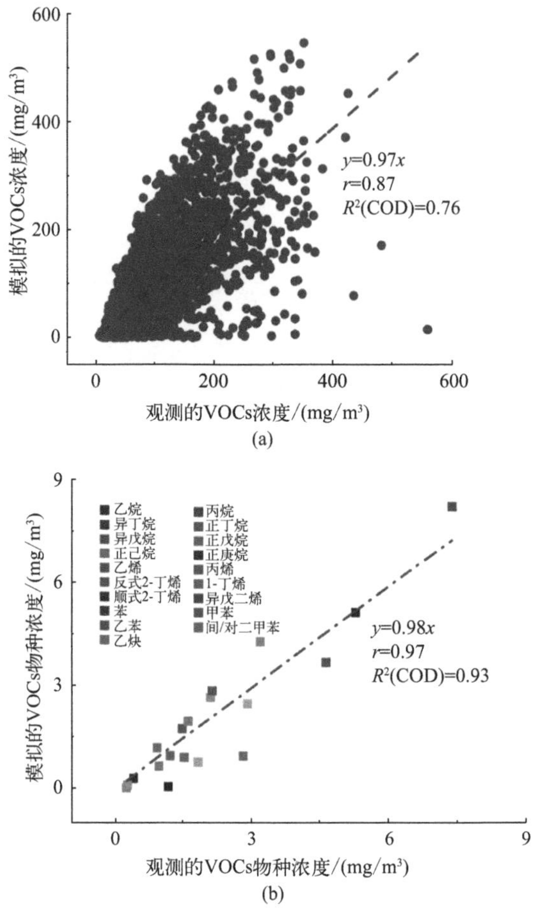

图 5-8　PMF 模型对 VOCs 的浓度及组分的模拟效果

表 5-10 给出了 PMF 模型模拟计算的 VOCs 源解析的因子谱结果。从因子谱结果中可以看出，其中，PC1 中苯、甲苯、乙苯和间 / 对二甲苯具有较高的质量分数占比，分别为 80.3%、98.3%、86.6%、82.7%。研究发现溶剂使用源排放了大量的芳香烃，如苯、甲苯、苯乙烯、邻二甲苯等。因此，PC1 被识别为溶剂使用源。PC2 具有 100% 质量分数占比的异戊二烯。因为异戊二烯为生物排放的重要组分，因此 PC2 被判断为生物质排放源。PC3 中具有较高质量分数占比的异丁烷（86.6%）和正丁烷（85.5%），异丁烷和正丁烷的比值为 1.01，反映了液化石油气源谱的物理特征。因此，PC3 可被识别为液化石油气源。PC4 包含高质量分数占比的异戊烷和正戊烷，以及正庚烷、反式 2- 丁烯和顺式 2- 丁烯。异戊烷和正戊烷的比值为 1.07，与汽油挥发源的理论值类似。因此，PC4 为汽油挥发源。PC5 中具有较高质量分数占比的乙烷、丙烷、乙炔。乙烷、丙烷、乙炔是煤燃烧排放的主要 VOCs 物种。因此，PC5 可被识别为燃煤源。PC6 中具有较高质量分数占比的乙烷、丙烷、正己烷、乙烯、丙烯、乙炔。因此，PC6 可被识别为工业排放源。PC7 中乙烯、丙烯、反式 2- 丁烯、1- 丁烯的相对比

例较高。VOCs 中的乙烯和丙烯是机动车尾气的指示剂。因此，PC7 可被识别为机动车尾气源。

表5-10 PMF模型模拟计算的$PM_{2.5}$的因子谱 单位：μg/m³

项目	PC1	PC2	PC3	PC4	PC5	PC6	PC7
乙烷	0.0000	0.1499	0.0000	0.1511	2.9551	1.8853	0.0000
丙烷	2.4953	0.0000	0.0000	0.7499	2.6648	1.2329	1.0878
异丁烷	0.0000	0.0000	1.5171	0.0000	0.0000	0.0000	0.2346
正丁烷	0.0000	0.0000	2.2828	0.3859	0.0000	0.0000	0.0000
异戊烷	0.0000	0.0000	0.0000	0.9166	0.0000	0.0000	0.0000
正戊烷	0.0000	0.0000	0.0000	0.6208	0.0000	0.0000	0.0000
正己烷	0.0000	0.0000	0.0000	0.0000	0.0000	0.7820	0.0000
正庚烷	0.0000	0.0000	0.0000	0.1183	0.1905	0.0000	0.0000
乙烯	0.0000	0.0000	0.2143	0.0106	0.0000	0.0669	0.6681
丙烯	0.2309	0.0187	0.2916	0.0329	0.0000	0.1994	0.1958
反 2- 丁烯	0.0000	0.0000	0.0000	0.0164	0.0000	0.0000	0.0197
1- 丁烯	0.0000	0.0000	0.0000	0.0000	0.0000	0.0410	0.0771
顺 2- 丁烯	0.0000	0.0000	0.0000	0.0126	0.0547	0.0000	0.0000
异戊二烯	0.0000	3.6918	0.0000	0.0000	0.0000	0.0000	0.0000
苯	2.2982	0.0000	0.0000	0.0000	0.0394	0.1930	0.0000
甲苯	4.2204	0.0000	0.0000	0.0715	0.0000	0.0000	0.0000
乙苯	1.0384	0.0000	0.0000	0.0000	0.0813	0.0000	0.0795
间 / 对二甲苯	1.6310	0.0000	0.0193	0.0000	0.1497	0.0000	0.1731
乙炔	0.0000	0.0813	0.0000	0.1254	1.5113	0.7565	0.0000
可能的源类	溶剂使用源	生物质排放源	液化石油气	汽油挥发	燃煤源	工业排放源	机动车尾气源

基于上述识别的 VOCs 的污染源，分别计算了不同污染源对 VOCs 的贡献，如图 5-9 所示（书后另见彩图）。对于 VOCs 来说，共有 7 种污染源，其中工业排放源对 VOCs 的贡献最大，贡献占比为 29.8%。其次分别为机动车尾气源、溶剂使用源、生物质排放源、燃煤源、汽油挥发源和液化石油气源，对 VOCs 浓度的贡献分别为 19.13mg/m³、16.67mg/m³、13.36mg/m³、6.46mg/m³、5.66mg/m³、5.32mg/m³，贡献率分别为 20.1%、17.6%、14.1%、6.8%、6.0% 和 5.6%。

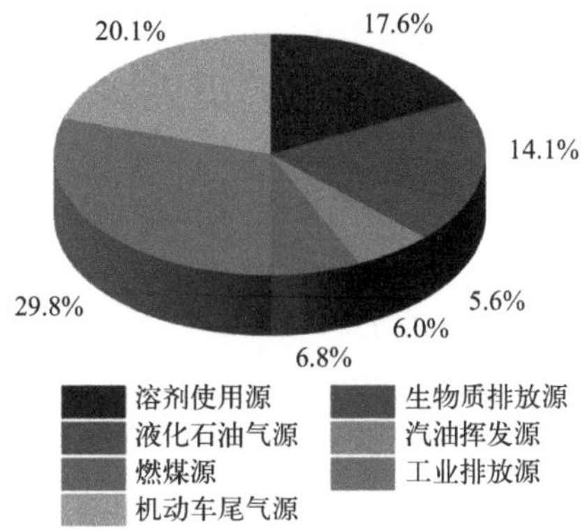

图 5-9　PMF 模型模拟计算的 VOCs 的污染源贡献

5.4.2　污染源未知类受体模型应用案例分析

受体模型种类较多，主要分为源未知类受体模型和源已知类受体模型两大类。源未知类受体模型即不需要知道详细的源类信息，主要以主成分分析——多元线性回归模型、正定矩阵因子分解（PMF）模型以及 Unmix 模型等为代表。源已知类受体模型，是以化学质量平衡法（CMB）为代表的。CMB 受体模型基于污染源成分谱和受体的化学组分数据进行源类贡献的估算，因此其物理意义比较明确，并且其算法趋于成熟，同时 CMB 软件的不断发展，为 CMB 模型的广泛应用提供了基础，使其结果能够更加准确地反映客观事实。CMB 模型相对其他受体模型具有以下特点：

① CMB 模型最突出的优点是可以直接为环境管理服务。因为它所识别的源类是以人类管理和源排放方式为划分依据；而因子分析所识别出的源类，可能不能完全对应到现实的污染源上。

② CMB 模型具有真实性、针对性和可获得性的特点。真实性是指源类信息具有真实的物理意义；针对性是指解析结果可为管理服务提供针对性的科学依据；可获得性是指 CMB 模型需要的源和受体样品可以直接从现实中采集得到。

③ CMB 模型对输入的受体数据量要求较 PCA/MLR 模型低。输入模型的受体数据只需要浓度和不确定性数据。PCA/MLR 模型和 PMF 模型对数据量的要求比较严格，通常来说，纳入模型的数据量越大，解析结果越稳定。如果数据量不够，很可能得不到合理的解析结果。

④ CMB 模型需要输入源类的信息，即颗粒物排放源的种类和详细的化学成分谱。因此 CMB 模型结果的主观性较强。如果所纳入模型的源信息和受体信息相匹配，解析出的结果则很精确；如果源信息不匹配（丢失源类），解析出的结果会有较大误差。源未知类受体模型不需要输入源类的详细信息。它通过对受体数据的迭代和分解，可以提取出污染源的数量和类别。可以说，如果受体数据理想，它解析得出的源信息比较客观。虽然源未知类受体模型不需输入污染源的详细信息，但是在解析过程中，它们所提取出的因子需要赋予其物理意义才能对应到某一类型的污染源。即每一个因子

都需要有标识元素来标识它，将它同现实中的污染源相对应。

在本节中，以某市中心区为研究区域，采用化学质量平衡（CMB）受体模型对环境空气中的颗粒物 $PM_{2.5}$ 进行解析，计算对环境受体的贡献值和分担率，得出 $PM_{2.5}$ 污染源解析结果。为全面分析该城市颗粒物污染来源，首先对城市自动监测数据分析的环境空气质量状况进行初步的分析，包括城市的大气污染现状、主要污染物的浓度水平及污染特征；其次对当地污染源谱进行分析；最后利用受体模型进行 $PM_{2.5}$ 源解析。

（1）大气污染物浓度的时间变化

2018 ～ 2020 年大气污染物月均浓度变化趋势如图 5-10 所示（书后另见彩图）。2019 年、2020 年的 PM_{10} 浓度最高值均出现在 1 月份，分别为 175μg/m³ 和 155μg/m³。其中，从 2019 年整年来看，7 ～ 9 月 PM_{10} 浓度较低。$PM_{2.5}$ 与 PM_{10} 的月均变化趋势基本相同。$PM_{2.5}$ 月均浓度 2019 年、2020 年均是 1 月份浓度最高（2019 年为 107μg/m³，2020 年为 110μg/m³），5 ～ 9 月 $PM_{2.5}$ 浓度较低。SO_2 与 NO_2 浓度随时间变化具有一致性，均存在显著的季度变化特征（一、四季度污染较重，二、三季度污染较轻）。2019 年 SO_2 污染的季度变化趋势为一季度＞四季度＞二季度＞三季度；NO_2 污染的季度变化与 SO_2 呈现相同趋势，也为一季度＞四季度＞二季度＞三季度。CO 浓度变化则与 O_3 变化相反。其中，2019 年 CO 浓度第一季度污染最重，为 1.38mg/m³；第三季度污染最轻，为 0.74mg/m³。2019 年 O_3 浓度随时间变化存在显著的季度变化特征，二、三季度污染较重，浓度分别为 106.42μg/m³ 和 105.57μg/m³；一、四季度污染较轻，浓度分别为 45.14μg/m³ 和 33.29μg/m³。

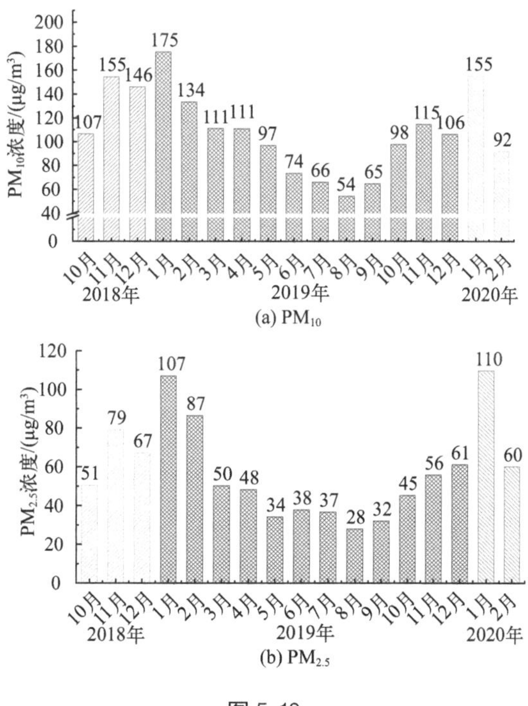

图 5-10

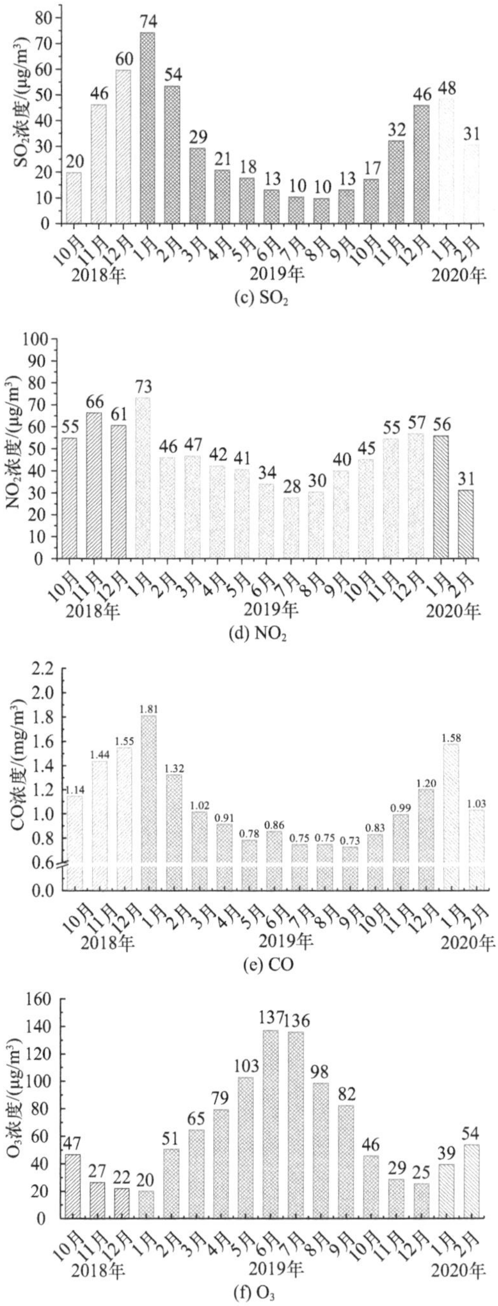

图 5-10 2018 ~ 2020 年大气污染物月均浓度变化趋势

（2）污染源谱分析

各排放源类所排放的颗粒物的成分谱是 CMB 模型的主要输入参数，因此建立真实有效的各排放源类成分谱十分重要。通过对污染源的前期调查和研究，识别研究区域主要污染源类，最后确定的源类包括燃煤源、机动车源、扬尘源、生物质燃烧源、二次硫酸盐和二次硝酸盐，其中所有二次源均使用虚拟源谱。

如图 5-11 所示，燃煤源中 SO_4^{2-} 含量较高，其次还有 Al、Si、Ca、OC、EC 和

Cl^- 等组分占比较高。其他组分含量则较低。机动车源中 OC 和 EC 含量最高，其次还有 NO_3^-、SO_4^{2-} 和 Cl^- 占比较高，其他组分含量则较低。扬尘源中 Si 含量最高，其次还有 Al、Ca、OC、EC 和 SO_4^{2-} 占比较高，其他组分含量则较低。生物质燃烧源中 OC、K、Cl^-、EC 含量较高，其他组分含量则较低。二次硝酸盐假设是"纯的"硝酸铵，成分谱用 NH_4NO_3 分子量模拟构建。二次硫酸盐假设是"纯的"硫酸铵，成分谱用 $(NH_4)_2SO_4$ 分子量模拟构建。

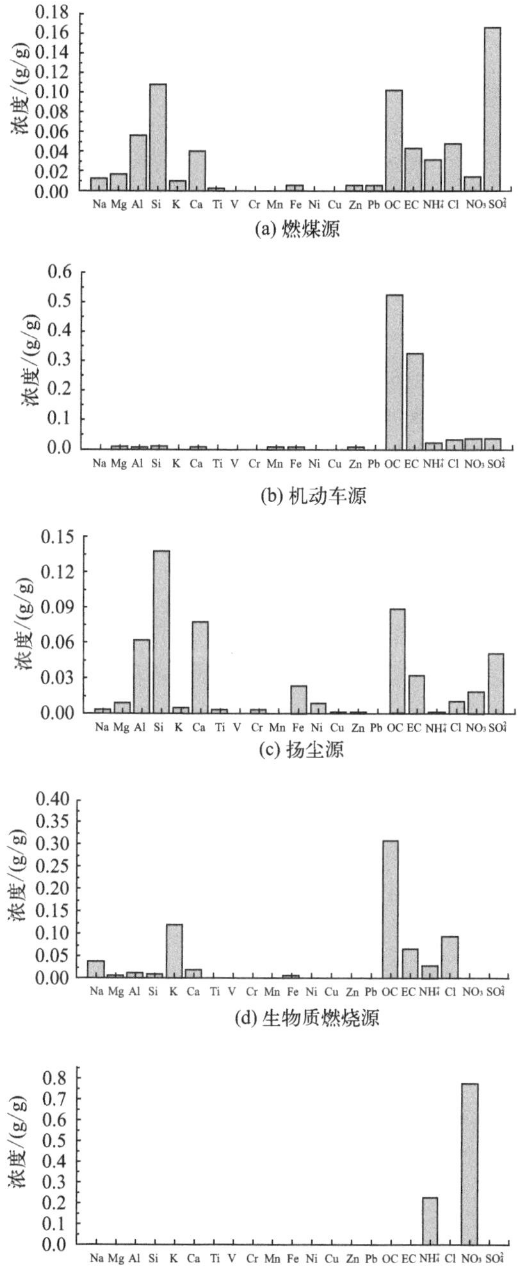

(a) 燃煤源

(b) 机动车源

(c) 扬尘源

(d) 生物质燃烧源

(e) 二次硝酸盐

图 5-11

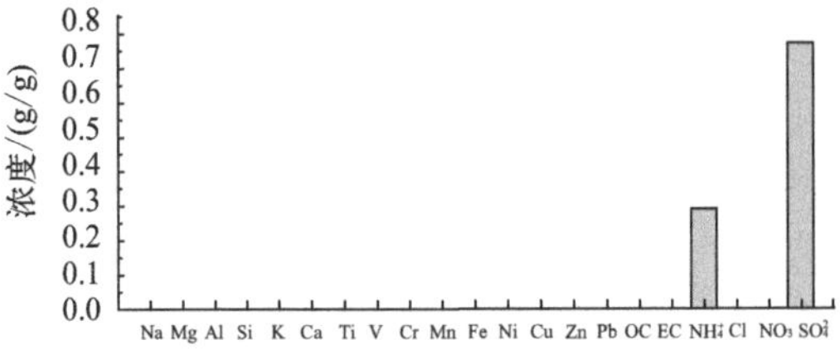

(f) 二次硫酸盐

图 5-11 燃煤源、机动车源、扬尘源、二次硫酸盐、二次硝酸盐、生物质燃烧源中 $PM_{2.5}$ 源成分谱

（3）污染源解析结果

为了分析大气中颗粒物的来源及各个源对颗粒物的贡献值和分担率，将选择的源成分谱和受体数据纳入 CMB 模型。根据 CMB 模型结果，综合了碳比值法、源清单以及工艺过程的一次排放等，共解析出以下源类：燃煤源、工艺过程源、扬尘源、机动车源、生物质燃烧源等一次源类；二次硫酸盐、二次硝酸盐和二次有机气溶胶等二次源类。其中，燃煤源中包含了民用燃煤、电厂燃煤及工业燃煤；工艺过程源指的是工艺加工等过程中颗粒物的直接排放（钢铁、玻璃、水泥等行业排放，不包括工业燃煤排放）；生物质燃烧源是指秸秆、木材等生物质燃烧过程中产生的颗粒物；二次硫酸盐是工业、民用等燃烧过程中排放的 SO_2 被氧化生成的二次粒子；二次硝酸盐是工业、民用等燃烧过程中排放的 NO_x 和 NH_3 通过气相、液相、非均相等反应，生成的二次粒子；二次有机物则是工业、民用等燃烧过程中排放的 VOCs 等与大气氧化物反应生成的二次有机粒子。

不同时期 $PM_{2.5}$ 源解析结果如图 5-12 所示（书后另见彩图）。2018 ～ 2019 年秋冬季（2018 年 10 月～ 2019 年 3 月）源类由大到小为燃煤源（28%）、扬尘源（17%）、二次硝酸盐（16%）、机动车源（12%）、二次硫酸盐（8%）、工艺过程源（7%）、生物质燃烧源（6%）、二次有机气溶胶（6%）；2019 年春季（4 ～ 6 月）源类由大到小为：扬尘源（28%）、燃煤源（21%）、工艺过程源（15%）、二次硫酸盐（11%）、二次硝酸盐（10%）、机动车源（8%）、二次有机气溶胶（5%）、生物质燃烧源（2%）；2019 年夏季（7 ～ 9 月）源类由大到小为扬尘源（24%）、燃煤源（18%）、二次硫酸盐（18%）、工艺过程源（12%）、二次硝酸盐（9%）、机动车源（8%）、二次有机气溶胶（8%）、生物质燃烧源（3%）；2019 ～ 2020 年秋冬季（2019 年 10 月～ 2020 年 3 月）源类由大到小为燃煤源（29%）、二次硝酸盐（17%）、扬尘源（14%）、二次硫酸盐（10%）、机动车源（8%）、生物质燃烧源（8%）、工艺过程源（7%）、二次有机气溶胶（7%）；2019 年全年源类由大到小为燃煤源（25%）、扬尘源（22%）、工艺过程源（12%）、二次硝酸盐（11%）、二次硫酸盐（10%）、机动车源（9%）、二次有机气溶胶（7%）、生物质燃烧源（4%）；2020 年 4 ～ 8 月源类由大到小为扬尘源（23%）、燃煤源（20%）、二次硫酸盐（15%）、工艺过程源（14%）、二次硝酸盐（13%）、二次有机气溶胶（8%）、机动车源（6%）、生物质燃烧源（1%）。2018 年 10 月～ 2020 年 8 月 $PM_{2.5}$ 解析结果显示，贡献源类以燃煤源、扬尘源以及二次源

（二次硝酸盐、二次硫酸盐和二次有机气溶胶）为主，机动车源的占比也较高。燃煤为首要污染源类，整个采样周期的贡献占比都较高，尤其是在秋冬季的采暖期，占比约 30%；在春夏两季，由于受风沙的影响，扬尘源的贡献占比较高；二次源的贡献占比则有明显季节变化趋势，在秋冬季，二次硝酸盐的占比较高，在夏季，二次硫酸盐的占比较高。

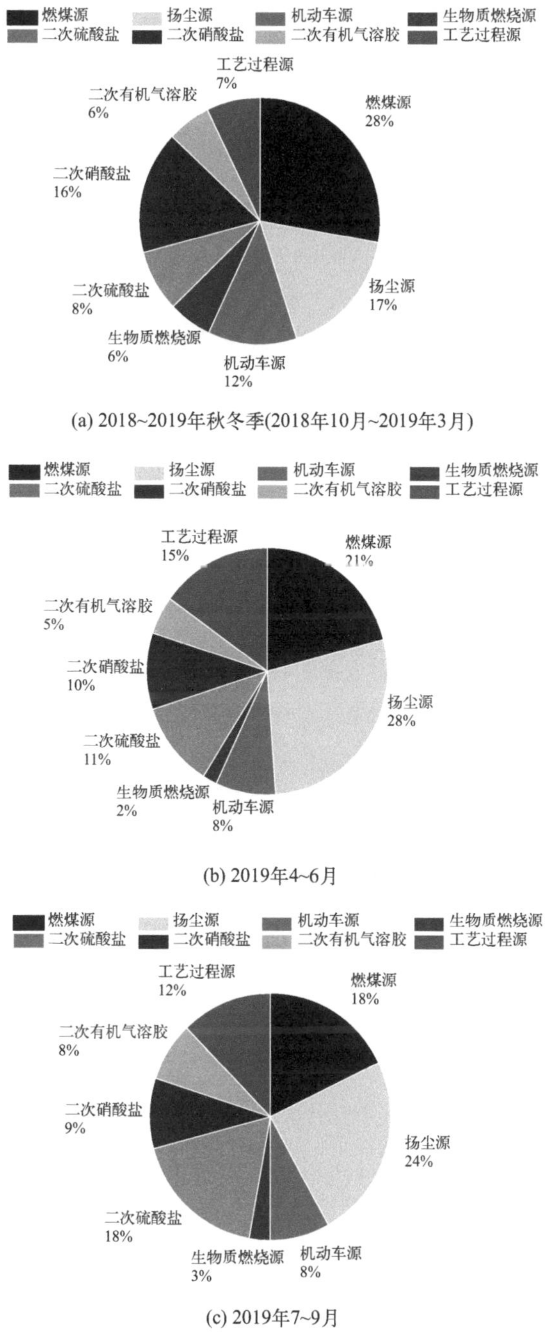

(a) 2018~2019年秋冬季(2018年10月~2019年3月)

(b) 2019年4~6月

(c) 2019年7~9月

图 5-12

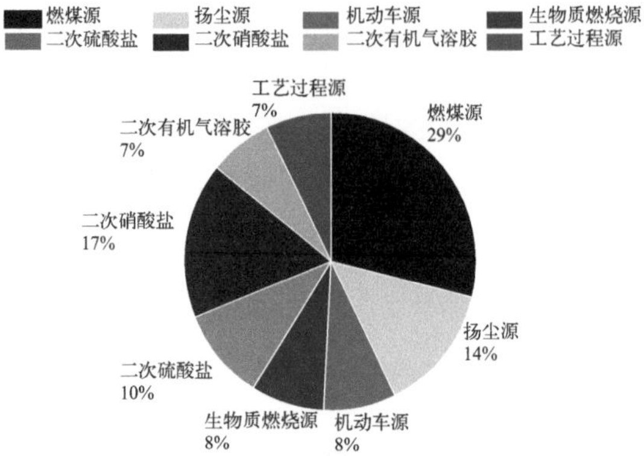

(d) 2019~2020年秋冬季(2019年10月~2020年3月)

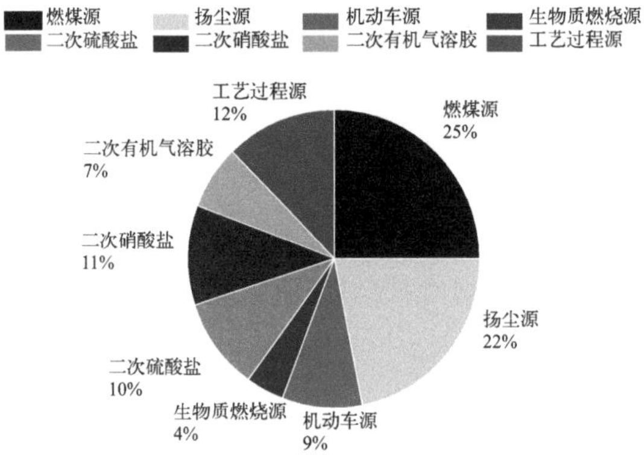

(e) 2019年全年

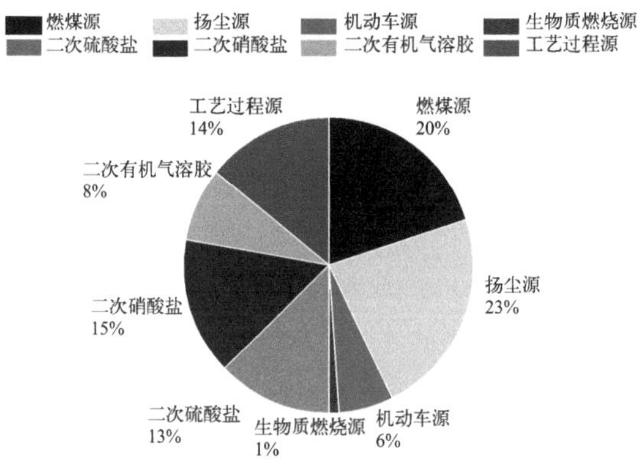

(f) 2020年4~8月

图 5-12 不同时期 $PM_{2.5}$ 来源解析结果

对比 2018 ～ 2019 年与 2019 ～ 2020 年秋冬季各源类浓度贡献［图 5-13（a）］，结果表明，2018 ～ 2019 年秋冬季（2018 年 10 月 ～ 2019 年 3 月），各源类贡献浓度由大到小分别为燃煤源（24.57μg/m^3）、扬尘源（14.92μg/m^3）、二次硝酸盐（14.04μg/m^3）、机动车源（10.53μg/m^3）、二次硫酸盐（7.02μg/m^3）、工艺过程源（6.14μg/m^3）、生物质燃烧源（5.26μg/m^3）和二次有机气溶胶（5.26μg/m^3）。

2019 ～ 2020 年秋冬季（2019 年 10 月～ 2020 年 3 月），各源类浓度由大到小分别为燃煤源（24.24μg/m^3）、二次硝酸盐（14.21μg/m^3）、扬尘源（11.70μg/m^3）、二次硫酸盐（8.36μg/m^3）、机动车源（6.69μg/m^3）、生物质燃烧源（6.69μg/m^3）、工艺过程源（5.85μg/m^3）、二次有机气溶胶（5.85μg/m^3）。

2018 ～ 2019 年与 2019 ～ 2020 年秋冬季各源类贡献浓度和占比的对比分别如图 5-13 所示。与 2018 ～ 2019 年相比，2019 ～ 2020 年各源类浓度及占比呈现出明显差异。扬尘源浓度降低了 3.22μg/m^3，占比下降了 3 个百分点，说明当地扬尘源的管控收到了成效。机动车源浓度和占比下降明显（3.84μg/m^3 和 4 个百分点），这是由于“新冠”期间，当地限行等措施的实施，导致机动车减少。因此，机动车源的下降幅度最为显著。燃煤源浓度略微下降，而占比上升 1 个百分点（扬尘、机动车源的降低，导致燃煤源贡献占比相对上升），并且各源类中燃煤源占比仍然最高。这说明燃煤源仍然是大气颗粒物的主要污染源类，但得到了有效的控制。二次硫酸盐、二次硝酸盐和二次有机气溶胶浓度和占比均略有增加。近两年，当地 SO_2、NO_x 等气态污染物得到了管控，但是由于二次硫酸盐和硝酸盐的生成不仅仅和气体前体物相关，还和大气氧化性有密切的联系。研究表明，近年来大气氧化性有加强的趋势。相关报道指出，O_3、VOCs 等污染加重，增加了大气氧化性，更容易将 SO_2、NO_2 和 VOCs 氧化成为二次硫酸盐、二次硝酸盐和二次有机气溶胶。工艺过程源浓度略有下降，而占比保持不变，由于“新冠”期间，当地部分工厂停工停产。生物质燃烧源浓度增大了 1.43μg/m^3，占比上升了 2 个百分点，这是由于“新冠”期间，人们的外出活动减少，而在家中利用焚烧秸秆及利用生物质取暖的现象增加所致。

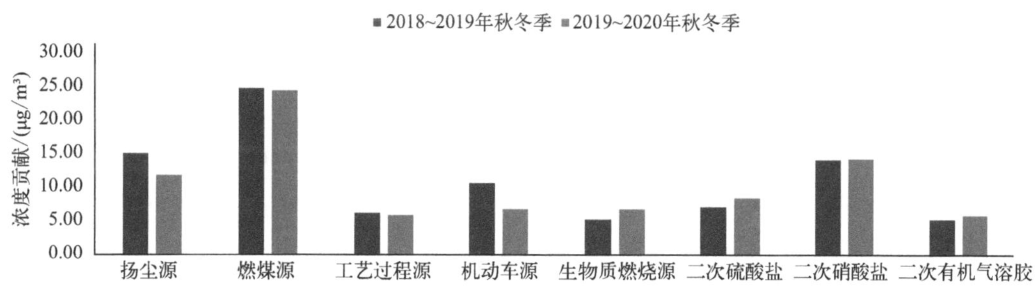

(a) 2018~2019年、2019~2020年秋冬季各源类浓度贡献

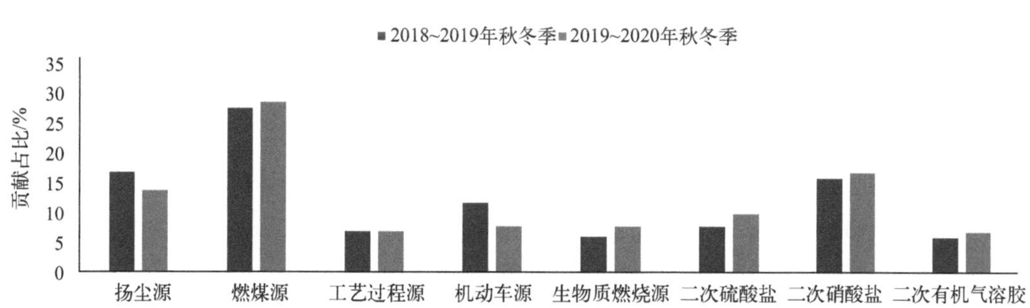

(b) 2018~2019年、2019~2020年秋冬季各源类贡献占比

图 5-13　2018 ～ 2019 年、2019 ～ 2020 年秋冬季各源类浓度贡献及贡献占比对比

参考文献

[1] Miller M S, Friedlander S K, Hidy G M. A chemical element balance for the Pasadena aerosol [J]. Journal of Colloid and Interface Science, 1972, 39(1): 165-176.

[2] Cooper J A, Watson J J G. Receptor oriented methods of air particulate source apportionment [J]. Journal of the Air Pollution Control Association, 1980, 30(10): 1116-1125.

[3] Friedlander S K. Chemical element balances and identification of air pollution sources [J]. Environ Sci Technol, 1973, 7(3): 235-240.

[4] Watson J J G. Overview of receptor model principles [J]. Journal of the Air Pollution Control Association, 1984, 34(6): 619-623.

[5] Thurston G D, Spengler J D. A quantitative assessment of source contributions to inhalable particulate matter pollution in metropolitan Boston [J]. Atmospheric Environment, 1985, 19(1): 9-25.

[6] Karar K, Gupta A K. Source apportionment of PM_{10} at residential and industrial sites of an urban region of Kolkata, India [J]. Atmos Res, 2007, 84(1): 30-41.

[7] Wang Z S, Wu T, Shi G L, et al. Potential source analysis for PM_{10} and $PM_{2.5}$ in autumn in a northern city in China [J]. 2012, (1). DOI：10.4209/aaqr.2011.04.0045.

[8] Xu J, Tian Y Z, Zhang Y, et al. Source apportionment of perfluorinated compounds (PFCs) in sediments: Using three multivariate factor analysis receptor models [J]. Journal of Hazardous Materials, 2013, 260: 483-488.

[9] Paatero P, Tapper U. Positive matrix factorization: A non-negative factor model with optimal utilization of error estimates of data values [J]. 1994, 5(2): 111-126.

[10] Paatero P. Least squares formulation of robust non-negative factor analysis [J]. Chemometrics and Intelligent Laboratory Systems, 1997, 37(1): 23-35.

[11] Hwang I, Hopke P K. Estimation of source apportionment and potential source locations of $PM_{2.5}$ at a west coastal IMPROVE site [J]. Atmos Environ, 2007, 41(3): 506-518.

[12] Khairy M A, Lohmann R. Source apportionment and risk assessment of polycyclic aromatic hydrocarbons in the atmospheric environment of Alexandria, Egypt [J]. Chemosphere, 2013, 91(7): 895-903.

[13] Liu Z, Wang Y, Hu B, et al. Source appointment of fine particle number and volume concentration during severe haze pollution in Beijing in January 2013 [J]. Environ Sci Pollut Res, 2016, 23(7): 6845-6860.

[14] 蔡凡涛，尚玥，戴维，等. $PM_{2.5}$化学组分连续观测在污染事件源解析中的应用 [J]. 环境科学，2021, 42(10): 4575-4581.

[15] Liu G R, Shi G L, Tian Y Z, et al. Physically constrained source apportionment (PCSA) for polycyclic aromatic hydrocarbon using the Multilinear Engine 2-species ratios (ME2-SR) method [J]. Sci Total Environ, 2015, 502: 16-21.

[16] Paatero P, Tapper U. Positive matrix factorization: A non-negative factor model with optimal utilization of error estimates of data values [J]. Environmetrics, 1994, 5(2): 111-126.

[17] Paatero P. The multilinear engine—A table-driven, least squares program for solving multilinear problems, including the n-way parallel factor analysis model [J]. J Comput Graph Stat, 1999, 8(4): 854-888.

[18] Amato F, Hopke P K. Source apportionment of the ambient $PM_{2.5}$ across St. Louis using constrained positive matrix factorization [J]. Atmos Environ, 2012, 46: 329-337.

[19] Amato F, Pandolfi M, Escrig A, et al. Quantifying road dust resuspension in urban environment by multilinear engine: A comparison with PMF2 [J]. Atmos Environ, 2009, 43(17): 2770-2780.

[20] Pan Y, Tian S, Liu D, et al. Fossil fuel combustion-related emissions dominate atmospheric ammonia sources during severe haze episodes: Evidence from 15N-stable isotope in size-resolved aerosol ammonium [J]. Environ Sci Technol, 2016, 50(15): 8049-8056.

[21] Li J, Zhang Y L, Cao F, et al. Stable sulfur isotopes revealed a major role of transition-metal ion-catalyzed SO_2 oxidation in haze episodes [J]. Environ Sci Technol, 2020, 54(5): 2626-2634.

[22] Miller M F. Isotopic fractionation and the quantification of ^{17}O anomalies in the oxygen three-isotope system: an appraisal and geochemical significance [J]. Geochimica et Cosmochimica Acta, 2002, 66(11): 1881-1889.

[23] Wang Y L, Song W, Yang W, et al. Influences of atmospheric pollution on the contributions of major oxidation pathways to $PM_{2.5}$ nitrate formation in Beijing [J]. Journal of Geophysical Research: Atmospheres, 2019, 124(7): 4174-4185.

[24] Fan M Y, Zhang Y L, Lin Y C, et al. Changes of emission sources to nitrate aerosols in Beijing after the clean air actions: Evidence from dual isotope compositions [J]. Journal of Geophysical Research: Atmospheres, 2020, 125(12): DOI:e2019JD031998.

[25] 张雯淇，章炎麟. 大气硝酸盐中氧同位素异常研究进展 [J]. 科学通报，2019, 64(7): 649-662.

[26] Dubey M K, Mohrschladt R, Donahue N M, et al. Isotope specific kinetics of hydroxyl radical (OH) with water (H_2O): Testing models of reactivity and atmospheric fractionation [J]. The Journal of Physical Chemistry A, 1997, 101(8): 1494-1500.

[27] Johnston J C, Thiemens M H. The isotopic composition of tropospheric ozone in three environments [J]. Journal of Geophysical Research: Atmospheres, 1997, 102(D21): 25395-25404.

[28] 田福林，陈景文，敖江婷. 受体模型应用于典型持久性有毒物质的来源解析研究进展 [J], 环境化学，2009, 28(3): 319-327.

[29] Manoli E, Kouras A, Samara C. Profile analysis of ambient and source emitted particle-bound polycyclic aromatic hydrocarbons from three sites in northern Greece [J]. Chemosphere, 2004, 56(9): 867-878.

[30] Elliott E M, Kendall C, Wankel S D, et al. Nitrogen isotopes as indicators of NO_x source contributions to atmospheric nitrate deposition across the midwestern and northeastern United States [J]. Environ Sci Technol, 2007, 41(22): 7661-7667.

[31] Kertész Z, Szoboszlai Z, Angyal A, et al. Identification and characterization of fine and coarse particulate matter sources in a middle-European urban environment [J]. Nuclear Instruments and Methods in Physics Research Section B: Beam Interactions with Materials and Atoms, 2010,

268(11): 1924-1928.

[32] Cuccia E, Massabò D, Ariola V, et al. Size-resolved comprehensive characterization of airborne particulate matter [J]. Atmos Environ, 2013, 67: 14-26.

[33] Cao J J, Wu F, Chow J C, et al. Characterization and source apportionment of atmospheric organic and elemental carbon during fall and winter of 2003 in Xi'an, China [J]. Journal of Geophysical Research: Atmospheres, 2005, 5(11): 3127-3137.

[34] Siwatt P Application of binary diagnostic ratios of polycyclic aromatic hydrocarbons for identification of Tsunami 2004 Backwash Sediments in Khao Lak, Thailand [J]. Scientific World Journal, 2014, 2014: 485068.

[35] Pongpiachan S, Tipmanee D, Khumsup C, et al. Assessing risks to adults and preschool children posed by $PM_{2.5}$-bound polycyclic aromatic hydrocarbons (PAHs) during a biomass burning episode in Northern Thailand [J]. Science of the Total Environment, 2015, 508: 435-444.

[36] Simcik M F, Eisenreich S J, Lioy P J. Source apportionment and source/sink relationships of PAHs in the coastal atmosphere of Chicago and Lake Michigan [J]. Atmospheric Environment, 1999, 33(30): 5071-5079.

[37] Yunker M B, Macdonald R W, Vingarzan R, et al. PAHs in the Fraser River basin: A critical appraisal of PAH ratios as indicators of PAH source and composition [J]. Organic Geochemistry, 2002, 33(4): 489-515.

[38] Zhang Y, Guo C S, Xu J, et al. Potential source contributions and risk assessment of PAHs in sediments from Taihu Lake, China: Comparison of three receptor models [J]. Water Research, 2012, 46(9): 3065-3073.

[39] Horii Y, Ohura T, Yamashita N, et al. Chlorinated polycyclic aromatic hydrocarbons in sediments from industrial areas in Japan and the United States [J]. Archives of Environmental Contamination and Toxicology, 2009, 57(4): 651-660.

[40] Ko F C, Baker J, Fang M D, et al. Composition and distribution of polycyclic aromatic hydrocarbons in the surface sediments from the Susquehanna River [J]. Chemosphere, 2007, 66(2): 277-285.

[41] Feng C, Xia X, Shenl Z, et al. Distribution and sources of polycyclic aromatic hydrocarbons in Wuhan section of the Yangtze River, China [J]. Environmental Monitoring & Assessment, 2007, 133(1-3): 447-458.

[42] Xu J, Yu Y, Wang P, et al. Polycyclic aromatic hydrocarbons in the surface sediments from Yellow River, China [J]. Chemosphere, 2007, 67(7): 1408-1414.

[43] Malik A, Verma P, Singh A K, et al. Distribution of polycyclic aromatic hydrocarbons in water and bed sediments of the Gomti River, India [J]. Environmental Monitoring & Assessment, 2011, 172(1-4): 529-545.

[44] Ali W, Mao K, Zhang H, et al. Comprehensive review of the basic chemical behaviours, sources, processes, and endpoints of trace element contamination in paddy soil-rice systems in rice-growing countries [J]. Journal of Hazardous Materials, 2020, 397: 122720.

[45] Li X, Geng T, Shen W, et al. Quantifying the influencing factors and multi-factor interactions affecting cadmium accumulation in limestone-derived agricultural soil using random forest (RF) approach [J]. Ecotoxicology and Environmental Safety, 2021, 209: 111773.

[46] Wei C, Lei M, Chen T, et al. Method on site-specific source apportionment of domestic soil pollution across China through public data mining: A case study on cadmium from non-ferrous industries [J]. Environmental Pollution, 2022, 295: 118605.

[47] Wang J, Yu D, Wang Y, et al. Source analysis of heavy metal pollution in agricultural soil irrigated with sewage in Wuqing, Tianjin [J]. Scientific Reports, 2021, 11(1): 17816.

[48] Dai L, Wang L, Li L, et al. Multivariate geostatistical analysis and source identification of heavy metals in the sediment of Poyang Lake in China [J]. Science of The Total Environment, 2018, 621: 1433-1444.

[49] Liu J, Chen X, Li D, et al. Variation of soil dissolved organic carbon under long-term different fertilizations and its correlation with maize yields [J]. Journal of Soils and Sediments, 2020, 20(7): 2761-2770.

[50] Chen T, Liu X, Li X, et al. Heavy metal sources identification and sampling uncertainty analysis in a field-scale vegetable soil of Hangzhou, China [J]. Environmental Pollution, 2009, 157(3): 1003-1010.

[51] Zhao K, Liu X, Xu J, et al. Heavy metal contaminations in a soil-rice system: Identification of spatial dependence in relation to soil properties of paddy fields [J]. Journal of Hazardous Materials, 2010, 181(1): 778-787.

[52] Yang S, He M, Zhi Y, et al. An integrated analysis on source-exposure risk of heavy metals in agricultural soils near intense electronic waste recycling activities [J]. Environment International, 2019, 133: 105239.

[53] Mehr M R, Keshavarzi B, Moore F, et al. Distribution, source identification and health risk assessment of soil heavy metals in urban areas of Isfahan province, Iran [J]. Journal of African Earth Sciences, 2017, 132: 16-26.

[54] Chen H, Yang X, Wang P, et al. Dietary cadmium intake from rice and vegetables and potential health risk: A case study in Xiangtan, southern China [J]. Science of The Total Environment, 2018, 639: 271-277.

[55] Xu X, Wang T, Sun M, et al. Management principles for heavy metal contaminated farmland based on ecological risk-A case study in the pilot area of Hunan province, China [J]. Science of the Total Environment, 2019, 684: 537-547.

[56] Wang Y, Cui W, Duan Z, et al. Investigation of microplastic pollution on paddy fields in Xiangtan City, Southern China [J]. Environmental Science and Pollution Research, 2022.

[57] Zhao K, Zhang L, Dong J, et al. Risk assessment, spatial patterns and source apportionment of soil heavy metals in a typical Chinese hickory plantation region of southeastern China [J]. Geoderma, 2020, 360: 114011.

[58] Wang Y, Zhang X, Sun W, et al. Effects of hyperspectral data with different spectral resolutions

on the estimation of soil heavy metal content: From ground-based and airborne data to satellite-simulated data [J]. Science of the Total Environment, 2022, 838: 156129.

[59] Huang J, Peng S, Mao X, et al. Source apportionment and spatial and quantitative ecological risk assessment of heavy metals in soils from a typical Chinese agricultural county [J]. Process Safety and Environmental Protection, 2019, 126: 339-347.

[60] Cai L M, Wang Q S, Wen H H, et al. Heavy metals in agricultural soils from a typical township in Guangdong Province, China: Occurrences and spatial distribution [J]. Ecotoxicology and Environmental Safety, 2019, 168: 184-191.

[61] Guo G, Wang Y, Zhang D, et al. Source-specific ecological and health risks of potentially toxic elements in agricultural soils in Southern Yunnan Province and associated uncertainty analysis [J]. Journal of Hazardous Materials, 2021, 417: 126144.

[62] Chen T, Liu X, Zhu M, et al. Identification of trace element sources and associated risk assessment in vegetable soils of the urban-rural transitional area of Hangzhou, China [J]. Environmental Pollution, 2008, 151(1): 67-78.

[63] Wang Q R, Cui Y S, Liu X M, et al. Soil contamination and plant uptake of heavy metals at polluted sites in China [J]. Journal of Environmental Science and Health, 2003, 38(5): 823-838.

[64] Jiang H H, Cai L M, Hu G C, et al. An integrated exploration on health risk assessment quantification of potentially hazardous elements in soils from the perspective of sources [J]. Ecotoxicology and Environmental Safety, 2021, 208.

[65] Wang J, Wang L, Wang Y, et al. Emerging risks of toxic metal(loid)s in soil-vegetables influenced by steel-making activities and isotopic source apportionment [J]. Environment International, 2021, 146: 106207.

[66] Wang H Z, Cai L M, Wang Q S, et al. A comprehensive exploration of risk assessment and source quantification of potentially toxic elements in road dust: A case study from a large Cu smelter in central China [J]. Catena, 2021, 196:104930.

[67] Zhang H, Zhang M, Wu Y, et al. Risk sources quantitative appointment of ecological environment and human health in farmland soils: a case study on Jiuyuan District in China [J]. Environmental Geochemistry and Health, 2021, 43(11): 4789-4803.

[68] Middleton D R S, Watts M J, Beriro D J, et al. Arsenic in residential soil and household dust in Cornwall, south west England: potential human exposure and the influence of historical mining [J]. Environmental Science-Processes & Impacts, 2017, 19(4): 517-527.

[69] Alloway B J. Heavy Metals and Metalloids as Micronutrients for Plants and Animals [M]//Alloway B J. Heavy Metals in Soils: Trace Metals and Metalloids in Soils and their Bioavailability. Dordrecht: Springer Netherlands, 2013: 195-209.

[70] Gupta D K, Chatterjee S, Datta S, et al. Role of phosphate fertilizers in heavy metal uptake and detoxification of toxic metals [J]. Chemosphere, 2014, 108: 134-144.

[71] Cai L M, Huang L C, Zhou Y Z, et al. Heavy metal concentrations of agricultural soils and vegetables from Dongguan, Guangdong [J]. Journal of Geographical Sciences, 2010, 20(1): 121-134.

[72] Huang Y, Li T, Wu C, et al. An integrated approach to assess heavy metal source apportionment in peri-urban agricultural soils [J]. Journal of Hazardous Materials, 2015, 299: 540-549.

[73] Krailertrattanachai N, Ketrot D, Wisawapipat W. The distribution of trace metals in roadside agricultural soils, Thailand [J]. Handling Skewed Data: A Comparison of Two Popular Methods, 2019, 16(5): 714.

[74] Wang S, Cai L M, Wen H H, et al. Spatial distribution and source apportionment of heavy metals in soil from a typical county-level city of Guangdong Province, China [J]. Science of the Total Environment, 2019, 655: 92-101.

[75] Arunakumara K, Walpola B C, Yoon M H. Current status of heavy metal contamination in Asia's rice lands [J]. Reviews in Environmental Science and Bio-Technology, 2013, 12(4): 355-377.

[76] Zou M, Zhou S, Zhou Y, et al. Cadmium pollution of soil-rice ecosystems in rice cultivation dominated regions in China: A review [J]. Environmental Pollution, 2021, 280: 116965.

[77] Hu Y, Cheng H, Tao S. The challenges and solutions for cadmium-contaminated rice in China: A Critical Review [J]. Environment International, 2016, 92-93: 515-532.

第6章

农产品产地安全区划

农产品重金属超标目前已成为我国农业环保领域的热点问题，引发了全社会的高度关注。但这一问题产生的原因极为复杂，是多个因素共同作用的结果。首先，土壤重金属含量水平对农产品重金属超标有着直接的影响，据估算，我国耕地土壤重金属超标率约14%，在空间分布上与农产品重金属超标频发区高度吻合。其次，农产品作为风险受体，对土壤中重金属的吸收 / 积累存在显著的种间和种内差异。再次，重金属在土壤 - 作物系统中的迁移受到重金属生物可利用性、土壤理化性质等因素的影响。这些因素造成了农产品重金属超标风险发生的不确定性。因此，本章针对全国农产品产地土壤环境质量的空间异质性及农产品超标的不确定性，制定了农产品产地安全区划的基本原则和方法，构建了产地安全区划的指标体系，以我国典型地区的产地安全区划结果为例，进一步说明了我国农产品产地安全的空间分异特征，提出产地安全分区分类的保障性对策。

6.1 产地安全区划方法

6.1.1　区划概述

区划是根据自然或社会特征在地域上总体和部分之间的差异性与相似性而进行的区域划分，其意义在于为合理利用自然资源并制定各种规划提供理论依据。区划的科学基础是区域单元及其组成成分的特征、变化和分布规律。

我国是世界上较早开展现代区划研究的国家之一。多名学者在20世纪20～30年代便已开始区划的研究工作。1929年竺可桢的《中国气候区域论》、1934年洪思齐的《划分中国地理区之初步研究》及1940年黄秉维的《中国之植物区域》等研究成果均对我国的区划发展具有重要作用。

20世纪50年代以后，中国的经济建设迫切需要全面了解全国自然条件和自然资源，自然区划工作被列为国家科学技术发展规划中的重点项目，黄秉维于1958年提出了《中国综合自然区划的初步草案》[1]，揭示并肯定了地带性规律的普遍存在，完善了经典的区划方法论[2-5]，推动了全国和地方自然区划工作的深入，为工农业发展做出了巨大贡献。

20世纪80年代后，与综合自然区划相呼应，其他种类的部门 / 单要素区划同期展开，如气候区划、水文区划、植被区划、地貌区划、农业区划、交通区划、建筑区划、地震区划等。90年代后我国还开展了功能区划，如土壤环境区划、水（环境）功能区划、海洋功能区划等。随着区划目的性增强，区划过程更兼顾资源利用与可持续发展，这对区划工作提出了更高要求。

6.1.2 区划方法

6.1.2.1 区划原理

现代区划理论与方法主要源于自然地理区划。区域分异规律是自然地理区划的理论基础，等级单位系统则是分异规律的具体体现。自然地理区划既是区域划分的结果，也是区域划分的方法与过程，同时还是认识地理特征和发现地理规律的一种科学方法。从上述观点可以看出地理学家对自然地理区划的科学认知。

自然地理区划是一种地域系统研究法，即按照区域的内部差异，把自然特征不相似的部分划为不同的自然区，并确定其界限，进而对各自然区的特征及其发生、发展和分布规律进行研究，按其区域从属关系，建立一定的等级系统。所以，自然区划本质上是一种方法论。

自然地理区划的原则基于自然地理地域分异规律。区划原则既是进行区划的指导思想，又是选取区划指标、建立等级系统、确定区划方法的科学准绳。因此，区划原则是自然区划中的重要问题，主要包括发生统一性原则、相对一致性原则、主导因素原则、综合性原则、区域共轭性原则。

（1）发生统一性原则

任何区域单位都是在历史发展过程中形成的，因此，进行区划时必须探讨区域分异产生的原因与过程，以该区域单位整体特性的发展史为区划依据。

（2）相对一致性原则

在划分区域单位时，必须注意其内部特征的一致性。这种一致性是相对的一致性（所以也称为相似性），而且不同等级的区域单位各有其标准。

（3）主导因素原则

区域特征及其影响因素是区域属性的重要内容。开展区划时必须在形成不同区域特征的诸要素中找出起主导作用的因素，作为分区的重要依据。

（4）综合性原则

进行区划时必须综合分析地带性和非地带性因素之间的相互作用及其表现程度和结果，任何自然区域都是由各个自然地理要素组成的整体。

（5）区域共轭性原则

区域共轭性产生于区域单位空间不可重复的客观事实。自然区划所划分出来的必须是具有个体性的、区域上完整的自然区域，这称为区域共轭性原则，即空间连续性原则。

上述的各项区划原则，彼此间具有顺承性，并且互为补充，是区域区划的一般性原则。在行业或专题区划中，还可以根据区划的目标和意义补充制定应用性原则，而类型区划则不太重视空间的连续性，更侧重管理者的针对性需求，即突出目标性原则。

6.1.2.2　区划类型

依据所用区划方法的差异，区划可分为区域区划和类型区划。

区域区划是根据一定目的和要求，将相似的地理信息单元合并，将差异较大的信息单元分开，从而将整个区域划分成不同子区。例如，中国生态区划是一种比较典型的区域区划，即根据分异原则将生态区域划分为一级区，再根据等级性原则将一级子区逐级细化为二级区、三级区。另一种区划与此不同，它是先划分区域内具有相同特征的类型，再对每种类型进行定性描述和指标确定，从而聚类形成不同的类型，即类型化，这种区划也称为类型区划。如全国生态功能区划就是在生态区划三级区的基础上进行生态服务功能分区，再逐级进行属性提取与归纳，最后形成了具有不同生态功能的类型。

许多学者从区划单元的空间分布特征出发，阐明区域区划与类型区划的差别和联系。1958 年，黄秉维认为：区域区划中每一单位在地域上是相邻的，具有空间不可重复性；类型区划的每一单位允许相互隔离，空间上可以重复。区域区划便于辨异和表达区域单元的独特性，能严格地划出一致的地域；类型区划则便于求同和比较，可较准确地定出分类指标。因此，区域区划划出的是自然过程中相互依存的个体，而类型区划则划分出自然历史过程形成的具有共同特征的种类。因此，区域区划和类型区划都是认识自然的方法，是可以相互转化的概念，虽然这种转换是有条件的。

2014 年，郭书海在《中国土壤环境区划——原理、方法与实践》一书中采用数学集合的方式，描述了区域区划和类型区划的异同[6]。

（1）区域区划

区域区划的方法就是根据区域分异特征与规律，对区划本体进行划分。如图 6-1 所示，首先根据区划的一级指标，将其划分为 $\boldsymbol{R}_1$、$\boldsymbol{R}_2$、$\boldsymbol{R}_3$ 三个区划单元，单元间具有差异性，并且单元内具有相似性，这称为一级区划。但若进一步研究每个单元，如 $\boldsymbol{R}_1$，会发现其内部还可能有细微差异。以此为基础，可将 $\boldsymbol{R}_1$ 划分为 $\boldsymbol{R}_{11}$、$\boldsymbol{R}_{12}$、$\boldsymbol{R}_{13}$ 三个单元。这就是二级区划。同理，若可继续分区，可区划为 $\boldsymbol{R}_{111}$、$\boldsymbol{R}_{112}$、$\boldsymbol{R}_{121}$、$\boldsymbol{R}_{122}$……在区划本体内，根据一定目的和要求，将相似性的地理信息单元合并，将差异性较大的信息单元分开，从而将整个区域划分为不同的子区，这样的区划称为区域区划。

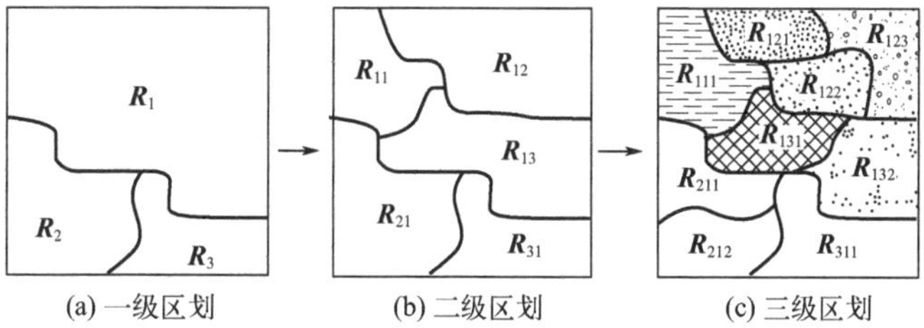

图 6-1　区划示意图

（2）类型区划

类型区划侧重于对区域内的不同单元进行定性描述和指标确定，然后通过归纳形成不同的类型。类型区划和区域区划的结果都以地理空间单元为基础，通过地理空间信息单元可将类型单元和区划单元联系起来。类型区划的流程是首先将一个区域自上而下分为若干子区（即首先进行区域区划），再将具有某种相同或相似属性的子区归为同一种类，并逐级向上聚类，最后形成不同属性的类别（即形成类型区划）。由此可见类型区划与区域区划的相互关系。底层单元的级别较低，易于进行自下而上的归纳。全国生态功能区划就是典型的类型区划，始于生态服务功能的属性分析与归类。

6.1.2.3 区划方法

区划方法一般可分为自上而下和自下而上两种，分别对应的是区域区划和类型区划。2014 年，郭书海采用关系树的方式，比对了两种区划方法。

（1）区域区划的自上而下区划方法

区域划分的关系树（图 6-2）可说明区域区划的过程与结果。

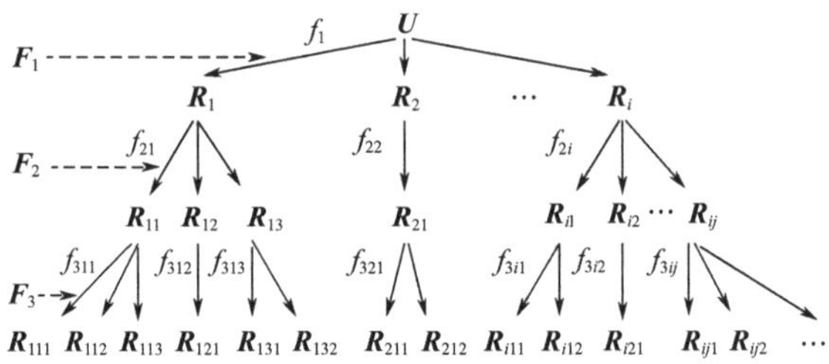

图 6-2　区域区划形成的不同级别与单元之间的关系树

其中，区域区划的单元定义为 $\boldsymbol{R}$（region，简写为 $\boldsymbol{R}$），$\boldsymbol{U}$ 是被区划的整体区域，$\boldsymbol{F}_k$（k=1, 2, 3）是各级区划的基本原则。

f 为具体划分条件；

$\boldsymbol{F}_1=\{f_1\}$，$\boldsymbol{F}_2=\{f_{21},\cdots,f_{2i}\}$，$\boldsymbol{F}_3=\{f_{311},\cdots,f_{3ij}\}$；

$\boldsymbol{\Phi}$ 为空集。

$\boldsymbol{R}_{ij1},\boldsymbol{R}_{ij2},\cdots,\boldsymbol{R}_{ijk}$ 之间存在共轭关系，即：

$\boldsymbol{R}_{ij}=\{\boldsymbol{R}_{ij1},\boldsymbol{R}_{ij2},\cdots,\boldsymbol{R}_{ijk}\}$，且 $\boldsymbol{R}_{ijk}\cap(\sim\boldsymbol{R}_{ijk})=\boldsymbol{\Phi}$

（2）类型区划的自下而上区划方法

以基于三级区划的类型区划为例，列出类型区划关系树（图 6-3），以说明类型区划的过程与结果。

① 首先对某一区域进行自上而下的区域区划，如通过逐级区划将某一系统划分为若干个三级单元 $\boldsymbol{R}_{ijk}$（图 6-1）。

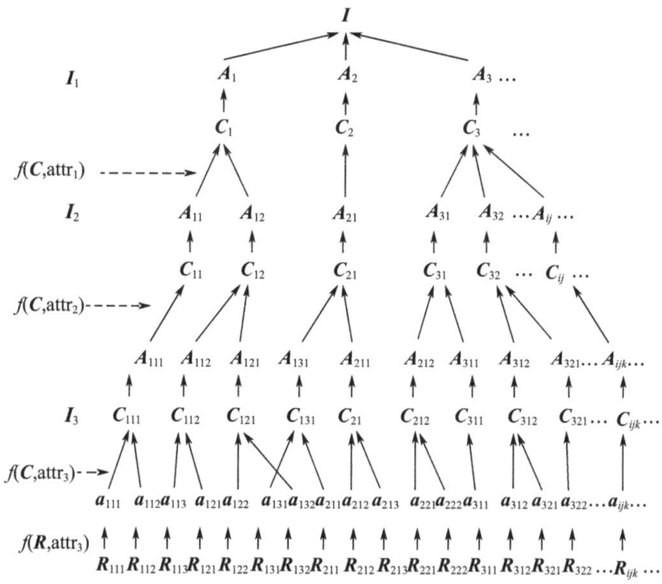

图 6-3 基于区域区划单元 - 属性关系的多级分类树

② 对每个三级单元 $\boldsymbol{R}_{ijk}$，按照属性分类原则 $f(\boldsymbol{R}, \mathrm{attr}_3)$，得出每个三级单元都具有相应的属性 $\boldsymbol{a}_{ijk}$（包括具体属性与抽象属性）。

③ 以 $\boldsymbol{a}_{ijk}$ 为基础，根据属性特征的分类原则 $f(\boldsymbol{C}, \mathrm{attr}_3)$，将具有相同或相近作用的元素进行功能分类，形成对应级别的类型集合 $\boldsymbol{C}_{ijk}$（class，简写为 $\boldsymbol{C}$，下角标代表三级分类的集合元素）。

④ 按上述步骤类推，基于第三级类型集合 $\boldsymbol{C}_{ijk}$ 和属性集合 $\boldsymbol{A}_{ijk}$，形成第二级类型集合 $\boldsymbol{C}_{ij}$ 和属性集合 $\boldsymbol{A}_{ij}$，再形成第一级类型集合 $\boldsymbol{C}_i$ 和属性集合 $\boldsymbol{A}_i$，至此完成自下而上的类型区划（$\boldsymbol{I}$ 是类型区划后归类结果的集合）。

上述操作可看成是一种比较典型的类型区划。

6.1.3 相关区划

农产品产地安全区划与传统自然区划在方法学上一脉相承，但两者区划目的和侧重点差异较大。产地安全是以农产品质量安全保障为目的，根据土壤 - 作物系统的内在关系建立，主要与农产品种类、土壤环境质量与土壤分类等密切相关，因此，本节简要地介绍上述因素在全国尺度上的区划。

6.1.3.1 综合农业区划

《中国综合农业区划》由全国农业区划委员会于 1981 年完成[7]，将全国划分为 10 个一级农业区和 38 个二级农业区，其中第十区为海洋水产区，一般将除海洋水产区外的其他 9 个综合农业区称为九大综合农业区（表 6-1）。该区划全面反映了不同等级系统的农业生产条件与特征、发展方向与建设途径。但为了适应经济规划的要求，综合农业分区尽可能保持了基层行政区划单位的完整性。从自然、经济、技术三方面，根据区内相似性与区际差异性的分区原则，由大到小逐级划分。按不同概括程度和空间大小尺度划分成不同等级单位（如一、二、三级），形成自上而下的等级系统。综合农业区划的结果，可作为农产品产地安全划分的依据。

表6-1　综合农业区划列表

一级区	二级区
东北区	兴安岭林区、松嫩三江平原农业区、长白山地林农区、辽宁平原丘陵农林区
内蒙古及长城沿线区	内蒙古北部牧区、内蒙古中南部牧农区、长城沿线农牧林区
黄淮海区	燕山太行山山麓平原农业区，冀、鲁、豫低洼平原农业区，黄淮平原农业区，山东丘陵农林区
黄土高原区	晋东、豫西丘陵山地农林牧区，汾渭谷地农业区，晋、陕、甘黄土丘陵沟谷牧林农区，陇中青东丘陵农牧区
长江中下游区	长江下游平原丘陵农畜水产区，豫、鄂、皖低山平原农林区，长江中游平原农业水产区，江南丘陵山地农林区，浙、闽丘陵山地林农区，南岭丘陵山地林农区
西南区	秦岭大巴山林农区，四川盆地农林区，川、鄂、湘、黔边境山地林农牧区，黔、桂高原山地林农牧区，川、滇高原山地农林牧区
华南区	闽南粤中农林水产区、粤西桂南农林区、滇南农林区、琼雷及南海诸岛农林区、台湾农林区
甘新区	蒙、宁、甘农牧区，北疆农牧林区，南疆农牧区
青藏区	西藏、青海大部分以及甘肃、四川、云南部分市县

6.1.3.2　土壤环境质量区划

《中国土壤环境区划——原理、方法与实践》是2014年由郭书海等共同完成的[6]。该区划是通过对全国土壤背景、生态地球化学等调查数据的深度挖掘，基于土壤污染成因，分析了全国土壤环境质量的空间格局与形成机制，提出了土壤环境分区指标体系，完成了全国尺度的土壤环境质量区划、土壤环境功能区划、土壤环境保护与污染控制规划，阐明了土壤环境区划的理论内涵，首次建立了三位一体的土壤环境区划框架体系。在区域区划层面上，根据土壤环境质量的格局特征与形成机制，将全国划分为北方低背景区、东南输入叠加区、西南高背景区、青藏高原自然生态区 4 个一级区；再根据土壤环境质量状况和等级，进一步划分为 22 个二级区和 57 个三级区（表 6-2）。土壤环境质量区划的原则、方法和结果，可作为农产品产地安全划分的依据。

表6-2　土壤环境质量区划列表

一级区	二级区	三级区
1 北方低背景区	11 东北平原山地清洁区	111 三江平原Ⅰ级区；112 松辽平原Ⅱ级区；113 小兴安岭山地Ⅱ级区；114 长白山山地Ⅱ级区；115 燕山山地 - 辽西丘陵Ⅱ级区；116 大兴安岭山地Ⅱ级区
	12 华北华东平原低山清洁区	121 鲁东南低山丘陵Ⅱ级区；122 华北平原Ⅱ级区；123 南阳盆地Ⅱ级区；124 大别山山地Ⅱ级区；125 苏北 - 黄淮平原Ⅱ级区
	13 黄土高原清洁区	131 山西山地盆地Ⅱ级区；132 黄土高原Ⅰ级区
	14 内蒙古高原河谷清洁区	141 内蒙古高原Ⅰ级区；142 河套 - 鄂尔多斯高原Ⅰ级区
	15 新甘高山平原盆地清洁区	151 新甘平原Ⅰ级区；152 塔里木盆地Ⅰ级区；153 天山高山盆地Ⅱ级区；154 准噶尔盆地Ⅱ级区；155 阿尔泰山山地Ⅲ级区
2 东南输入叠加区	21 长江中下游平原基本清洁区	211 江浙冲积平原Ⅱ级区；212 浙皖山地Ⅱ级区；213 鄱阳湖冲积湖积平原Ⅲ级区；214 江汉平原Ⅲ级区；215 洞庭湖冲积湖积平原Ⅱ级区
	22 长江中游山地局部超标区	221 幕阜山地Ⅱ级区；222 湘赣丘陵Ⅲ级区
	23 浙闽中低山清洁区	231 武夷山山地Ⅱ级区；232 闽东山地Ⅱ级区；233 粤闽山地Ⅱ级区
	24 粤桂低山平原基本清洁区	241 珠江三角洲Ⅲ级区；242 粤桂山地、粤西沿海台地Ⅱ级区；243 海南台地山地Ⅱ级区
3 西南高背景区	31 秦岭 - 大巴山山地局部超标区	311 豫西汉中谷地Ⅱ级区；312 秦岭山地Ⅱ级区；313 大巴山山地Ⅲ级区
	32 四川盆地基本清洁区	321 成都冲积平原Ⅲ级区；322 川中东北低山丘陵Ⅱ级区
	33 鄂黔滇中山山地局部超标区	331 雪峰山山地Ⅲ级区；332 武陵山山地Ⅲ级区；333 大娄山山地Ⅲ级区；334 川黔滇喀斯特山地丘陵超Ⅲ级区
	34 川西南 - 滇中中高山盆地局部超标区	341 乌蒙山 - 凉山山地Ⅲ级区；342 盐源楚雄山地盆地Ⅱ级区；343 滇中喀斯特山地盆地Ⅲ级区
	35 滇西南高中山地清洁区	351 滇西南山地Ⅱ级区
	36 桂西喀斯特低山盆地大面积超标区	361 桂西喀斯特低山盆地超Ⅲ级区
	37 桂湘赣中低山地局部超标区	371 罗霄山山地Ⅲ级区；372 桂湘山地、喀斯特盆地Ⅲ级区

续表

一级区	二级区	三级区
4 青藏高原自然生态区	41 横断山脉	411 横断山脉山地Ⅲ级区
	42 喜马拉雅山脉	421 喜马拉雅山脉山地超Ⅲ级区
	43 江河源高原	431 江河上游山地谷地Ⅱ级区；432 江河源山地盆地Ⅱ级区
	44 祁连山 - 昆仑山	441 阿尔金山 - 祁连山山地Ⅱ级区；442 昆仑山山地Ⅱ级区
	45 柴达木 - 黄湟盆地	451 柴达木 - 黄湟盆地Ⅱ级区
	46 羌塘高原湖盆	461 羌塘高原湖盆超Ⅲ级区

6.1.3.3 土壤区划

1982 年席承藩、张俊民系统地论述了中国土壤区划的依据，并将全国土壤分为 3 级，分别为土壤区域、土壤带、土壤区[8]。其划分依据和具体区划如表 6-3 所列。

表6-3 土壤区划

土壤区域	土壤带	土壤区
Ⅰ富铝质土区域	$Ⅰ_1$ 砖红壤带	$Ⅰ_{1(1)}$、$Ⅰ_{1(2)}$、$Ⅰ_{1(3)}$、$Ⅰ_{1(4)}$、$Ⅰ_{1(5)}$
	$Ⅰ_2$ 赤红壤带	$Ⅰ_{2(1)}$、$Ⅰ_{2(2)}$、$Ⅰ_{2(3)}$、$Ⅰ_{2(4)}$、$Ⅰ_{2(5)}$
	$Ⅰ_3$ 红壤、黄壤带	$Ⅰ_{3(1)}$、$Ⅰ_{3(2)}$、$Ⅰ_{3(3)}$、$Ⅰ_{3(4)}$、$Ⅰ_{3(5)}$、$Ⅰ_{3(6)}$、$Ⅰ_{3(7)}$、$Ⅰ_{3(8)}$、$Ⅰ_{3(9)}$、$Ⅰ_{3(10)}$
	$Ⅰ_4$ 黄棕壤带	$Ⅰ_{4(1)}$、$Ⅰ_{4(2)}$、$Ⅰ_{4(3)}$、$Ⅰ_{4(4)}$、$Ⅰ_{4(5)}$、$Ⅰ_{4(6)}$
Ⅱ硅铝质土区域	$Ⅱ_1$ 棕壤、褐土与黑垆土带	$Ⅱ_{1(1)}$、$Ⅱ_{1(2)}$、$Ⅱ_{1(3)}$、$Ⅱ_{1(4)}$、$Ⅱ_{1(5)}$、$Ⅱ_{1(6)}$、$Ⅱ_{1(7)}$
	$Ⅱ_2$ 暗棕壤、黑土和黑钙土带	$Ⅱ_{2(1)}$、$Ⅱ_{2(2)}$、$Ⅱ_{2(3)}$、$Ⅱ_{2(4)}$、$Ⅱ_{2(5)}$、$Ⅱ_{2(6)}$、$Ⅱ_{2(7)}$
	$Ⅱ_3$ 大兴安岭北端灰化土（或灰漂土）带	
Ⅲ干旱土区域	$Ⅲ_1$ 栗钙土、棕钙土、灰钙土带	$Ⅲ_{1(1)}$、$Ⅲ_{1(2)}$、$Ⅲ_{1(3)}$、$Ⅲ_{1(4)}$、$Ⅲ_{1(5)}$、$Ⅲ_{1(6)}$、$Ⅲ_{1(7)}$
	$Ⅲ_2$ 灰棕漠土带	$Ⅲ_{2(1)}$、$Ⅲ_{2(2)}$、$Ⅲ_{2(3)}$、$Ⅲ_{2(4)}$、$Ⅲ_{2(5)}$
	$Ⅲ_3$ 棕漠土带	$Ⅲ_{3(1)}$、$Ⅲ_{3(2)}$、$Ⅲ_{3(3)}$、$Ⅲ_{3(4)}$
Ⅳ高山土区域	$Ⅳ_1$ 亚高山草甸土带	$Ⅳ_{1(1)}$、$Ⅳ_{1(2)}$
	$Ⅳ_2$ 亚高山草原土带	$Ⅳ_{2(1)}$、$Ⅳ_{2(2)}$、$Ⅳ_{2(3)}$

续表

土壤区域	土壤带	土壤区
Ⅳ高山土区域	$Ⅳ_3$高山草甸土带	
	$Ⅳ_4$高山草原土带	
	$Ⅳ_5$高山漠土带	

（1）土壤区域（一级）

根据土壤性状和自然景观的重大差异，将三大自然区域分为4个一级土壤区域：

① 富铝质土区域，位于秦岭、淮河以南，包括红壤、黄壤等。

② 硅铝质土区域，位于秦岭、淮河以北，包括棕壤、褐土等，以旱耕为主。

③ 干旱土壤区域，位于长城沿线及黄土区西缘的西北部，包括栗钙土、漠土等。

④ 高山土区域，位于中国西南部低纬度、高海拔的青藏高原。

（2）土壤带（二级）

土壤区域的续分。主要依据土壤与生物、气候的一致性进行划分。

① 富铝质土区域由南向北分为砖红壤带，赤红壤带，红壤、黄壤带，黄棕壤带。

② 硅铝质土区域由南向北分为棕壤、褐土和黑垆土带，暗棕壤、黑土和黑钙土带，大兴安岭北端灰化土（或灰漂土）带。

③ 干旱土区域可分为栗钙土、棕钙土、灰钙土带，灰棕漠土带，棕漠土带。

④ 高山土区域可分为亚高山草甸土带，亚高山草原土带，高山草甸土带，高山草原土带，高山漠土带。

（3）土壤区（三级）

全国土壤区划的基本单元。体现区内土壤组合及其有关自然条件的一致性。以黄淮海平原为例，属棕壤、褐土带中的广阔平原，是一个完整的土壤区，以潮土为主。可再分为3个土区：

① 黄河以北华北平原潮土——盐碱土区。

② 黄河以南黄泛平原潮土——盐碱土区。

③ 淮北、苏北平原砂姜黑土区等。

6.1.4　产地土壤环境质量

作为影响产地安全的最重要因素——土壤环境质量直接决定了农产品质量安全，尤其是重金属等无机元素含量是否满足国家食品安全标准。土壤环境质量主要由自然成因和人为成因共同决定[9]。从成土过程的影响因素来看，母质是土壤中重金属的自然来源，也是区域尺度土壤环境质量的决定性因素。但由于人类活动强度增大，高密度点源也会造成局部的土壤污染，从而改变土壤环境质量。因此，本节将简要地介绍影响土壤环境质量的自然因素和人为因素，并分析其在区域尺度产地安全区划中的关键作用。

6.1.4.1 土壤环境背景值

土壤环境背景值是指在不受或很少受人类活动影响、不受或很少受现代工业污染与破坏的情况下，土壤原来固有的化学组成和结构特征。重金属成矿带的空间分布直接影响土壤环境背景值。我国于20世纪70年代中期，分别在430个和934个采样点上采集土样，获得了镉、汞、砷、铅、铬、铜、锌、镍8种元素的背景值，总结出土壤环境背景值调查研究的各种技术规定和方法。于“七五”期间在全国范围内开展土壤环境背景值调查，共采集了全国主要土类4000个剖面，获得了铜、汞、砷、铅、铬、铜、锌等12种元素的土壤环境背景值，800个主剖面10余种元素的土壤环境背景值，弄清了土壤环境背景值区域分异规律。

从全国范围来看，高背景值地区的形成与矿藏分布关系密切。西南地区分布着大面积的有色金属成矿带，是镉、汞、砷、铅等无机元素的高背景值地区。统计结果表明，金属矿藏直接影响重金属的土壤环境背景值，该地区土壤中重金属含量较高，与金属矿藏的分布高度相关。

在全国16个重要成矿带中，有色金属矿藏主要分布在南方地区[10]。南岭成矿带跨越湖南、广东、广西、江西四省（区），面积约$1.6\times10^5km^2$，钨、锡、铋、铅、锌、稀土元素等产量位居全国前列。川滇黔相邻成矿区位于贵州、云南、四川三省接壤处，面积约$6\times10^4km^2$，成矿条件极好，各类矿产资源十分丰富，有色矿以铅、锌、铜、银为主。湘西-鄂西成矿带北起鄂豫陕三省边界，南至湘黔铁路线，西自鄂渝交界，东达江汉平原西缘，面积约$1.8\times10^5km^2$，是我国锑、铅、锌、金、铜、锰等金属矿产重要的储备和生产基地。虽然目前尚无系统调查结果，但对照全国重要成矿带与全国土壤环境背景值空间分布图，并结合相关文献报告，可以推测：南岭成矿带、川滇黔相邻成矿区和湘西-鄂西成矿带不仅对西南、华中地区的土壤环境背景值有重要影响，而且也是相关地区、流域重金属污染的物质源。

除上述3个成矿带之外，西起甘肃临夏-舟曲、东至陕西安康的秦岭成矿带，也值得重点关注。该成矿带内的有色金属矿产地多达300余处，包括大型矿地14处，主要成矿元素为铜、铅、锌和汞，凤-太、西-成、镇-旬等铅锌矿为国家级矿产基地。秦岭成矿带是全国土壤环境背景值的南北分界区，并向东与淮河相连，成为全国土壤环境背景值的南北分界线，几乎与传统意义上南北方分界的秦岭-淮河一线完全重合。上述4个重要成矿带决定了全国土壤环境背景区的基本分布，并对全国土壤环境质量的空间格局具有重要影响。

6.1.4.2 土壤重金属分布

20世纪80年代以来，国家陆续组织了若干环境重金属调查项目与研究课题。除了前述的“七五”重点攻关课题“中国土壤环境背景值研究”外，还有由地质矿产部、卫生部、中国科学院三个部门联合开展的“八五”重点攻关项目“区域地球化学及在农业和生命科学上的应用研究”。

区域地球化学过程能反映元素在环境介质中的分布特征和迁移循环规律，在认识环境总体特征和相互依存关系中占有特殊重要地位。该项目的一个重要研究成果是《中国生态环境地球化学图集》[11]。根据水系沉积物和土壤样品的重金属含量而绘制的元素地球化学图，展现了重金属元素以水为载体的迁移过程，揭示了地球表层元素的分布特征与规律，可用于评估土壤环境的质量。

该调查结果不仅能说明当地的地球化学规律，还反映了流域性重金属污染状况。对照土壤环境背景，可评估土壤环境质量并预测其演变规律。综合统计表明，镉、汞、砷、铅4种元素主要集中在西南地区，尤其在云南、贵州、广西3地的含量较高，但在粤北-湘南也有分布。从污染物的浓度分布来看，迁移能力较强的镉、汞和铅3种元素已经显示出局域性→流域性→区域性的污染扩散特征。

6.2 产地安全区划方案

区划的首要原则是“从源”，即遵从区划对象的发生学机制。就农产品产地安全区划而言，应从土壤-农作物系统入手，明确重金属在其中的迁移规律及在农产品中的富集规律，才能揭示农产品产地安全的空间格局形成机制，提出分类区划方案与管理对策。

6.2.1　区划原则

根据区划的一般原则与产地环境特征，产地安全区划应遵循以下原则。

（1）单元间分异性原则

产地安全是在土壤-农作物系统基础上，以重金属为代表性污染物，依据其在农产品中的超标风险概率，划定的产地安全性。区划单元间产地农产品超标风险存在显著差异。

（2）单元内一致性原则

在进行产地安全区划时，应注意区划单元内影响农产品超标的土壤和作物要素相对一致。一致性既是划分区划单元的依据，也是划分单元不同等级的依据。

（3）安全主导因素原则

分析上述空间区划单元中导致农产品超标因素的贡献率，根据主导因素，对区划单元属性进行提取归类，形成区划类型。

（4）综合影响因素原则

还需综合考虑土壤性质、耕作制度、自然条件、地理环境等影响要素。

6.2.2 区划指标

6.2.2.1 影响因素

农产品重金属超标风险的发生是一个系统过程，由风险源、暴露途径及风险受体等多个环节共同组成[12]。如果排除大气和灌溉水污染，风险源可简化为土壤污染；风险受体为当地主要农产品，如水稻等粮食作物、白菜等蔬菜品种、苎麻等经济作物；暴露途径主要为土壤吸收。风险过程包括风险因子的逐级暴露，风险发生是多因一果的综合作用结果。污染物总量和有效态含量与受体之间的响应关系，可作为风险控制的重要依据。

针对土壤导致的农产品重金属超标问题，根据土壤中重金属总量、有效态含量与农产品中重金属含量的关系，依据风险源（可分为潜在源与暴露源）、控制因子（可分为初级控制与次级控制）、风险受体，其发生过程可以描述为图 6-4。

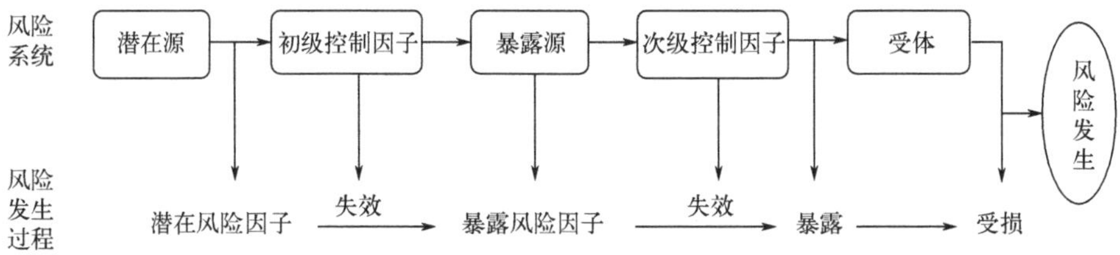

图 6-4 风险系统及风险发生过程

（1）潜在源

土壤中重金属总量，也可称为潜在风险因子。总量取决于土壤重金属的本底值及收支平衡，如灌溉、农用化学品投入、大气沉降、径流迁入迁出等。

（2）初级控制因子

影响重金属离子形态的因子，如土壤酸碱度、氧化还原电位、黏土矿物组成、盐基饱和度、阳离子交换量及有机质含量等。

（3）暴露源

土壤中重金属有效态含量，是直接暴露的风险因子。

（4）次级控制因子

受体的抗胁迫能力和累积系数及农产品的风险系数存在差异。

（5）受体及受损结果

受损结果取决于农产品对重金属的吸收能力，如对于镉，农产品吸收能力强弱为水稻 ＞ 玉米 ＞ 白菜 ＞ 茄子 ＞ 油菜 ＞ 苎麻。

根据分析风险发生过程中各个因素的逻辑层次，可构建风险发生关系树（图6-5），并明确控制因素和管理条件。风险发生关系树总体上可视为两大分支：一是农作物可吸收重金属的来源与含量；二是农作物对重金属的吸收系数。不同逻辑等级的根，是风险防控因素，包括重金属总量、土壤 pH 值、Eh 值、土壤对重金属的吸附性、外源重金属投入量、种植品种、耕作措施、叶面转运调控和灌溉等。根通过逻辑关系向上汇合成不同逻辑等级的节点，最终形成对农产品重金属含量是否超标的判断。通过对根的调控，可以提高农产品的安全水平，对保障农业生产安全具有重要的技术指导意义。

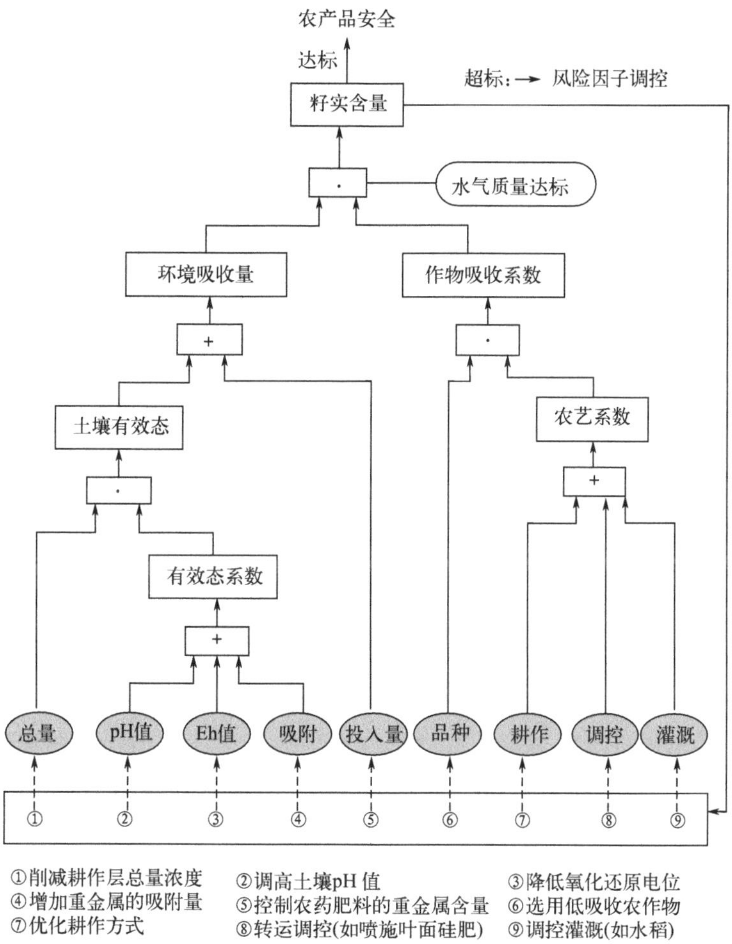

图 6-5　风险发生关系树与控制因子（+ 表示逻辑和；· 表示逻辑乘）

目前在湖南地区取得一定成效的“VIP”（种植品种：variety；灌溉淹水：irrigation；土壤酸碱度：pH）风险防控技术，就是控制图 6-5 中⑥⑨②三个关键因子；如果进行更多的因子控制，就是扩展型的“VIP+n”。而在北方历史遗留污灌区的风险管控中，通过长期实践，形成了一套“PDF”（深翻：plow；钝化：deactivation；培肥：fertilization）风险防控技术，并辅以品种筛选及配套农艺措施，即调控图 6-5

中的①④⑥⑦，也取得了预期效果。

总之，要根据自然环境和耕作传统，因地制宜，针对主要风险因子，制定差异性风险控制方案，最后形成更为有效的风险管控技术体系（表 6-4）。

表6-4　风险发生的影响因素

<table>
<tr><th>系统</th><th>一级指标</th><th>二级指标</th><th>指标说明</th></tr>
<tr><td>潜在风险源</td><td>土壤重金属总含量</td><td>土壤重金属总含量</td><td>土壤重金属总含量包括农作物可吸收部分和不可吸收部分，对农产品重金属含量有间接影响</td></tr>
<tr><td rowspan="4">初级影响因素</td><td rowspan="4">重金属有效态系数</td><td>土壤 pH 值</td><td>与重金属的活性有关（镉：正相关）</td></tr>
<tr><td>土壤有机质含量</td><td>与重金属的活性有关（镉：负相关为主）</td></tr>
<tr><td>土壤阳离子交换量</td><td>与镉的活性有关（镉：负相关）</td></tr>
<tr><td>土壤氧化还原电位</td><td>与镉的活性有关（镉：正相关）</td></tr>
<tr><td>直接风险源</td><td>土壤重金属有效态含量</td><td>土壤重金属有效态含量</td><td>主要为农作物可吸收部分，其与农产品中重金属含量密切相关</td></tr>
<tr><td rowspan="3">次级影响因素</td><td rowspan="3">作物重金属吸收系数</td><td>种植品种</td><td>对镉的累积程度存在差别</td></tr>
<tr><td>营养状况</td><td>指影响农作物对重金属吸收的营养元素，如锌，对镉的吸收具有拮抗作用</td></tr>
<tr><td>转运调控</td><td>指影响农作物对重金属吸收的非营养元素，如含硅叶面肥，对镉的吸收与转运具有抑制作用</td></tr>
<tr><td>风险受体</td><td>农产品重金属含量</td><td>农产品重金属含量</td><td>与土壤中重金属有效态等密切相关（假设灌溉水和大气等达标，无显著影响）</td></tr>
</table>

此外，农作物对重金属吸收 / 积累的种间和种内差异，也是影响农产品中重金属累积的重要因素 [13]。

不同种类农作物对重金属吸收 / 积累的生理机制不尽相同，导致吸收 / 积累量差异较大，表现为低、中、高三种程度。以农作物对镉的吸收 / 积累量来区分，整体而言：豆科（大豆、菜豆、豌豆）表现为低吸收 / 积累，禾本科（水稻、大麦、小麦、玉米、高粱等）表现为中吸收 / 积累，十字花科（油菜、白菜、萝卜、芜菁等）、茄科（番茄、马铃薯、茄子）、菊科（莴苣）等农作物表现为高吸收 / 积累。这是由于十字花科和茄科的农作物可食部分为根茎，研究表明一般农作物中根茎对镉的吸收 / 积累量显著高于籽实部分。

根据文献报道，对比分析了大宗农产品中水稻、小麦、大豆、玉米、油菜、茄子等可食部分对土壤中镉的积累系数，详见表 6-5。文献资料中虽然研究地域分散，但结果所反映的趋势相似，即积累系数大小依次为油菜 > 水稻 > 大豆 > 小麦 > 玉米，这与以往相关研究的结论基本一致。由此可见，农作物种类对土壤中的重金属吸收 / 积累影响显著。

表6-5 不同种类农作物可食部分对土壤中镉的积累差异

农作物种类	样品量 / 个	试验地区	试验方法	积累系数（可食部分）
玉米	21	四川遂宁	田间试验	0.0146（籽实）
玉米	14	辽宁葫芦岛	田间试验	0.0416（籽实）
小麦	22	河南新乡	田间试验	0.1597（籽实）
小麦	24	天津污灌区	田间试验	0.1350（籽实）
大豆	10	湖南韶山	盆栽试验	0.0313（籽实）
大豆	15	北京昌平	盆栽试验	0.2540（籽实）
大豆	11	辽宁沈阳	盆栽试验	0.2300（籽实）
水稻	60	江苏里下河	盆栽试验	0.3560（籽实）
水稻	10	江苏南京	田间试验	0.3200（籽实）
油菜	46	四川成都	田间试验	2.1720（茎叶）
油菜	16	湖北大冶	田间试验	40.230（茎叶）

相同种类、不同品种的农作物对重金属的吸收 / 积累特征大多相近，但一些品种存在较大差异。以目前社会关注的稻米镉超标现象为例，研究表明，我国 14 个水稻主要产地，19 种当地主要水稻品种对土壤中镉吸收 / 积累的能力存在显著差异，籽粒中镉的积累系数相差 1 倍以上。

根据文献报道，相同地区的早稻与晚稻、杂交稻与常规稻、高产稻与低产稻等不同品种对土壤环境的响应存在显著差异[13-15]，详见表 6-6。不同品种水稻籽实的镉吸收 / 积累能力大小分别为：早稻＞晚稻，杂交稻＞常规稻，高产稻＞低产稻。

表6-6 不同水稻品种稻米对土壤中镉的积累差异

研究区域	水稻品种（数量）	籽实镉积累量变异系数 /%
江苏	两系杂交稻（3 种）、三系杂交稻（3 种）	12.5
广东	杂交稻（3 种）	55.3
湖南	杂交稻（4 种）、常规稻（5 种）	25.2
四川	常规稻（10 种）	87.4
广西	杂交稻（7 种）、超级杂交稻（1 种）、常规稻（2 种）	30.5

6.2.2.2 指标体系

（1）一级区划

① 一级区划为空间区划，以地理或物理边界为区划单元的划分边界，以单元内

土壤重金属含量为指标，划分一级空间区划单元（表 6-7）。

以《土壤环境质量　农用地土壤污染风险管控标准（试行）》（GB 15618—2018）中重金属及对应风险筛选值作为评价标准，计算单元内土壤重金属的超标率（P_s）。若存在多种重金属超标的情况，以保守估算为主，取最大的超标率作为指标划分区划单元。

② 区划单元应以地理空间属性 + 土壤重金属超标特征作为一级区划的命名，并按地理 / 物理的空间属性作为区划单元的编号。

表6-7　一级区划指标

P_s	≤ 5%	5% ～ 10%	10% ～ 50%	＞ 50%
分级	整体清洁	基本清洁	局部超标	大面积超标

注：超标与否是通过土壤重金属实测值与标准值进行比较，若比值大于 1，则判定为超标，否则判定为不超标；超标率是单元内超标点位数与监测点位数的比值。

（2）二级区划

① 二级区划为空间区划，以农产品中重金属含量或超标概率为指标，在一级空间区划的基础上，进行二级区划（表 6-8）。

以《食品安全国家标准　食品中污染物限量》（GB 2762—2022）中重金属含量限值作为评价标准，计算单元内农产品重金属污染单因子指数平均值（E_c）。若存在多种重金属超标的情况，以保守估算为主，取最大的单因子指数平均值为指标划分区划单元。

很多研究以农产品重金属超标率作为评价依据，但由于农产品种类较多，相同土壤重金属污染条件下，农产品种内和种间的重金属超标率存在较为显著的差异。因此，采用单因子污染评价指数作为区划指标更为适宜。

② 区划单元名称应是在一级区划的基础上，以农产品重金属含量特征作为二级区划的命名，并在一级区划的基础上，继续进行区划单元的编号。

表6-8　二级区划指标

E_c	≤ 0.8	0.8 ～ 1	1 ～ 2	＞ 2
分级	安全	低风险	中风险	高风险

注：单因子指数是指农产品重金属实测值与标准值的比值；单因子指数平均值是指单元内单因子指数的平均值。

（3）三级区划

① 三级区划为类型区划，在二级区划单元基础上，分析农产品超标影响因素，以主导因素为指标，归类形成三级区划（表 6-9）。

② 区划单元名称应是在二级区划的基础上，以影响农产品超标率最大的因素为三级区划的命名，并在二级区划的基础上，继续进行区划单元的编号。

表6-9 三级区划指标

主导因素	土壤重金属总量	土壤重金属活性	作物种类	农耕条件
区划指标	重金属总量影响	重金属活性影响	作物种类影响	农耕条件影响
风险对策	总量削减	活性控制	品种优化	农艺调控

6.2.3 区划案例

6.2.3.1 案例背景

案例区域地处北方地区，面积约 150 亩，为东北 - 西南走向的菱形区域，地势东北较高，向西南微倾斜。地形平坦而开阔，境内有 1 条灌区（图 6-6）。除局部属山前倾斜平原以外，其余均属冲积平原。属温带半湿润大陆性气候，全年平均气温 8.3℃，1 月最低温 −29℃，8 月最高温 36℃，无霜期 183d。年日照时间约 2500h，日照百分率为 57%。全年降水量为 650 ～ 700mm，且集中于夏季。

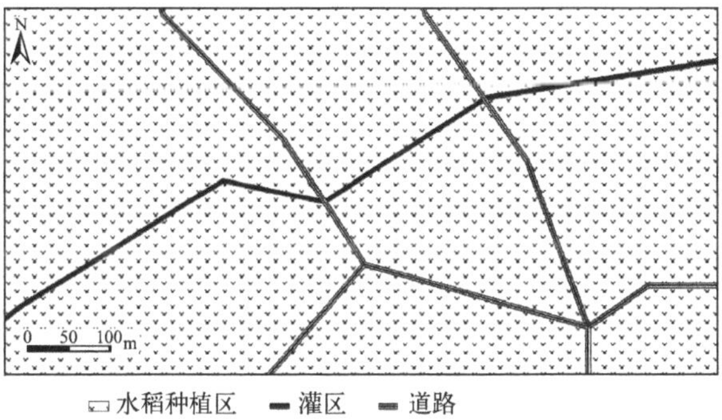

图 6-6 案例区域耕地类型与地物信息

该地区水资源总量短缺，降水季节性分配不均，1949 年后曾经长时间实行制度性的污水灌溉，导致了非常严重的局域性耕地污染。灌区分为两部分：南部灌区面积约为 100 亩，灌溉污水来源为有色金属冶炼废水，含镉、汞、砷、铅等有毒有害重金属元素，局部重度污染，稻米重金属含量超标严重，后来监测发现污染向灌区的下游扩散，但污染程度相对较轻，稻米重金属含量超标率也相对较低；北部灌区面积 50 亩，灌溉污水来源为城市综合污水，主要污染物为有机物、重金属，农产品基本无重金属含量超标现象。

通过前期调查，假定不存在大气、灌溉等其他污染途径的情况下，农产品与土壤重金属含量之间是极为复杂的对应关系。大量研究结果表明，不论是盆栽试验还是野外大田试验，两者之间均表现为无显著的线性关系。因此，应采用分类对应的方法，定性描述稻米含镉对土壤含镉的响应关系。首先以土壤镉含量为横坐标，以稻米中镉含量为纵坐标，原点为（0, 0），构建直角坐标系；然后根据土壤镉污染标准 S［《土壤环境质量　农用地土壤污染风险管控标准（试行）》（GB 15618—2018）］和农产品镉含量安全标准 F［《食品安全国家标准　食品中污染物限量》（GB 2762—2022）］，将土壤和稻米镉含量的成对数据分为四个区域，即通过数据分类表征了“单超”“双超”现象。如果将坐标轴平移，建立以（S, F）为原点的“土壤镉 - 农产品镉含量”新直角坐标系，就形成了Ⅰ～Ⅳ四个象限（表 6-10）。

表6-10　土壤与稻米镉含量的关系

象限	范围	分区	镉含量说明
Ⅰ	$x > S, y > F$	双超	土壤超标，稻米超标，即土壤总镉含量高、有效态镉含量也高，稻米吸收量大
Ⅱ	$x \leqslant S, y > F$	单超	土壤不超标，稻米超标，即土壤总镉含量低，但有效态镉含量高，稻米吸收量大
Ⅲ	$x \leqslant S, y \leqslant F$	达标	土壤达标，稻米达标，即土壤总镉含量低，有效态镉含量也低，稻米吸收量小
Ⅳ	$x > S, y \leqslant F$	单超	土壤超标，稻米不超标，即土壤总镉含量高，但有效态镉含量低，稻米吸收量小

四个象限中土壤与稻米中镉的超标情况不同。从土壤和稻米的双达标数量来看（Ⅲ象限），现有的土壤环境质量标准和粮食卫生标准呈现出了趋势上的一致性。但土壤和稻米中镉的“单超”和“双超”现象并存，也反映了以土壤标准预判农产品是否达标具有不确定性。对于稻米镉含量的“单超”结果（Ⅱ象限），说明土壤总镉含量即使达标也不能保障稻米镉含量达标，除非将土壤标准 S 左移，即将标准值调整至低值下限。对于土壤镉单超结果（Ⅳ象限），说明在现有土壤镉标准条件下，镉的总量超标不意味着稻米镉含量的必然超标。据此推而广之，对于农产品镉含量，除了土壤镉总含量，还有其他因素起着重要作用。因此，分析产地土壤环境对农产品重金属超标的影响因素是分区分类区划的关键。

6.2.3.2　要素分析

案例区域整体地势相对平坦，因此根据灌区和道路等构筑物，划分为 8 个单元。案例区域耕地土壤重金属污染以镉为主，根据区划指标，分别对 8 个单元耕地土壤重金属总量、农产品重金属超标情况、农产品超标主要影响因素进行分析。

（1）耕地土壤重金属总量

根据一级区划的指标，对案例区域的产地土壤重金属情况进行统计分析。如图 6-7 所示（书后另见彩图），灌区西北侧耕地土壤重金属超标率低于 5%，为整体清洁区；但是紧邻灌区的中部和东部地区，耕地土壤重金属超标率逐渐升高，这与同上游污染源的距离密切相关，因此，这两个区域分别为局部超标区和大面积超标区；而案例区域的南侧耕地土壤重金属超标率在 5% ～ 10%，为基本清洁区。

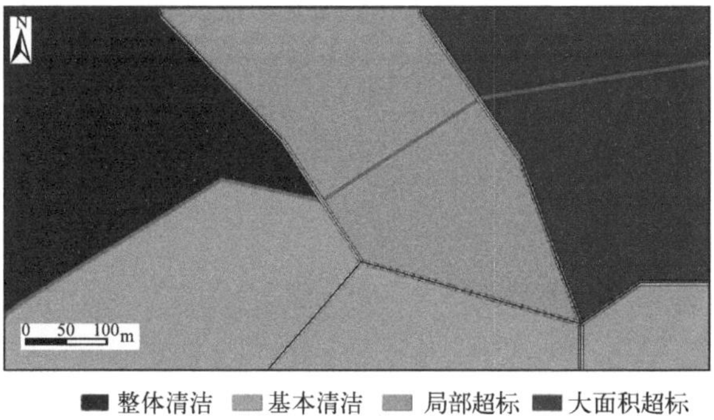

图 6-7　案例区域的产地土壤重金属超标情况

（2）农产品重金属超标情况

根据二级区划的指标，对案例区域的各单元内农产品重金属污染单因子指数平均值进行统计。如图 6-8 所示（书后另见彩图），灌区西北侧单元的农产品重金属污染单因子指数平均值低于 0.8，总体上处于安全水平；中上游紧邻灌区的北侧单元农产品重金属污染单因子指数平均值为 1 ～ 2，属于中风险水平；但在中上游紧邻灌区的南侧单元，单元内农产品重金属污染单因子指数平均值超过 2，属于高风险水平；在案例区域的南侧，相对远离灌区的单元内，农产品重金属污染单因子指数平均值为 0.8 ～ 1，属于低风险水平。

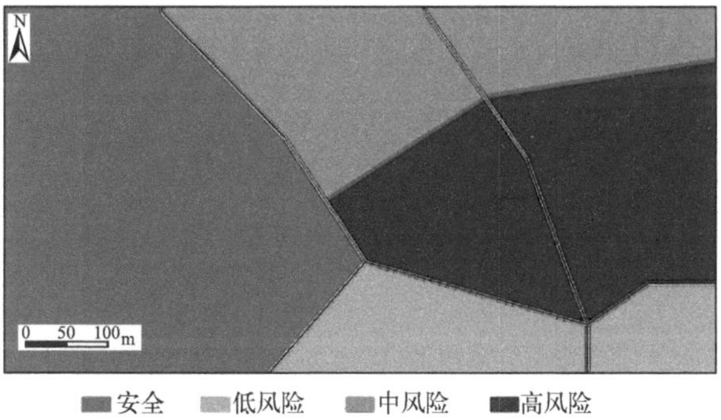

图 6-8　案例区域的农产品重金属超标情况

（3）农产品超标主要影响因素

根据三级区划的指标，对案例区域的产地土壤重金属情况进行主成分分析。如图 6-9 所示（书后另见彩图），灌区西侧耕地重金属总量相对较低，农产品重金属超标的主要影响因素是农耕条件；紧邻灌区的中部单元，重金属含量相对较高，但是对农产品重金属超标影响最大的因素是土壤重金属活性；而在紧邻灌区的上游单元，决定农产品重金属超标的主要因素则是土壤重金属总量；其他单元内，对农产品重金属超标影响最大的因素是作物种类。

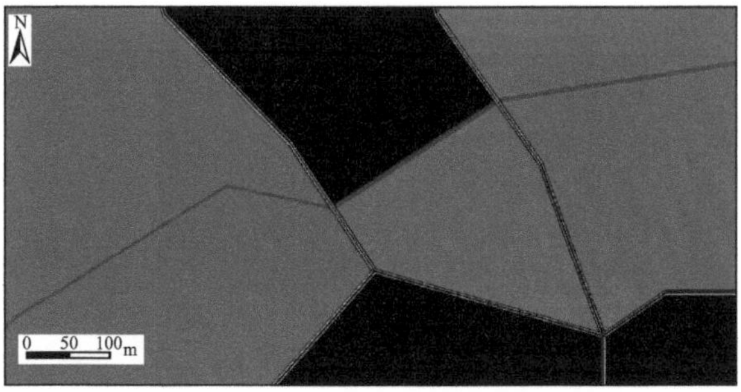

图 6-9 案例区域的农产品土壤重金属超标主要影响因素

6.2.3.3 区划结果

根据案例区域产地土壤环境质量、农产品超标情况及影响的主导因素，自上而下将案例区域划分为 4 个一级区、7 个二级区和 7 个三级区。区划图和区划结果分别见图 6-10（书后另见彩图）和表 6-11。

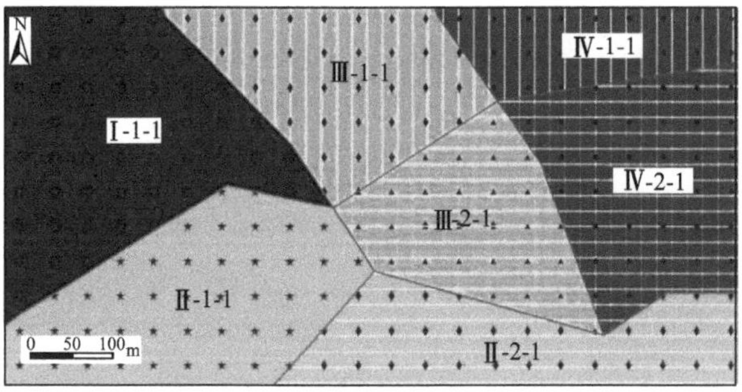

图 6-10 案例区域的产地安全区划

表6-11 案例区域的产地安全区划结果

一级区划	二级区划	三级区划
Ⅰ 产地土壤整体清洁区	Ⅰ -1 产地土壤整体清洁 - 农产品安全区	Ⅰ -1-1 产地土壤整体清洁 - 农产品安全 - 农艺影响区
Ⅱ 产地土壤基本清洁区	Ⅱ -1 产地土壤基本清洁 - 农产品安全区	Ⅱ -1-1 产地土壤基本清洁 - 农产品安全 - 农艺影响区
	Ⅱ -2 产地土壤基本清洁 - 农产品低风险区	Ⅱ -2-1 产地土壤基本清洁 - 农产品低风险 - 品种影响区

续表

一级区划	二级区划	三级区划
Ⅲ产地土壤局部超标区	Ⅲ-1 产地土壤局部超标 - 农产品中风险区	Ⅲ-1-1 产地土壤局部超标 - 农产品中风险 - 品种影响区
	Ⅲ-2 产地土壤局部超标 - 农产品高风险区	Ⅲ-2-1 产地土壤局部超标 - 农产品高风险 - 活性影响区
Ⅳ产地土壤大面积超标区	Ⅳ-1 产地土壤大面积超标 - 农产品中风险区	Ⅳ-1-1 产地土壤大面积超标 - 农产品中风险 - 总量影响区
	Ⅳ-2 产地土壤大面积超标 - 农产品高风险区	Ⅳ-2-1 产地土壤大面积超标 - 农产品高风险 - 总量影响区

案例区域的产地安全区划单元说明如下。

（1）Ⅰ-1-1 产地土壤整体清洁 - 农产品安全 - 农艺影响区

该单元处于案例区域的西北侧，紧邻灌区，产地土壤中镉主要来源于历史污灌。产地土壤镉超标率仅为 2%，属于整体清洁水平；农产品镉的单因子污染指数平均值为 0.7，农产品属于安全水平；根据主成分分析，农产品镉可能存在超标的主要影响因素为农艺措施。

（2）Ⅱ-1-1 产地土壤基本清洁 - 农产品安全 - 农艺影响区

该单元处于案例区域的西南侧，紧邻灌区，产地土壤中镉主要来源于历史污灌。产地土壤镉超标率仅为 8%，属于基本清洁水平；农产品镉的单因子污染指数平均值为 0.8，农产品属于安全水平；根据主成分分析，农产品镉可能存在超标的主要影响因素为农艺措施。

（3）Ⅱ-2-1 产地土壤基本清洁 - 农产品低风险 - 品种影响区

该单元处于案例区域的西侧，受灌区影响，产地土壤镉超标率仅为 6%，属于基本清洁水平；农产品镉的单因子污染指数平均值为 0.9，农产品属于低风险水平；根据主成分分析，农产品镉超标的主要影响因素是农产品品种。

（4）Ⅲ-1-1 产地土壤局部超标 - 农产品中风险 - 品种影响区

该单元处于案例区域的北侧，紧邻灌区，产地土壤中镉主要来源于历史污灌。产地土壤镉超标率为 18%，属于局部超标水平；农产品镉的单因子污染指数平均值为 1.5，农产品属于中风险水平；根据主成分分析，农产品镉超标的主要影响因素是农产品品种。

（5）Ⅲ-2-1 产地土壤局部超标 - 农产品高风险 - 活性影响区

该单元处于案例区域的中部，紧邻灌区，产地土壤中镉主要来源于历史污灌。产地土壤镉超标率为 25%，属于局部超标水平；农产品镉的单因子污染指数平均值为 2.1，农产品属于高风险水平；农产品镉超标的主要影响因素是土壤中镉活性。

（6）Ⅳ -1-1 产地土壤大面积超标 - 农产品中风险 - 总量影响区

该单元处于案例区域的东北侧，紧邻灌区，产地土壤中镉主要来源于历史污灌。产地土壤镉超标率为 55%，属于大面积超标水平；农产品镉的单因子污染指数平均值为 1.8，农产品属于中风险水平；根据主成分分析，农产品镉超标的主要影响因素是土壤中镉总量。

（7）Ⅳ -2-1 产地土壤大面积超标 - 农产品高风险 - 总量影响区

该单元处于案例区域的东侧，紧邻灌区，产地土壤中镉主要来源于历史污灌。产地土壤镉超标率为 63%，属于大面积超标水平；农产品镉的单因子污染指数平均值为 2.5，农产品属于高风险水平；根据主成分分析，农产品镉超标的主要影响因素是土壤中镉总量。

6.3 产地安全保障对策

对于上述存在风险的区域，应针对主导因素采取耕地土壤重金属总量削减、重金属活性控制、种植品种优化及农艺措施调控等方式，有效削减或控制农产品重金属超标风险，保障农产品安全。

6.3.1 污染源头管控

在自然状况下，即在基本未受污染的区域，重金属的输入与输出在数量上大致平衡，其差值很小，这是重金属元素在各子系统之间长期处于不断迁移过程的结果，反映各子系统间相互制约、密切联系的关系。存在于环境中的各金属元素自然含量处于较低的水平，通过一系列的迁移转化过程，土壤中自然的削减和累积变化并不明显。

首先，在人为活动的影响下，特别是在工矿业“三废”排放导致环境污染的情况下，灌溉所用污水、施肥所用污泥以及干 / 湿沉降物中重金属含量偏高，使输入量显著增加，尽管土壤环境中重金属浓度提高，也会导致各项输出通量增加，但基于重金属固有的物理、化学性质，总趋势仍是输入高于输出。物质动态平衡中较高的正值，显示了土壤中的重金属累积过程。在一定区域内，与土壤环境容量相关的主要污染物通量，输入的物流包括大气干 / 湿沉降、灌溉水及农业投入品所带入的重金属，输出的物流包括由于农作物的收割而输出、由于地表径流以及耕层淋溶作用而输出。

其次，可以利用基于源汇空间变量推理的污染源识别方法，追溯产地环境污染的源头。主要是通过获取研究区污染企业数据与研究区土壤重金属污染数据，采用地理信息系统软件空间分析功能对污染企业密度数据与土壤重金属污染网格数据进行空间自相关分析，基于不同区域的空间关系类型信息进行污染源空间分布特征的判断。

再次，多元统计方法通过识别具有相似分布特征的重金属来定性判定某些重金属的来源，即假设来自同一污染源的重金属之间具有相关性。多元统计方法不需要提前对污染源进行调查分析，但是其筛选出的公共因子与污染源之间的关系常具有一定的主观性。该方法主要包括相关性分析法、聚类分析法、因子分析法、主成分分析法等。

此外，还可以采用化学质量平衡法、正定矩阵因子法等受体模型，对污染物进行定量溯源分析。从而有针对性地开展源头污染管控，削减进入产地环境中的污染物总量。

6.3.2 土壤重金属控制

耕地土壤重金属总量控制主要是通过翻耕的方式，削减耕层土壤中重金属总量。翻耕技术是通过将表层污染土壤与深层相对清洁土壤翻耕混合，从而降低污染物的浓度，降低毒性，为根系生长创造良好的条件，促使根系向纵深方向伸展，根量及分布的深度会明显增加。在降低土壤污染物浓度的同时，改善了土壤耕作条件。该技术不能从根本上减少土壤中的重金属含量，常与其他方法联合使用。

土壤重金属的生物有效性与其各种存在形态密切相关，农作物吸收重金属的量取决于土壤中的有效量，而非全量。钝化是向重金属污染土壤中加入一种或多种物质，通过发生吸附、沉淀、离子交换、氧化还原等一系列反应，改变重金属在土壤中的赋存状态，降低其在土壤中的迁移性和生物有效性，从而减少重金属向农产品可食部分的迁移和积累。

目前，钝化技术已成为我国重金属污染农田安全利用最常用技术，尤其是在我国南方酸性水稻土区有大规模的应用。常用钝化药剂包括石灰石、石灰、金属及金属氧化物、含磷物质、天然或改性矿物、生物炭、有机肥、功能肥等。但由于南方农田土壤呈酸性、农作物主要为水稻，这与北方地区的土壤偏中性、农作物主要为玉米的情况不同，因此需要根据实际情况复配高效钝化药剂。

6.3.3 种植品种优化

不同品种作物的生理特性不同，对土壤镉的吸收累积能力也不同。可以通过筛选出性状稳定的低吸收品种，从而保障农产品可食部分中重金属含量大幅降低。该方法可与钝化技术相结合，从而保障农产品可食部分的质量安全。随着我国对农产品重金属超标问题的日益重视，低吸收 / 积累农作物的筛选逐渐成为科技界的研究热点。国内许多科研院所和高等院校选择典型农作物种类和品种，开展了重金属吸收 / 积累特性的筛查和对比试验。大量研究结果表明，种植重金属低吸收 / 积累的农作物品种，可有效降低农产品重金属超标率，有利于重金属超标农产品产地的安全生产。据不完全统计，目前我国科研工作者已经从 35 种农作物中筛选出 170 个低吸收 / 积累品种，为建立农作物吸收 / 积累重金属的指标体系、协同管控农产品超标风险奠定了基础。

（1）优选作物品种可降低农产品重金属超标风险

我国北方地区降水较少，20 世纪 60 年代开始实施污水灌溉，形成了大面积的重金属超标污灌区。沈阳西部污灌区的试验结果表明，玉米籽实较水稻籽实对镉的吸收率低 80%，推行水作改旱作的种植方式后，轻度污染耕地上种植的玉米籽粒重金属含量全部达标，实现受污染耕地的合理利用和农产品的质量安全保障。

在我国中南、西南等高背景值和酸性土壤区，稻米镉超标问题比较突出。但研究结果表明，优选的低积累水稻品种对镉的亲和力远低于平均水平。因此，选择适宜的水稻品种，可减少籽粒中的镉含量，降低农产品质量安全风险。

（2）优选作物品种可有效解决重金属超标问题

选择重金属低吸收 / 积累品种，控制影响农产品质量安全的内在因素，是农业规范化生产过程的重要环节，也是保障重金属污染 / 超标区农用地安全利用的有效途径。尤其在高风险农业区，通过农作物品种的适宜性选择，再配合重金属钝化、灌水调控等技术和管理手段，可最大限度保障区域性农产品质量安全。因此，核定重金属吸收 / 积累系数、选择适宜品种是农产品质量安全的重要保障措施之一。

6.3.4 农艺措施

（1）叶面肥施加

从重金属在农作物体内的转运调控入手，包括影响农作物对重金属吸收的非营养元素，如施用含硅叶面肥对镉的吸收与转运具有抑制作用。

（2）施加营养元素

如锌等营养元素，在作物生长过程中，对作物吸收镉具有拮抗作用，从而影响农作物对重金属的吸收与富集。

（3）二次追肥

在农作物生长过程中，通过二次施加肥料，既为农作物生长提供营养，促进农产品生长，又进一步增加表层土壤中钝化药剂含量，减少耕层中重金属可利用态的含量，降低农产品可食部分生长期累积的重金属含量。

参考文献

[1] 黄秉维．中国综合自然区划的初步草案 [J]．地理学报，1958, 24(4): 348-365.

[2] 景贵和 . 试论自然区划的几个基本问题 [J]．地理学报，1962, 28(3): 241-249.

[3] 郑度，欧阳，周成虎．对自然地理区划方法的认识与思考 [J]．地理学报，2008, 63(6): 563-573.

[4] 黄秉维．论中国综合自然区划 [J]．新建设，1965(3): 65-74.

[5] 陈述彭．地学的探索　第一卷：地理学 [M]．北京：科学出版社，1990.

[6] 郭书海，吴波，李宝林，等. 中国土壤环境区划——原理、方法与实践 [M]. 北京：科学出版社，2014.

[7] 全国农业区划委员会. 中国综合农业区划 [M]. 北京：农业出版社，1981.

[8] 席承藩，张俊民. 中国土壤区划的依据与分区 [J]. 土壤学报，1982, 19(2): 97-110.

[9] 郭书海，吴波，李宝林，等. 中国土壤环境质量区划方案 [J]. 环境科学学报. 2017, 37 (8): 3127-3138.

[10] 朱裕生. 中国主要成矿区带成矿地质特征及矿床成矿谱系 [M] . 北京：地质出版社，2007.

[11] 李家熙，吴功建. 中国生态环境地球化学图集 [M]. 北京：地质出版社，1999.

[12] 郭书海，吴波，张玲妍，等. 农产品重金属超标风险：发生过程与预警防控 [J]. 农业环境科学学报. 2018, 37(1): 1-8.

[13] 郭书海，吴波，李凤梅，等. 农产品重金属含量超标风险协同管控研究 [J]. 农业环境科学学报. 2016, 35(12): 2245-2249.

[14] Wu B, Guo S H, Zhang L Y, et al. Risk forewarning model for rice grain Cd pollution based on Bayes theory [J]. Science of the Total Environment, 2018, 618: 1343-1349.

[15] Wang X M, Li X J , Ma R Y, et al. Quadratic discriminant analysis model for assessing the risk of cadmium pollution for paddy fields in county in a China [J]. Environmental Pollution, 2018, 236: 366-372.

附录

- 附录1 《土壤环境质量 农用地土壤污染风险管控标准（试行）》（GB 15618—2018）
- 附录2 《食品安全国家标准 食品中污染物限量》（GB 2762—2022）
- 附录3 《食用农产品产地重金属风险评估技术指南》（NY/T 4692—2025）

附录 1 《土壤环境质量　农用地土壤污染风险管控标准（试行）》（GB 15618—2018）

1　适用范围

本标准规定了农用地土壤污染风险筛选值和管制值，以及监测、实施和监督要求。

本标准适用于耕地土壤污染风险筛查和分类。园地和牧草地可参照执行。

2　规范性引用文件

本标准引用了下列文件或其中的条款。凡是不注明日期的引用文件，其最新版本适用于本标准。

GB/T 14550　土壤质量　六六六和滴滴涕的测定　气相色谱法

GB/T 17136　土壤质量　总汞的测定　冷原子吸收分光光度法

GB/T 17138　土壤质量　铜、锌的测定　火焰原子吸收分光光度法

GB/T 17139　土壤质量　镍的测定　火焰原子吸收分光光度法

GB/T 17141　土壤质量　铅、镉的测定　石墨炉原子吸收分光光度法

GB/T 21010　土地利用现状分类

GB/T 22105　土壤质量　总汞、总砷、总铅的测定　原子荧光法

HJ/T 166　土壤环境监测技术规范

HJ 491　土壤　总铬的测定　火焰原子吸收分光光度法

HJ 680　土壤和沉积物　汞、砷、硒、铋、锑的测定　微波消解 / 原子荧光法

HJ 780　土壤和沉积物　无机元素的测定　波长色散 X 射线荧光光谱法

HJ 784　土壤和沉积物　多环芳烃的测定　高效液相色谱法

HJ 803　土壤和沉积物　12 种金属元素的测定　王水提取 - 电感耦合等离子体质谱法

HJ 805　土壤和沉积物　多环芳烃的测定　气相色谱 - 质谱法

HJ 834　土壤和沉积物　半挥发性有机物的测定　气相色谱 - 质谱法

HJ 835　土壤和沉积物　有机氯农药的测定　气相色谱 - 质谱法

HJ 921　土壤和沉积物　有机氯农药的测定　气相色谱法

HJ 923　土壤和沉积物　总汞的测定　催化热解 - 冷原子吸收分光光度法

3　术语和定义

下列术语和定义适用于本标准。

3.1　土壤 soil

指位于陆地表层能够生长植物的疏松多孔物质层及其相关自然地理要素的综合体。

3.2　农用地 agricultural land

指 GB/T 21010 中的 01 耕地（0101 水田、0102 水浇地、0103 旱地）、02 园地（0201 果园、0202 茶园）和 04 草地（0401 天然牧草地、0403 人工牧草地）。

3.3　农用地土壤污染风险 soil contamination risk of agricultural land

指因土壤污染导致食用农产品质量安全、农作物生长或土壤生态环境受到不利影响。

3.4　农用地土壤污染风险筛选值 risk screening values for soil contamination of agricultural land

指农用地土壤中污染物含量等于或者低于该值的，对农产品质量安全、农作物生长或土壤生态环境的风险低，一般情况下可以忽略；超过该值的，对农产品质量安全、农作物生长或土壤生态环境可能存在风险，应当加强土壤环境监测和农产品协同监测，原则上应当采取安全利用措施。

3.5　农用地土壤污染风险管制值 risk intervention values for soil contamination of agricultural land

指农用地土壤中污染物含量超过该值的，食用农产品不符合质量安全标准等农用地土壤污染风险高，原则上应当采取严格管控措施。

4　农用地土壤污染风险筛选值

4.1　基本项目

农用地土壤污染风险筛选值的基本项目为必测项目，包括镉、汞、砷、铅、铬、铜、镍、锌，风险筛选值见表 1。

表1　农用地土壤污染风险筛选值（基本项目）

单位：mg/kg

序号	污染物项目①②		风险筛选值			
			pH ≤ 5.5	5.5 < pH ≤ 6.5	6.5 < pH ≤ 7.5	pH > 7.5
1	镉	水田	0.3	0.4	0.6	0.8
		其他	0.3	0.3	0.3	0.6
2	汞	水田	0.5	0.5	0.6	1.0
		其他	1.3	1.8	2.4	3.4
3	砷	水田	30	30	25	20
		其他	40	40	30	25
4	铅	水田	80	100	140	240
		其他	70	90	120	170
5	铬	水田	250	250	300	350
		其他	150	150	200	250

续表

序号	污染物项目[①②]		风险筛选值			
			pH ≤ 5.5	5.5 < pH ≤ 6.5	6.5 < pH ≤ 7.5	pH > 7.5
6	铜	果园	150	150	200	200
		其他	50	50	100	100
7	镍		60	70	100	190
8	锌		200	200	250	300

①重金属和类金属砷均按元素总量计。
②对于水旱轮作地，采用其中较严格的风险筛选值。

4.2　其他项目

4.2.1　农用地土壤污染风险筛选值的其他项目为选测项目，包括六六六、滴滴涕和苯并 [*a*] 芘，风险筛选值见表 2。

表2　农用地土壤污染风险筛选值（其他项目）

单位：mg/kg

序号	污染物项目	风险筛选值
1	六六六总量[①]	0.10
2	滴滴涕总量[②]	0.10
3	苯并 [*a*] 芘	0.55

①六六六总量为 α- 六六六、β- 六六六、γ- 六六六、δ- 六六六四种异构体的含量总和。
②滴滴涕总量为 *p,p'*- 滴滴伊、*p,p'*- 滴滴滴、*o,p'*- 滴滴涕、*p,p'*- 滴滴涕四种衍生物的含量总和。

4.2.2　其他项目由地方环境保护主管部门根据本地区土壤污染特点和环境管理需求进行选择。

5　农用地土壤污染风险管制值

农用地土壤污染风险管制值项目包括镉、汞、砷、铅、铬，风险管制值见表 3。

表3　农用地土壤污染风险管制值

单位：mg/kg

序号	污染物项目	风险管制值			
		pH ≤ 5.5	5.5 < pH ≤ 6.5	6.5 < pH ≤ 7.5	pH > 7.5
1	镉	1.5	2.0	3.0	4.0
2	汞	2.0	2.5	4.0	6.0
3	砷	200	150	120	100

续表

序号	污染物项目	风险管制值			
		pH ≤ 5.5	5.5＜pH ≤ 6.5	6.5＜pH ≤ 7.5	pH＞7.5
4	铅	400	500	700	1000
5	铬	800	850	1000	1300

6　农用地土壤污染风险筛选值和管制值的使用

6.1　当土壤中污染物含量等于或者低于表 1 和表 2 规定的风险筛选值时，农用地土壤污染风险低，一般情况下可以忽略：高于表 1 和表 2 规定的风险筛选值时，可能存在农用地土壤污染风险，应加强土壤环境监测和农产品协同监测。

6.2　当土壤中镉、汞、砷、铅、铬的含量高于表 1 规定的风险筛选值、等于或者低于表 3 规定的风险管制值时，可能存在食用农产品不符合质量安全标准等土壤污染风险，原则上应当采取农艺调控、替代种植等安全利用措施。

6.3　当土壤中镉、汞、砷、铅、铬的含量高于表 3 规定的风险管制值时，食用农产品不符合质量安全标准等农用地土壤污染风险高，且难以通过安全利用措施降低食用农产品不符合质量安全标准等农用地土壤污染风险，原则上应当采取禁止种植食用农产品、退耕还林等严格管控措施。

6.4　土壤环境质量类别划分应以本标准为基础，结合食用农产品协同监测结果，依据相关技术规定进行划定。

7　监测要求

7.1　监测点位和样品采集

农用地土壤污染调查监测点位布设和样品采集执行 HJ/T 166 等相关技术规定要求。

7.2　土壤污染物分析

土壤污染物分析方法按表 4 执行。

表4　土壤污染物分析方法

序号	污染物项目	分析方法	标准编号
1	镉	土壤质量　铅、镉的测定　石墨炉原子吸收分光光度法	GB/T 17141
2	汞	土壤和沉积物　汞、砷、硒、铋、锑的测定　微波消解 / 原子荧光法	HJ 680
		土壤质量　总汞、总砷、总铅的测定　原子荧光法　第 1 部分：土壤中总汞的测定	GB/T 22105.1
		土壤质量　总汞的测定　冷原子吸收分光光度法	GB/T 17136
		土壤和沉积物　总汞的测定　催化热解 - 冷原子吸收分光光度法	HJ 923

续表

序号	污染物项目	分析方法	标准编号
3	砷	土壤和沉积物　12 种金属元素的测定　王水提取 - 电感耦合等离子体质谱法	HJ 803
		土壤和沉积物　汞、砷、硒、铋、锑的测定　微波消解 / 原子荧光法	HJ 680
		土壤质量　总汞、总砷、总铅的测定　原子荧光法　第 2 部分：土壤中总砷的测定	GB/T 22105.2
4	铅	土壤质量　铅、镉的测定　石墨炉原子吸收分光光度法	GB/T 17141
		土壤和沉积物　无机元素的测定　波长色散 X 射线荧光光谱法	HJ 780
5	铬	土壤　总铬的测定　火焰原子吸收分光光度法	HJ 491
		土壤和沉积物　无机元素的测定　波长色散 X 射线荧光光谱法	HJ 780
6	铜	土壤质量　铜、锌的测定　火焰原子吸收分光光度法	GB/T 17138
		土壤和沉积物　无机元素的测定　波长色散 X 射线荧光光谱法	HJ 780
7	镍	土壤质量　镍的测定　火焰原子吸收分光光度法	GB/T 17139
		土壤和沉积物　无机元素的测定　波长色散 X 射线荧光光谱法	HJ 780
8	锌	土壤质量　铜、锌的测定　火焰原子吸收分光光度法	GB/T 17138
		土壤和沉积物　无机元素的测定　波长色散 X 射线荧光光谱法	HJ 780
9	六六六总量	土壤和沉积物　有机氯农药的测定　气相色谱 - 质谱法	HJ 835
		土壤和沉积物　有机氯农药的测定　气相色谱法	HJ 921
		土壤质量　六六六和滴滴涕的测定　气相色谱法	GB/T 14550
10	滴滴涕总量	土壤和沉积物　有机氯农药的测定　气相色谱 - 质谱法	HJ 835
		土壤和沉积物　有机氯农药的测定　气相色谱法	HJ 921
		土壤质量　六六六和滴滴涕的测定　气相色谱法	GB/T 14550
11	苯并 [*a*] 芘	土壤和沉积物　多环芳烃的测定　气相色谱 - 质谱法	HJ 805
		土壤和沉积物　多环芳烃的测定　高效液相色谱法	HJ 784
		土壤和沉积物　半挥发性有机物的测定　气相色谱 - 质谱法	HJ 834
12	pH	土壤　pH 值的测定　电位法	HJ 962

8　实施与监督

本标准由各级生态环境主管部门会同农业农村等相关主管部门监督实施。

附录 2 《食品安全国家标准 食品中污染物限量》（GB 2762—2022）

1 范围

本标准规定了食品中铅、镉、汞、砷、锡、镍、铬、亚硝酸盐、硝酸盐、苯并[*a*]芘、*N*-二甲基亚硝胺、多氯联苯、3-氯-1,2-丙二醇的限量指标。

2 术语和定义

2.1 污染物

食品在从生产（包括农作物种植、动物饲养和兽医用药）、加工、包装、贮存、运输、销售，直至食用等过程中产生的或由环境污染带入的、非有意加入的化学性危害物质。

本标准所规定的污染物是指除农药残留、兽药残留、生物毒素和放射性物质以外的污染物。

2.2 可食用部分

食品原料经过机械手段（如谷物碾磨、水果剥皮、坚果去壳、肉去骨、鱼去刺、贝去壳等）去除非食用部分后，所得到的用于食用的部分。

2.3 限量

污染物在食品原料和（或）食品成品可食用部分中允许的最大含量水平。

3 应用原则

3.1 无论是否制定污染物限量，食品生产和加工者均应采取控制措施，使食品中污染物的含量达到最低水平。

3.2 本标准列出了可能对公众健康构成较大风险的污染物，制定限量值的食品是对消费者膳食暴露量产生较大影响的食品。

3.3 食品类别（名称）说明（见附录 A) 用于界定污染物限量的适用范围，仅适用于本标准。当某种污染物限量应用于某一食品类别（名称）时，则该食品类别（名称）内的所有类别食品均适用。有特别规定的除外。

3.4 食品中污染物限量以食品通常的可食用部分计算。有特别规定的除外。

3.5 对于肉类干制品、干制水产品、干制食用菌，限量指标对新鲜食品和相应制品都有要求的情况下，干制品中污染物限量应以相应新鲜食品中污染物限量结合其脱水率或浓缩率折算。如果干制品中污染物含量低于其新鲜原料的污染物限量要求，可判定符合限量要求。脱水率或浓缩率可通过对食品的分析、生产者提供的信息以及其他可获得的数据信息等确定。有特别规定的除外。

4 指标要求

4.1 铅

4.1.1 食品中铅限量指标见表1。

表1 食品中铅限量指标

食品类别（名称）	限量（以Pb计）/(mg/kg)
谷物及其制品[a][麦片、面筋、粥类罐头、带馅（料）面米制品除外]	0.2
麦片、面筋、粥类罐头、带馅（料）面米制品	0.5
蔬菜及其制品	
新鲜蔬菜（芸薹类蔬菜、叶菜蔬菜、豆类蔬菜、生姜、薯类除外）	0.1
叶菜蔬菜	0.3
芸薹类蔬菜、豆类蔬菜、生姜、薯类	0.2
蔬菜制品（酱腌菜、干制蔬菜除外）	0.3
酱腌菜	0.5
干制蔬菜	0.8
水果及其制品	
新鲜水果（蔓越莓、醋栗除外）	0.1
蔓越莓、醋栗	0.2
水果制品［果酱（泥）、蜜饯、水果干类除外］	0.2
果酱（泥）	0.4
蜜饯	0.8
水果干类	0.5
食用菌及其制品（双孢菇、平菇、香菇、榛蘑、牛肝菌、松茸、松露、青头菌、鸡枞、鸡油菌、多汁乳菇、木耳、银耳及以上食用菌的制品除外）	0.5
双孢菇、平菇、香菇、榛蘑及以上食用菌的制品	0.3
牛肝菌、松茸、松露、青头菌、鸡枞、鸡油菌、多汁乳菇及以上食用菌的制品	1.0
木耳及其制品、银耳及其制品	1.0（干重计）
豆类及其制品	
豆类	0.2
豆类制品（豆浆除外）	0.3
豆浆	0.05
藻类及其制品	
新鲜藻类（螺旋藻除外）	0.5
螺旋藻	2.0（干重计）
藻类制品（螺旋藻制品除外）	1.0
螺旋藻制品	2.0（干重计）
坚果及籽类（生咖啡豆及烘焙咖啡豆除外）	0.2
生咖啡豆及烘焙咖啡豆	0.5
肉及肉制品	
肉类（畜禽内脏除外）	0.2
畜禽内脏	0.5

续表

食品类别（名称）	限量（以 Pb 计）/（mg/kg）
肉制品（畜禽内脏制品除外）	0.3
畜禽内脏制品	0.5
水产动物及其制品	
鲜、冻水产动物（鱼类、甲壳类、双壳贝类除外）	1.0（去除内脏）
鱼类、甲壳类	0.5
双壳贝类	1.5
水产制品（鱼类制品、海蜇制品除外）	1.0
鱼类制品	0.5
海蜇制品	2.0
乳及乳制品（生乳、巴氏杀菌乳、灭菌乳、调制乳、发酵乳除外）	0.2
生乳、巴氏杀菌乳、灭菌乳	0.02
调制乳、发酵乳	0.04
蛋及蛋制品	0.2
油脂及其制品	0.08
调味品（香辛料类除外）	1.0
香辛料类[b][花椒、桂皮（肉桂）、多种香辛料混合的香辛料除外]	1.5
花椒、桂皮（肉桂）、多种香辛料混合的香辛料	3.0
食糖及淀粉糖	0.5
淀粉及淀粉制品	
食用淀粉	0.2
淀粉制品	0.5
焙烤食品	0.5
饮料类（包装饮用水、果蔬汁类及其饮料、含乳饮料、固体饮料除外）	0.3
包装饮用水	0.01mg/L
含乳饮料	0.05
果蔬汁类及其饮料[含浆果及小粒水果的果蔬汁类及其饮料、浓缩果蔬汁（浆）除外]	0.03
含浆果及小粒水果的果蔬汁类及其饮料（葡萄汁除外）	0.05
葡萄汁	0.04
浓缩果蔬汁（浆）	0.5
固体饮料	1.0
酒类（白酒、黄酒除外）	0.2
白酒、黄酒	0.5
可可制品、巧克力和巧克力制品以及糖果	0.5
冷冻饮品	0.3

续表

食品类别（名称）	限量（以 Pb 计）/（mg/kg）
特殊膳食用食品	
婴幼儿配方食品[c]	0.08（以固态产品计）
婴幼儿辅助食品	0.2
特殊医学用途配方食品（特殊医学用途婴儿配方食品涉及的品种除外）	
10 岁以上人群的产品	0.5（以固态产品计）
1 岁～ 10 岁人群的产品	0.15（以固态产品计）
辅食营养补充品	0.5
运动营养食品	
固态、半固态或粉状	0.5
液态	0.05
孕妇及乳母营养补充食品	0.5
其他类	
果冻	0.4
膨化食品	0.5
茶叶	5.0
干菊花	5.0
苦丁茶	2.0
蜂蜜	0.5
花粉（松花粉、油菜花粉除外）	0.5
油菜花粉	1.0
松花粉	1.5

[a] 稻谷以糙米计。
[b] 新鲜香辛料（如姜、葱、蒜等）应按对应的新鲜蔬菜（或新鲜水果）类别执行。
[c] 液态婴幼儿配方食品根据 8：1 的比例折算其限量。

4.1.2 检验方法：包装饮用水按 GB 8538 规定的方法测定，其他食品按 GB 5009.12 规定的方法测定。

4.2 镉

4.2.1 食品中镉限量指标见表 2。

表2 食品中镉限量指标

食品类别（名称）	限量（以 Cd 计）/（mg/kg）
谷物及其制品	
谷物（稻谷[a]除外）	0.1
谷物碾磨加工品［糙米、大米（粉）除外］	0.1
稻谷[a]、糙米、大米（粉）	0.2

续表

食品类别（名称）	限量（以 Cd 计）/（mg/kg）
蔬菜及其制品	
新鲜蔬菜（叶菜蔬菜、豆类蔬菜、块根和块茎蔬菜、茎类蔬菜、黄花菜除外）	0.05
叶菜蔬菜	0.2
豆类蔬菜、块根和块茎蔬菜、茎类蔬菜（芹菜除外）	0.1
芹菜、黄花菜	0.2
水果及其制品	
新鲜水果	0.05
食用菌及其制品（香菇、羊肚菌、獐头菌、青头菌、鸡油菌、榛蘑、松茸、牛肝菌、鸡枞、多汁乳菇、松露、姬松茸、木耳、银耳及以上食用菌的制品除外）	0.2
香菇及其制品	0.5
羊肚菌、獐头菌、青头菌、鸡油菌、榛蘑及以上食用菌的制品	0.6
松茸、牛肝菌、鸡枞、多汁乳菇及以上食用菌的制品	1.0
松露、姬松茸及以上食用菌的制品	2.0
木耳及其制品、银耳及其制品	0.5（干重计）
豆类及其制品	
豆类	0.2
坚果及籽类	
花生	0.5
肉及肉制品（畜禽内脏及其制品除外）	0.1
畜禽肝脏及其制品	0.5
畜禽肾脏及其制品	1.0
水产动物及其制品	
鲜、冻水产动物	
鱼类	0.1
甲壳类（海蟹、虾蛄除外）	0.5
海蟹、虾蛄	3.0
双壳贝类、腹足类、头足类、棘皮类	2.0（去除内脏）
水产制品	
鱼类罐头	0.2
其他鱼类制品	0.1
蛋及蛋制品	0.05
调味品	
食用盐	0.5
鱼类调味品	0.1
饮料类	
包装饮用水（饮用天然矿泉水除外）	0.005mg/L
饮用天然矿泉水	0.003mg/L
特殊膳食用食品	
婴幼儿谷类辅助食品	0.06

[a] 稻谷以糙米计。

4.2.2　检验方法：包装饮用水按 GB 8538 规定的方法测定，其他食品按 GB 5009.15 规定的方法测定。

4.3　汞

4.3.1　食品中汞限量指标见表 3。

表3　食品中汞限量指标

食品类别（名称）	限量（以 Hg 计）/（mg/kg）	
	总汞	甲基汞[a]
水产动物及其制品（肉食性鱼类及其制品除外）	—	0.5
肉食性鱼类及其制品（金枪鱼、金目鲷、枪鱼、鲨鱼及以上鱼类的制品除外）	—	1.0
金枪鱼及其制品	—	1.2
金目鲷及其制品	—	1.5
枪鱼及其制品	—	1.7
鲨鱼及其制品	—	1.6
谷物及其制品		
稻谷[b]、糙米、大米（粉）、玉米、玉米粉、玉米糁（渣）、小麦、小麦粉	0.02	—
蔬菜及其制品		
新鲜蔬菜	0.01	—
食用菌及其制品（木耳及其制品、银耳及其制品除外）	—	0.1
木耳及其制品、银耳及其制品	—	0.1（干重计）
肉及肉制品		
肉类	0.05	—
乳及乳制品		
生乳、巴氏杀菌乳、灭菌乳、调制乳、发酵乳	0.01	—
蛋及蛋制品		
鲜蛋	0.05	—
调味品		
食用盐	0.1	—
饮料类		
饮用天然矿泉水	0.001mg/L	—
特殊膳食用食品		
婴幼儿罐装辅助食品	0.02	—

注："—" 指无相应限量要求。

[a] 对于制定甲基汞限量的食品可先测定总汞，当总汞含量不超过甲基汞限量值时，可判定符合限量要求而不必测定甲基汞；否则，需测定甲基汞含量再作判定。

[b] 稻谷以糙米计。

4.3.2　检验方法：饮用天然矿泉水按 GB 8538 规定的方法测定，其他食品按 GB 5009.17 规定的方法测定。

4.4　砷

4.4.1　食品中砷限量指标见表 4。

表4　食品中砷限量指标

食品类别（名称）	限量（以 As 计）/（mg/kg）	
	总砷	无机砷[b]
谷物及其制品		
谷物（稻谷[a]除外）	0.5	—
稻谷[a]	—	0.35
谷物碾磨加工品 [糙米、大米（粉）除外]	0.5	—
糙米	—	0.35
大米（粉）	—	0.2
水产动物及其制品（鱼类及其制品除外）	—	0.5
鱼类及其制品	—	0.1
蔬菜及其制品		
新鲜蔬菜	0.5	—
食用菌及其制品（松茸及其制品、木耳及其制品、银耳及其制品除外）	—	0.5
松茸及其制品	—	0.8
木耳及其制品、银耳及其制品	—	0.5（干重计）
肉及肉制品	0.5	—
乳及乳制品		
生乳、巴氏杀菌乳、灭菌乳、调制乳、发酵乳	0.1	—
乳粉和调制乳粉	0.5	—
油脂及其制品（鱼油及其制品、磷虾油及其制品除外）	0.1	—
鱼油及其制品、磷虾油及其制品	—	0.1
调味品（水产调味品、复合调味料和香辛料类除外）	0.5	—
水产调味品（鱼类调味品除外）	—	0.5
鱼类调味品	—	0.1
复合调味料	—	0.1
食糖及淀粉糖	0.5	—
饮料类		
包装饮用水	0.01mg/L	—
可可制品、巧克力和巧克力制品以及糖果		
可可制品、巧克力和巧克力制品	0.5	—

续表

食品类别（名称）	限量（以 As 计）/（mg/kg）	
	总砷	无机砷[b]
特殊膳食用食品		
婴幼儿辅助食品		
婴幼儿谷类辅助食品（添加藻类的产品除外）	—	0.2
添加藻类的产品	—	0.3
婴幼儿罐装辅助食品（以水产及动物肝脏为原料的产品除外）	—	0.1
以水产及动物肝脏为原料的产品	—	0.3
辅食营养补充品	0.5	—
运动营养食品		
固态、半固态或粉状	0.5	—
液态	0.2	—
孕妇及乳母营养补充食品	0.5	—

注：划“—”者指无相应限量要求。

[a] 稻谷以糙米计。

[b] 对于制定无机砷限量的食品可先测定其总砷，当总砷含量不超过无机砷限量值时，可判定符合限量要求而不必测定无机砷；否则，需测定无机砷含量再作判定。

4.4.2 检验方法：包装饮用水按 GB 8538 规定的方法测定，其他食品按 GB 5009.11 规定的方法测定。

4.5 锡

4.5.1 食品中锡限量指标见表 5。

表5 食品中锡限量指标

食品类别（名称）[a]	限量（以 Sn 计）/（mg/kg）
食品（饮料类、婴幼儿配方食品、婴幼儿辅助食品除外）	250
饮料类	150
婴幼儿配方食品、婴幼儿辅助食品	50

[a] 仅限于采用镀锡薄钢板容器包装的食品。

4.5.2 检验方法：按 GB 5009.16 规定的方法测定。

4.6 镍

4.6.1 食品中镍限量指标见表 6。

表6 食品中镍限量指标

食品类别（名称）	限量（以 Ni 计）/（mg/kg）
油脂及其制品	
氢化植物油、含氢化和（或）部分氢化油脂的油脂制品	1.0

4.6.2　检验方法：按 GB 5009.138 规定的方法测定。

4.7　铬

4.7.1　食品中铬限量指标见表 7。

表7　食品中铬限量指标

食品类别（名称）	限量（以 Cr 计）/（mg/kg）
谷物及其制品	
谷物[a]	1.0
谷物碾磨加工品	1.0
蔬菜及其制品	
新鲜蔬菜	0.5
豆类及其制品	
豆类	1.0
肉及肉制品	1.0
水产动物及其制品	2.0
乳及乳制品	
生乳、巴氏杀菌乳、灭菌乳、调制乳、发酵乳	0.3
乳粉和调制乳粉	2.0

[a] 稻谷以糙米计。

4.7.2　检验方法：按 GB 5009.123 规定的方法测定。

4.8　亚硝酸盐、硝酸盐

4.8.1　食品中亚硝酸盐、硝酸盐限量指标见表 8。

表8　食品中亚硝酸盐、硝酸盐限量指标

食品类别（名称）	限量 /（mg/kg）	
	亚硝酸盐（以 $NaNO_2$ 计）	硝酸盐（以 $NaNO_3$ 计）
蔬菜及其制品		
酱腌菜	20	—
乳及乳制品		
生乳	0.4	—
乳粉和调制乳粉	2.0	—
饮料类		
包装饮用水（饮用天然矿泉水除外）	0.005mg/L（以 NO_2^- 计）	—
饮用天然矿泉水	0.1mg/L（以 NO_2^- 计）	45mg/L（以 NO_3^- 计）

续表

食品类别（名称）	限量/(mg/kg)	
	亚硝酸盐（以 $NaNO_2$ 计）	硝酸盐（以 $NaNO_3$ 计）
特殊膳食用食品		
婴幼儿配方食品[a]		
婴儿配方食品、较大婴儿配方食品、幼儿配方食品	2.0[b]（以固态产品计）	100[c]（以固态产品计）
特殊医学用途婴儿配方食品	2.0（以固态产品计）	100（以固态产品计）
婴幼儿辅助食品		
婴幼儿谷类辅助食品	2.0[d]	100[c]
婴幼儿罐装辅助食品	4.0[d]	200[c]
特殊医学用途配方食品（特殊医学用途婴儿配方食品涉及的品种除外）	2.0[e]（以固态产品计）	100[c]（以固态产品计）
辅食营养补充品	2.0[b]	100[c]
孕妇及乳母营养补充食品	2.0[d]	100[c]

注：划“—”者指无相应限量要求。

[a] 液态婴幼儿配方食品根据 8：1 的比例折算其限量。

[b] 仅适用于乳基产品。

[c] 不适用于添加蔬菜和水果的产品。

[d] 不适用于添加豆类的产品。

[e] 仅适用于乳基产品（不含豆类成分）。

4.8.2　检验方法：饮料类按 GB 8538 规定的方法测定，其他食品按 GB 5009.33 规定的方法测定。

4.9　苯并 [*a*] 芘

4.9.1　食品中苯并 [*a*] 芘限量指标见表 9。

表9　食品中苯并[*a*]芘限量指标

食品类别（名称）	限量/(μg/kg)
谷物及其制品	
稻谷[a]、糙米、大米（粉）、小麦、小麦粉、玉米、玉米粉、玉米糁（渣）	2.0
肉及肉制品	
熏、烧、烤肉类	5.0
水产动物及其制品	
熏、烤水产品	5.0
乳及乳制品	
稀奶油、奶油、无水奶油	10
油脂及其制品	10

[a] 稻谷以糙米计。

4.9.2 检验方法：按 GB 5009.27 规定的方法测定。

4.10 *N*- 二甲基亚硝胺

4.10.1 食品中 *N*- 二甲基亚硝胺限量指标见表 10。

表10 食品中*N*-二甲基亚硝胺限量指标

食品类别（名称）	限量 /（μg/kg）
肉及肉制品	
肉制品（肉类罐头除外）	3.0
熟肉干制品	3.0
水产动物及其制品	
水产制品（水产品罐头除外）	4.0
干制水产品	4.0

4.10.2 检验方法：按 GB 5009.26 规定的方法测定。

4.11 多氯联苯

4.11.1 食品中多氯联苯限量指标见表 11。

表11 食品中多氯联苯限量指标

食品类别（名称）	限量[a]/（μg/kg）
水产动物及其制品	20
油脂及其制品	
水产动物油脂	200

[a] 多氯联苯以 PCB28、PCB52、PCB101、PCB118、PCB138、PCB153 和 PCB180 总和计。

4.11.2 检验方法：按 GB 5009.190 规定的方法测定。

4.12 3- 氯 -1,2- 丙二醇

4.12.1 食品中 3- 氯 -1,2- 丙二醇限量指标见表 12。

表12 食品中3-氯-1,2-丙二醇限量指标

食品类别（名称）[a]	限量 /(mg/kg)
调味品（固态调味品除外）	0.4
固态调味品	1.0

[a] 仅限于添加酸水解植物蛋白的产品。

4.12.2 检验方法：按 GB 5009.191 规定的方法测定。

附录A 食品类别（名称）说明

食品类别（名称）说明见表A.1。

表A.1 食品类别（名称）说明

水果及其制品	新鲜水果（未经加工的、经表面处理的、去皮或预切的、冷冻的水果） 浆果和其他小粒水果（例如：蔓越莓、醋栗等） 其他新鲜水果（包括甘蔗） 水果制品 水果罐头 水果干类 醋、油或盐渍水果 果酱（泥） 蜜饯（包括果丹皮） 发酵的水果制品 煮熟的或油炸的水果 水果甜品 其他水果制品
蔬菜及其制品（包括薯类，不包括食用菌）	新鲜蔬菜（未经加工的、经表面处理的、去皮或预切的、冷冻的蔬菜） 芸薹类蔬菜 叶菜蔬菜（包括芸薹类叶菜） 豆类蔬菜 块根和块茎蔬菜（例如：薯类、胡萝卜、萝卜、生姜等） 茎类蔬菜 其他新鲜蔬菜（包括瓜果类、鳞茎类和水生类、芽菜类；竹笋、黄花菜等多年生蔬菜） 蔬菜制品 蔬菜罐头 干制蔬菜 酱腌菜 蔬菜泥（酱） 经水煮或油炸的蔬菜 其他蔬菜制品
食用菌及其制品	新鲜食用菌（未经加工的、经表面处理的、预切的、冷冻的食用菌） 双孢菇 *Agaricus bisporus*（J.E.Lange）Imbach 平菇 *Pleurotus ostreatus*（Jacq.）P.Kumm 香菇 *Lentinula edodes*（Berk.）Pegler 榛蘑 *Armillaria mellea*（Vahl.）P.Kumm 牛肝菌 [美味牛肝菌 *Boletus bainiugan* Dentinger；兰茂牛肝菌 *Lanmaoa asiatica* G. Wu & ZhuL. Yang；茶褐新生牛肝菌 *Sutorius brunneiimus*（W. F. Chiu）G. Wu & ZhuL. Yang；远东邹盖牛肝菌 *Rugiboletus extremiorientalis*（Lj. N. Vassiljeva）G. Wu & ZhuL. Yang] 松茸 *Tricholoma matsutake*（S. Ito & S. Imai）Singer 松露 *Tuber* spp.

续表

食用菌及其制品	青头菌 *Russula virescens*（Schaeff.）Fr. 鸡枞 *Termitomyces* spp. 鸡油菌 *Cantharellus* spp. 多汁乳菇 *Lactarius volemus*（Fr.） 羊肚菌 *Morcheclla importuna* M. Kuo, O'Donnell & T. J. Volk 獐头菌 *Sarcodon imbricatus*（L.）P. Karst. 姬松茸 *Agaricus blazei* Murrill 木耳（毛木耳 *Auricularia cornea* Ehrenb.; 黑木耳 *Auricularia heimuer* F. Wu, B. K. Cui & Y. C. Dai） 银耳 *Tremella fuciformis* Berk. 其他新鲜食用菌 食用菌制品 食用菌罐头 腌渍食用菌（例如：酱渍、盐渍、糖醋渍食用菌等） 经水煮或油炸食用菌 其他食用菌制品
谷物及其制品（不包括焙烤食品）	谷物 稻谷 玉米 小麦 大麦（包括青稞） 其他谷物 [例如：粟（谷子）、高粱、黑麦、燕麦、荞麦等] 谷物碾磨加工品 糙米（包括色稻米） 大米（粉） 小麦粉（包括食用麸皮） 玉米粉、玉米糁（渣） 麦片 其他谷物碾磨加工品（例如：小米、高粱米、大麦米、黍米等） 谷物制品 大米制品（例如：米粉、米线等） 小麦粉制品 生湿面制品（例如：面条、饺子皮、馄饨皮、烧麦皮等） 生干面制品 发酵面制品 面糊（例如：用于鱼和禽肉的拖面糊）、裹粉、煎炸粉 面筋 其他小麦粉制品 玉米制品（例如：玉米面条、玉米片等） 其他谷物制品 [例如：带馅（料）面米制品、粥类罐头等]
豆类及其制品	豆类（干豆、以干豆磨成的粉） 豆类制品 非发酵豆制品（例如：豆浆、豆腐类、豆干类、腐竹类、熟制豆类、大豆蛋白膨化食品、大豆素肉等） 发酵豆制品（例如：腐乳类、纳豆、豆豉、豆豉制品等）

续表

豆类及其制品	豆类罐头 其他豆类制品（包括豆沙馅）
藻类及其制品	新鲜藻类（未经加工的、经表面处理的、预切的、冷冻的藻类） 螺旋藻 其他新鲜藻类 藻类制品 藻类罐头 干制藻类 盐渍藻类 经水煮或油炸的藻类 其他藻类制品
坚果及籽类	生干坚果及籽类（不包括谷物种子和豆类，包括咖啡豆、可可豆） 坚果及籽类制品 熟制坚果及籽类（带壳、脱壳、包衣） 坚果及籽类罐头 坚果及籽类的泥（酱）（例如：花生酱等） 其他坚果及籽类制品（例如：腌渍的果仁等）
肉及肉制品	肉类（生鲜、冷却、冷冻肉等） 畜禽肉 畜禽内脏（例如：肝、肾、肺、肠等） 肉制品（包括内脏制品、血制品） 预制肉制品 调理肉制品（生肉添加调理料） 腌腊肉制品类（例如：咸肉、腊肉、板鸭、中式火腿、腊肠等） 熟肉制品 肉类罐头 酱卤肉制品类 熏、烧、烤肉类 油炸肉类 西式火腿（熏烤、烟熏、蒸煮火腿）类 肉灌肠类 发酵肉制品类 其他熟肉制品
水产动物及其制品	鲜、冻水产动物 鱼类 非肉食性鱼类肉 肉食性鱼类（例如：金枪鱼、金目鲷、枪鱼、鲨鱼等） 甲壳类（例如：虾类、蟹类等） 软体动物 头足类 双壳贝类 腹足类 其他软体动物

续表

水产动物及其制品	棘皮类 　　其他鲜、冻水产动物 水产制品 　　水产品罐头 　　鱼糜制品（例如：鱼丸等） 　　腌制水产品 　　鱼子制品 　　熏、烤水产品 　　发酵水产品 　　其他水产制品
乳及乳制品	生乳 巴氏杀菌乳 灭菌乳 调制乳 发酵乳 浓缩乳制品 稀奶油、奶油、无水奶油 乳粉和调制乳粉 乳清粉和乳清蛋白粉 干酪 再制干酪 其他乳制品（例如：酪蛋白等）
蛋及蛋制品	鲜蛋 蛋制品 　　卤蛋 　　糟蛋 　　皮蛋 　　咸蛋 　　其他蛋制品
油脂及其制品	植物油脂（包括食用植物调和油及添加了鱼油的调和油） 动物油脂（例如：猪油、牛油、鱼油、磷虾油等） 油脂制品 　　氢化植物油 　　含氢化和（或）部分氢化油脂的油脂制品 　　其他油脂制品
调味品	食用盐 味精 食醋 酱油 酿造酱 香辛料类

续表

调味品	香辛料及粉 香辛料油 香辛料酱（例如：芥末酱、青芥酱等） 其他香辛料加工品 水产调味品 鱼类调味品（例如：鱼露等） 其他水产调味品（例如：蚝油、虾油等） 复合调味料（例如：调味料酒、固体汤料、鸡精、鸡粉、蛋黄酱、沙拉酱、调味清汁等） 其他调味品
饮料类	包装饮用水 饮用天然矿泉水 饮用纯净水 其他类饮用水 果蔬汁类及其饮料（例如：苹果汁、苹果醋饮料、山楂汁、山楂醋饮料等） 果蔬汁（浆） 浓缩果蔬汁（浆） 果蔬汁（浆）类饮料 蛋白饮料 含乳饮料（例如：发酵型含乳饮料、配制型含乳饮料、乳酸菌饮料等） 植物蛋白饮料 复合蛋白饮料 其他蛋白饮料 碳酸饮料 茶饮料 咖啡类饮料 植物饮料 风味饮料 固体饮料 [包括速溶咖啡、研磨咖啡（烘焙咖啡）] 特殊用途饮料 其他饮料
酒类	蒸馏酒（例如：白酒、白兰地、威士忌、伏特加、朗姆酒等） 配制酒 发酵酒（例如：葡萄酒、黄酒、果酒、啤酒等）
食糖及淀粉糖	食糖（包括方糖、冰片糖、原糖、糖蜜、部分转化糖、槭树糖浆） 乳糖 淀粉糖（例如：食用葡萄糖、低聚异麦芽糖、果葡糖浆、麦芽糖、麦芽糊精、葡萄糖浆等）
淀粉及淀粉制品（包括谷物、豆类和块根植物提取的淀粉）	食用淀粉 淀粉制品（包括虾味片）

续表

焙烤食品	面包 糕点（包括月饼） 饼干 其他焙烤食品
可可制品、巧克力和巧克力制品以及糖果	可可制品、巧克力和巧克力制品（包括代可可脂巧克力及制品） 糖果（包括胶基糖果）
冷冻饮品	冰淇淋 雪糕 雪泥 冰棍 甜味冰 食用冰 其他冷冻饮品
特殊膳食用食品	婴幼儿配方食品 　　婴儿配方食品 　　较大婴儿配方食品 　　幼儿配方食品 　　特殊医学用途婴儿配方食品 婴幼儿辅助食品 　　婴幼儿谷类辅助食品 　　婴幼儿罐装辅助食品 特殊医学用途配方食品（特殊医学用途婴儿配方食品涉及的品种除外） 其他特殊膳食用食品（例如：辅食营养补充品、运动营养食品、孕妇及乳母营养补充食品等）
其他类（除上述食品以外的食品）	果冻 膨化食品 蜂蜜 花粉 茶叶 干菊花 苦丁茶

附录 3 《食用农产品产地重金属风险评估技术指南》（NY/T 4692—2025）

1 范围

本文件规定了食用农产品产地重金属风险评估流程、评估步骤和评估报告撰写等内容。

本文件适用于植物类食用农产品产地 5 项重金属风险评估。

2 规范性引用文件

下列文件中的内容通过文中的规范性引用而构成本文件必不可少的条款。其中，注日期的引用文件，仅该日期对应的版本适用于本文件；不注日期的引用文件，其最新版本（包括所有的修改单）适用于本文件。

GB 2762　食品安全国家标准　食品中污染物限量

GB 5009.11　食品安全国家标准　食品中总砷及无机砷的测定

GB 5009.12　食品安全国家标准　食品中铅的测定

GB 5009.15　食品安全国家标准　食品中镉的测定

GB 5009.17　食品安全国家标准　食品中总汞及有机汞的测定

GB 5009.123　食品安全国家标准　食品中铬的测定

GB 5009.268　食品安全国家标准　食品中多元素的测定

GB 15618—2018　土壤环境质量　农用地土壤污染风险管控标准（试行）

GB/T 17136　土壤质量　总汞的测定　冷原子吸收分光光度法

GB/T 17141　土壤质量　铅、镉的测定　石墨炉原子吸收分光光度法

GB/T 22105　土壤质量　总汞、总砷、总铅的测定　原子荧光法

HJ 491　土壤和沉积物　铜、锌、铅、镍、铬的测定　火焰原子吸收分光光度法

HJ 680　土壤和沉积物　汞、砷、硒、铋、锑的测定　微波消解 / 原子荧光法

HJ 780　土壤和沉积物　无机元素的测定　波长色散 X 射线荧光光谱法

HJ 803　土壤和沉积物 12 种金属元素的测定　王水提取 - 电感耦合等离子体质谱法

HJ 889　土壤　阳离子交换量的测定　三氯化六氨合钴浸提 - 分光光度法

HJ 923　土壤和沉积物　总汞的测定　催化热解 - 冷原子吸收分光光度法

NY/T 395　农田土壤环境质量监测技术规范

NY/T 398　农、畜、水产品污染监测技术规范

NY/T 1121.6　土壤检测　第 6 部分：土壤有机质的测定

NY/T 1377　土壤 pH 的测定

3 术语与定义

下列术语和定义适用于本文件。

3.1

食用农产品　edible agricultural products

指在农业活动中获得的供人食用的植物、动物、微生物及其产品。

3.2

植物类食用农产品　edible agricultural products

人工种植和天然生长的水稻、小麦、玉米、蔬菜、水果等各种植物的初级产品及其初加工品。

注：初加工指经过分拣、去皮、剥壳、干燥、粉碎、清洗、切割、冷冻、打蜡、分级、包装等加工，但未改变其基本自然性状和化学性质。

3.3

风险评估　risk assessment

在本文件中指在土壤污染调查的基础上，协同开展农产品质量调查，分析土壤污染状况，评估农产品污染物超标风险，为食用农产品产地划分风险水平提供依据。

3.4

评估区域　assessment region

根据实际需要，拟进行食用农产品产地重金属风险评估的区域。

3.5

调查单元　survey unit

在评估区域内，基于土地利用方式、污染类型和特征、地形地貌等因素所划分的具有相对均一性的特定单元。

3.6

风险单元　risk unit

在调查单元的基础上，按照点位风险水平一致性原则划分的具有相同风险特征的单元。

3.7

地物边界　object boundary

地表物体之间的界线，通常指地块边界、村界、道路、沟渠、河流等标志物。

4　评估流程

食用农产品产地风险评估主要技术环节包括基础资料和数据收集、划分调查单元、布点调查、点位风险评估、划分风险单元并判定其风险水平、形成评估结论、不确定性分析、提出风险管控策略建议、撰写风险评估报告等。评估流程见图 1。

5　风险评估

5.1　基础资料和数据收集

在食用农产品产地重金属风险评估工作开展之前，收集相关资料，包括但不限于以下内容：

a）基础图件资料：主要包括行政区划、土地利用现状、土壤类型、地形地貌、河流水系等矢量图件，以及最新高分遥感或者低空航拍影像及其矢量化数据。

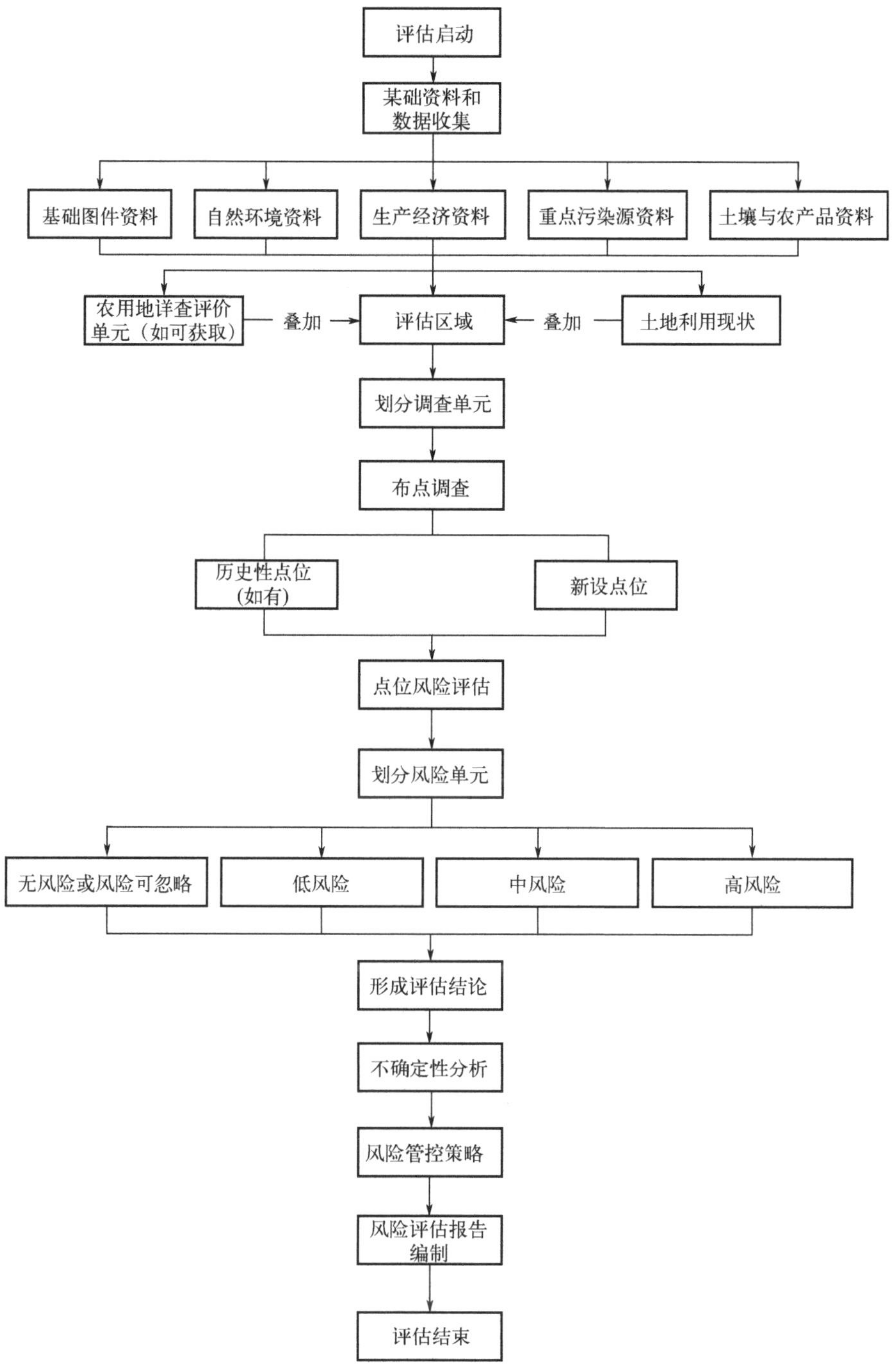

图1　食用农产品产地重金属风险评估流程

b）区域自然环境资料：主要包括地理位置、土壤理化性质、成土母质、植被、气候与气象、自然灾害等。

c）区域农业生产与社会经济资料：主要包括人口状况、农业生产、工业布局、农田水利和农村能源结构情况，当地人均收入水平、主栽食用农产品、种植结构和耕作制度等。

d）重点污染源资料：主要包括行政区域内重点土壤污染工矿企业所属行业类型、空间位置分布，主要污染物种类及排放途径；农业灌溉水质量，农药、化肥、农膜等农业投入品的使用情况及畜禽养殖废弃物处理处置情况；固体废物堆存、处理处置场所分布；大气沉降情况等。

e）土壤环境和农产品质量数据：收集评估区域内多年来的土壤与农产品重金属含量数据。数据来源包括且不限于：全国农用地土壤污染状况详查、农产品产地土壤重金属污染普查、多目标区域地球化学调查、农产品产地土壤重金属监测等土壤污染调查数据，其他生态环境、农业农村、自然资源等部门相关调查数据，相关科学研究的调查数据等。依据相关标准和规范，对有关数据质量进行审核，剔除无效数据，保障数据质量。同一点位存在不同时期历史数据的，采用较新的数据。

5.2 划分调查单元

5.2.1 可获取评估区域内全国农用地土壤污染状况详查数据时

可获取评估区域内全国农用地土壤污染状况详查数据时，将评估区域与全国农用地土壤污染状况详查的评价单元（分优先保护、安全利用与严格管控3类，以下简称详查评价单元）及自然资源部门最新土地利用现状图中的食用农产品产地分布区叠加，按水田、旱地（含水浇地，下同）2类，将评估区域分割为不同污染程度的调查单元。

5.2.2 不可获取详查评价单元时

不可获取详查评价单元时，则直接叠加土地利用现状图，将评估区域划分为水田、旱地2类调查单元。

5.2.3 调查单元面积

一般一个调查单元的面积不超过667hm^2。

5.3 布点调查

5.3.1 布点密度

每个调查单元内用于风险评估的土壤-农产品数据一一对应的点位数量，应充分反映调查单元内土壤与农产品污染状况，一般不少于10个。布点密度见表1。例如，调查单元面积地形破碎，或土壤与农产品重金属含量变异较大，可适当提高布点密度；当地形平坦、种植结构单一、土壤类型单一时，可酌情降低布点密度，但一般不少于10个。对于未叠加详查评价单元的调查单元，采用优先保护类布点密度。

表1 调查单元成对点位布点密度

类型	优先保护类布点密度	安全利用类布点密度	严格管控类布点密度
水田	300m×300m/点～500m×500m/点	200m×200m/点～300m×300m/点	100m×100m/点～200m×200m/点
旱地	500m×500m/点～1000m×1000m/点	300m×300m/点～500m×500m/点	200m×200m/点～300m×300m/点

5.3.2　布点位置

基于布点密度计算出调查单元成对点位数量后，在调查单元内进行网格布点。在网格内选择有代表性的食用农产品地块中间的开阔地带进行布点：

——如果网格内地块间面积差异明显，优先选择面积最大地块；

——如果网格内地块间面积差异不明显，优先选择网格中心位置地块；

——如果网格内同时存在水田、旱地，优先选择农产品超标风险较高的区域；

——如果网格内高程差别十分明显（如沟谷、丘陵、梯田等），优先选择地势较低的地块；

——当网格中食用农产品产地面积占比小于 10% 时，可不布设点位。

5.3.3　样品采集

土壤与农产品采样方法按照 NY/T 395 与 NY/T 398 的规定执行。土壤及农产品的采样遵循以下原则：

a）协同采集土壤与农产品一一对应的样品，其中土壤采集于作物根系周边；

b）采集 1 年内土壤点位上种植的所有农产品。

5.3.4　样品检测

包括土壤基本理化性质（土壤 pH、阳离子交换量和有机质含量等）、土壤和农产品样品的重金属含量（镉、汞、砷、铅、铬等）。检测方法见附录 A。

5.4　点位风险评估

5.4.1　点位风险评估水平划分

根据采样调查点位土壤和农产品重金属含量情况进行土壤与农产品协同风险评估，点位风险评估水平划分见表 2。

表2　点位风险评估水平划分依据

划分依据		风险水平	划分依据说明
土壤重金属含量（C_i）[1]	食用农产品重金属含量（E_i）[2]		
$C_i \leqslant S_i$	$E_i \leqslant P_i$	无风险或风险可忽略	土壤重金属含量未超过筛选值，农产品达标，表明生产环境对农产品安全的风险总体可忽略
$S_i < C_i \leqslant G_i$	$E_i \leqslant P_i$	低风险	土壤重金属含量在筛选值和管制值之间，但农产品未超标，提示生产环境对农产品安全存在一定潜在风险
$C_i \geqslant G_i$	$E_i \leqslant P_i$	中风险	土壤重金属含量超过管制值，虽然农产品尚未超标，但生产环境对食用农产品有较大潜在风险
$C_i \leqslant S_i$	$E_i \geqslant P_i$		土壤重金属含量未超过筛选值，且农产品超标，表明生产环境对农产品安全已造成一定危害

续表

划分依据		风险水平	划分依据说明
土壤重金属含量（C_i）[1]	食用农产品重金属含量（E_i）[2]		
$S_i < C_i \leqslant G_i$	$E_i \geqslant P_i$	中风险	土壤重金属含量在筛选值和管制值之间，且农产品超标，表明生产环境对农产品安全已构成一定危害
$C_i \geqslant G_i$	$E_i \geqslant P_i$	高风险	土壤重金属含量超过管制值，农产品超标，表明生产环境对农产品安全已构成较大危害

注 1：S_i 和 G_i 分别为 GB 15618 中的筛选值和管制值。

2：P_i 为 GB 2762 中规定的食用农产品污染物限量标准值。

5.4.2　存在多项重金属污染时

当同一点位存在多项重金属污染时，点位风险评估结果取 5 项重金属中风险最高的元素进行确定。

5.4.3　不同季点位风险不同时

当同一点位不同季点位风险不同时，取风险最高季进行确定。

5.5　划分风险单元并判定其风险水平

5.5.1　当调查单元内各调查点位风险水平一致时

当调查单元内各调查点位风险水平一致时，则调查单元即为同一风险水平的风险单元；否则应根据调查单元内各点位风险水平，按照聚类原则，利用空间插值法结合专家判断、现场踏勘等，将调查单元划分为不同的风险单元，使每个风险单元内的各点位风险水平保持一致。

5.5.2　判定风险单元风险水平的四种情形

5.5.2.1　情形 1。当风险单元内各点位风险水平一致时，则该点位风险水平即为该风险单元的风险水平（见图 2）。

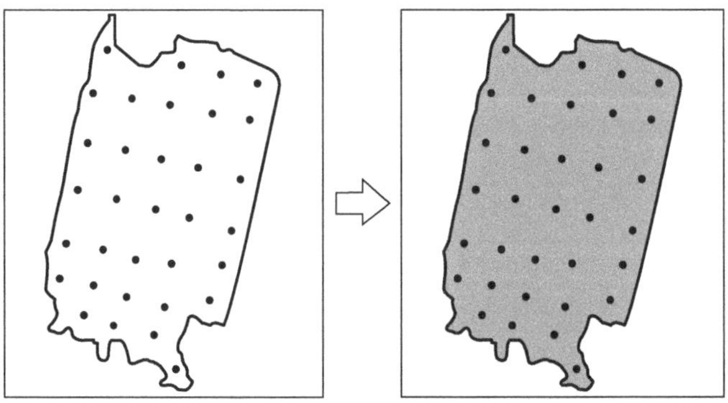

注：● 表示无风险或风险可忽略点位；▇ 表示无风险或风险可忽略区域

图 2　风险单元判定示意图

5.5.2.2　情形 2。当风险单元内存在不同风险水平的点位时，若某类水平的点位数量占比超过 80%，其他点位（非高风险点位）呈不连续分布，则该单元按照优势点位的风险水平计（见图 3）；如果存在 2 个或 2 个以上非优势点位连续分布，则按地物边界（地块边界、村界、道路、沟渠、河流等）划分出连续的非优势点位对应的风险单元（见图 4）。

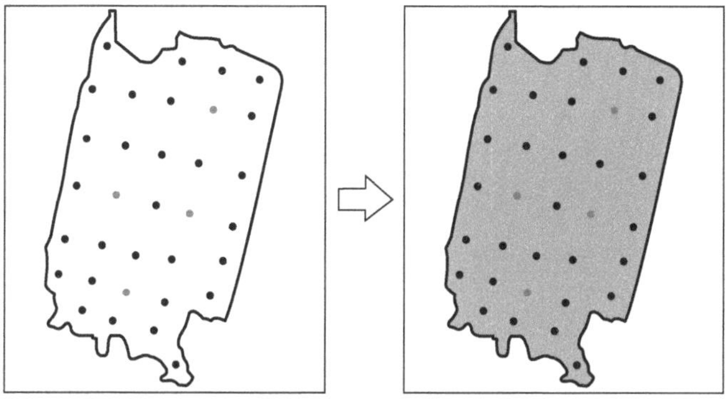

注：● 表示无风险或风险可忽略点位；● 表示低风险点位；▭ 表示无风险或风险可忽略区域

图 3　风险单元判定示意图

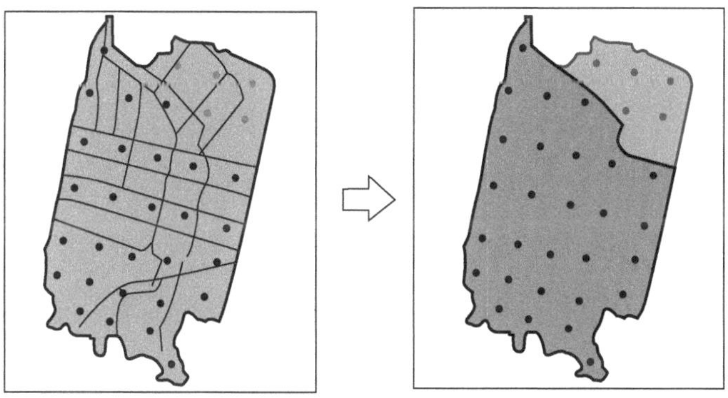

注：● 表示无风险或风险可忽略点位；● 表示低风险点位；

▭ 表示无风险或风险可忽略区域；▭ 表示低风险区域

图 4　风险单元判定示意图

5.5.2.3　情形 3。对孤立的高风险点位，对样品根据影像信息或实地踏勘情况划分出对应的高风险类范围；如果无法判断边界，则按最靠近的地物边界（地块边界、村界、道路、沟渠、河流等），划出合理、较小的面积范围（见图 5）。

5.5.2.4　情形 4。当风险单元内存在不连续分布的中低风险点位，且无优势点位时，可将该风险单元划为中风险类（见图 6）。

5.5.3　风险单元的风险水平确定

在镉、汞、砷、铅、铬单因子风险单元划分的基础上，将以上因子叠合形成新的风险单元。风险单元的风险水平按最高风险确定。

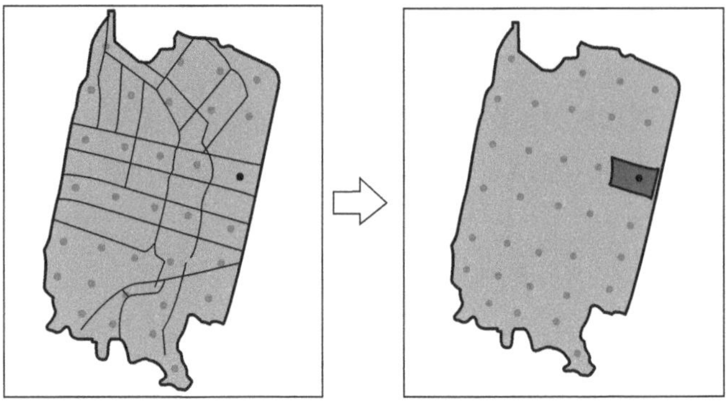

注：● 表示中风险点位；● 表示高风险点位；▭ 表示中风险区域；▬ 表示高风险区域

图5　风险单元判定示意图

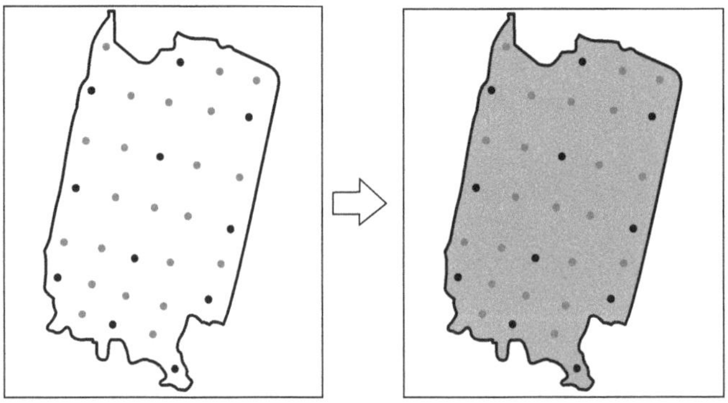

注：● 表示低风险点位；● 表示中风险点位；▭ 表示中风险区域

图6　风险单元判定示意图

5.6　不确定性分析

分析造成食用农产品产地重金属风险评估结果不确定性的主要来源及其对评估结论的影响，包括评估过程中遇到的限制条件、欠缺信息等。

6　评估报告撰写

6.1　编制要求

在完成全部风险评估工作的基础上，总结分析风险评价过程和结论，客观评价目标区域内农产品产地重金属风险情况及其管控措施与对策，编制评价报告。

6.2　报告内容和格式

报告内容主要包括评估区域概况、编制依据、资料收集与分析、点位布设与采样检测、划分调查单元、点位风险评估、划分风险单元、评估结论、不确定性分析、风险管控策略建议、附件等内容。报告编制大纲按附录B的规定执行。

6.3　结论与建议

评价结论应明确评价区域内重金属可能的来源、污染类型与风险水平。根据风险评估结论，提出评估区域内食用农产品产地重金属风险管控策略的建议。相关策略建议见附录C。

附录 A
（规范性）
土壤与农产品检测项目及分析方法

A.1　土壤检测项目分析方法

土壤检测项目及分析方法见表 A.1。

表A.1　土壤检测项目与分析方法

项目	分析方法
pH	《土壤 pH 的测定》（NY/T 1377）
阳离子交换量	《土壤　阳离子交换量的测定　三氯化六氨合钴浸提—— 分光光度法》（HJ 889）
有机质	《土壤检测　第 6 部分：土壤有机质的测定》（NY/T 1121.6）
镉	《土壤质量　铅、镉的测定　石墨炉原子吸收分光光度法》（GB/T 17141）
	《土壤和沉积物　12 种金属元素的测定　王水提取 - 电感耦合等离子体质谱法》（HJ 803）
汞	《土壤质量　总汞的测定　冷原子吸收分光光度法》（GB/T 17136）
	《土壤质量　总汞、总砷、总铅的测定　原子荧光法　第 1 部分：土壤中总汞的测定》（GB/T 22105.1）
	《土壤和沉积物　汞、砷、硒、铋、锑的测定　微波消解 / 原子荧光法》（HJ 680）
	《土壤和沉积物　总汞的测定　催化热解—— 冷原子吸收分光光度法》（HJ 923）
砷	《土壤和沉积物　汞、砷、硒、铋、锑的测定　微波消解 / 原子荧光法》（HJ 680）
	《土壤和沉积物　12 种金属元素的测定　王水提取—— 电感耦合等离子体质谱法》（HJ 803）
	《土壤质量　总汞、总砷、总铅的测定　原子荧光法　第 2 部分：土壤中总砷的测定》（GB/T 22105.2）
铅	《土壤质量　铅、镉的测定　石墨炉原子吸收分光光度法》（GB/T 17141）
	《土壤质量　总汞、总砷、总铅的测定　原子荧光法　第 3 部分：土壤中总铅的测定》（GB/T 22105.3）
	《土壤和沉积物　无机元素的测定　波长色散 X 射线荧光光谱法》（HJ 780）
	《土壤和沉积物　12 种金属元素的测定　王水提取—— 电感耦合等离子体质谱法》（HJ 803）
铬	《土壤和沉积物　铜、锌、铅、镍、铬的测定　火焰原子吸收分光光度法》（HJ 491）
	《土壤和沉积物　无机元素的测定　波长色散 X 射线荧光光谱法》（HJ 780）
	《土壤和沉积物　12 种金属元素的测定　王水提取—— 电感耦合等离子体质谱法》（HJ 803）

A.2　农产品检测项目与分析方法。

农产品检测项目与分析方法见表 A.2。

表A.2　农产品检测项目与分析方法

序号	项目	分析方法
1	镉	《食品安全国家标准　食品中镉的测定（石墨炉原子吸收光谱法）》（GB 5009.15）
		《食品安全国家标准　食品中多元素的测定（电感耦合等离子体质谱法）》（GB 5009.268）
2	汞	《食品安全国家标准　食品中总汞及有机汞的测定（原子荧光光谱分析法、冷原子吸收光谱法、液相色谱——原子荧光光谱联用方法）》（GB 5009.17）
		《食品安全国家标准　食品中多元素的测定（电感耦合等离子体质谱法）》（GB 5009.268）
3	砷	《食品安全国家标准　食品中总砷及无机砷的测定（电感耦合等离子体质谱法、氢化物发生原子荧光光谱法、银盐法、液相色谱 - 原子荧光光谱法、液相色谱—— 电感耦合等离子体质谱法）》（GB 5009.11）
		《食品安全国家标准　食品中多元素的测定（电感耦合等离子体质谱法）》（GB 5009.268）
4	铅	《食品安全国家标准　食品中铅的测定（石墨炉原子吸收光谱法、电感耦合等离子体质谱法、火焰原子吸收光谱法、二硫腙比色法）》（GB 5009.12）
		《食品安全国家标准　食品中多元素的测定（电感耦合等离子体质谱法）》（GB 5009.268）
5	铬	《食品安全国家标准　食品中铬的测定（石墨炉原子吸收光谱法）》（GB 5009.123）
		《食品安全国家标准　食品中多元素的测定（电感耦合等离子体质谱法）》（GB 5009.268）

附录 B
（规范性）
食用农产品产地重金属风险评估报告编制大纲

B.1 评估区域概况

B.1.1 基本情况

B.1.2 农产品产地类型、面积及分布情况

B.1.3 历史性土壤污染调查监测情况

B.2 编制依据

包括相关法律法规、标准规范、政策文件等。

B.3 资料收集与分析

B.3.1 评估区域环境状况

B.3.2 重点污染源情况

B.3.3 土壤及农产品数据信息

B.4 划分调查单元

包括划分调查单元、调查单元内点位布设与采样检测等。

B.5 点位风险评估

B.5.1 点位风险评估指标

B.5.2 点位风险评估水平

B.6 划分风险单元

B.6.1 确定风险单元

B.6.2 评估指标

B.6.3 风险单元风险评估水平

B.7 评估结论

B.8 不确定性分析

B.9 风险管控策略建议

B.10 附录

包括支撑食用农产品产地重金属风险评估相关图件及相关表格等。

附录 C
（资料性）
食用农产品产地重金属风险管控策略

食用农产品产地重金属风险管控策略见表 C.1。

表C.1 食用农产品产地重金属风险管控策略

风险水平	风险管控策略
无风险或风险可忽略	坚持最严格的耕地保护制度，防止新增污染。对于安全利用类或严格管控类耕地上的无风险或风险可忽略的风险单元，可考虑在耕地土壤环境质量类别动态更新时，将这部分单元调整为优先保护类耕地
低风险	定期开展土壤和农产品协同监测与评价，加强对农民、农业合作社等的技术指导与培训。对于安全利用类耕地或严格管控类耕地上的低风险单元，可考虑在耕地土壤环境质量类别动态更新时，将这部分单元调整为优先保护类耕地
中风险	在低风险单元风险管控措施的基础上，采取品种调整、水肥调控等农艺调控类措施，降低农产品超标风险；上述措施难以奏效时，再考虑选取钝化调理、植物提取等治理修复类措施。修复活动应当优先采取不影响农业生产、不降低土壤生产功能的生物修复措施，阻断或减少污染物进入农产品可食部分。对于优先保护类或严格管控类耕地上的中风险单元，可考虑在耕地土壤环境质量类别动态更新时，将这部分单元调整为安全利用类耕地
高风险	采取种植结构调整、划定特定农产品严格管控区、退耕还林还草、退耕还湿、轮作休耕、轮牧休牧等严格管控类措施。根据情况开展土壤和农产品协同监测与评价，加强对农民、农业合作社等的技术指导与培训。对于优先保护类或安全利用类耕地上的高风险单元，可考虑在耕地土壤环境质量类别动态更新时，调整为严格管控类耕地

索引

其他

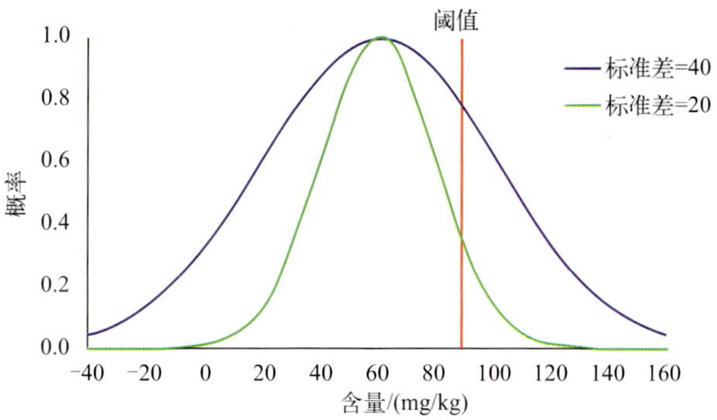

图 3-4　具有相同估计值和不同估计误差的两个待划分单元的错划指数

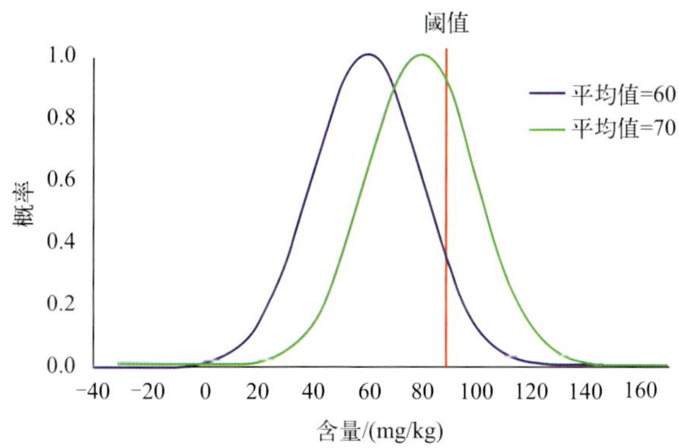

图 3-5　具有相同估计误差和不同估计值的两个待划分单元的错划指数

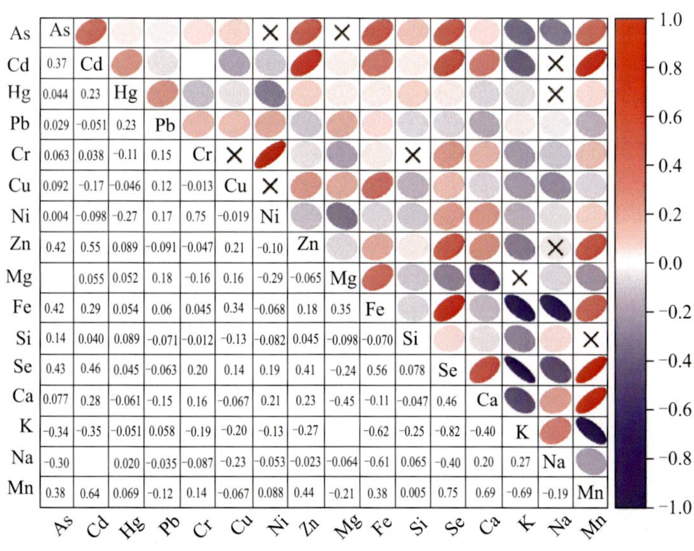

图 5-4　各土壤元素 Pearson 相关分析（在 0.01 水平上呈极显著相关）

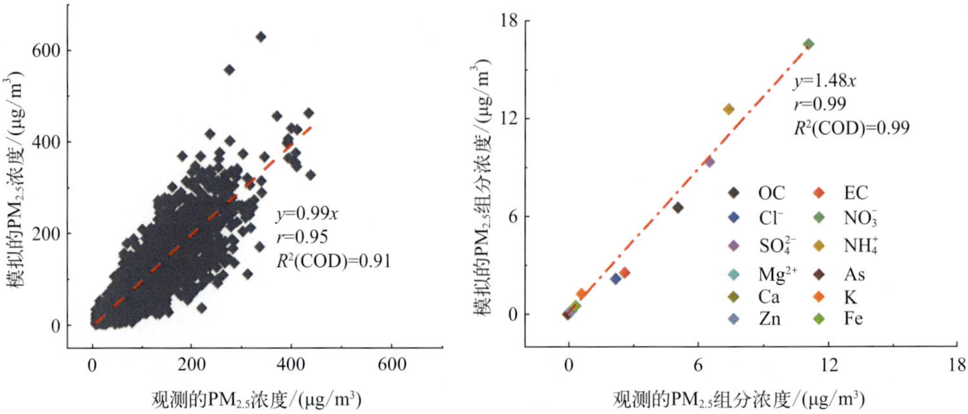

(a)　　(b)

图 5-6　PMF 模型对 $PM_{2.5}$ 的浓度及组分的模拟效果

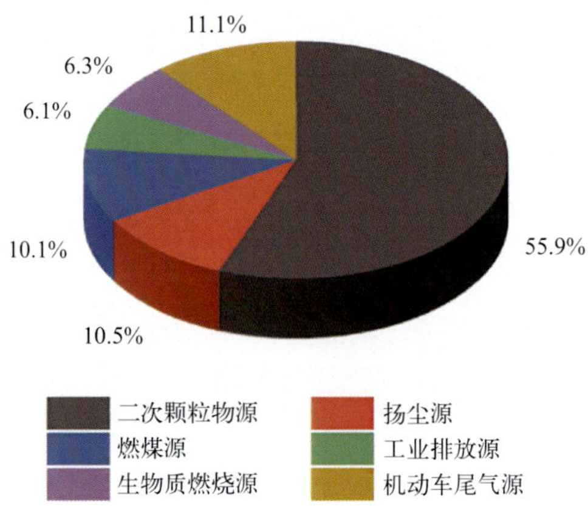

图 5-7　PMF 模型模拟计算的 $PM_{2.5}$ 的污染源贡献

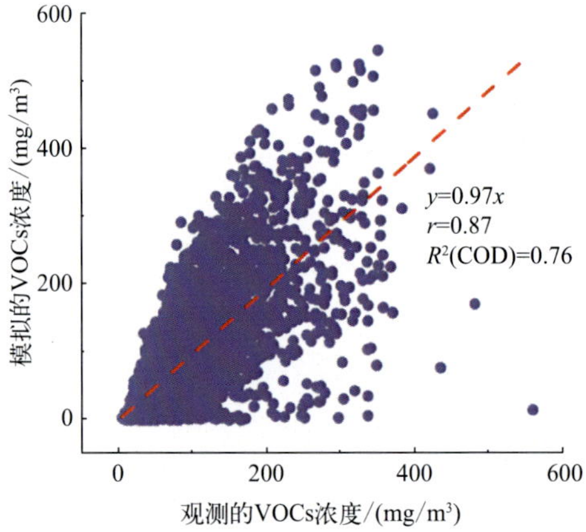

(a)

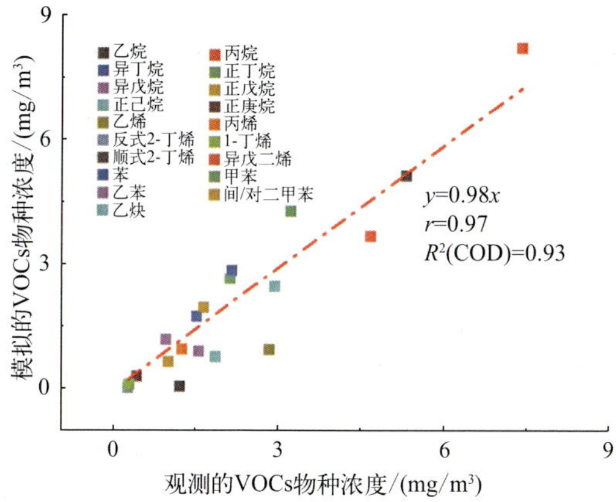

(b)

图 5-8　PMF 模型对 VOCs 的浓度及组分的模拟效果

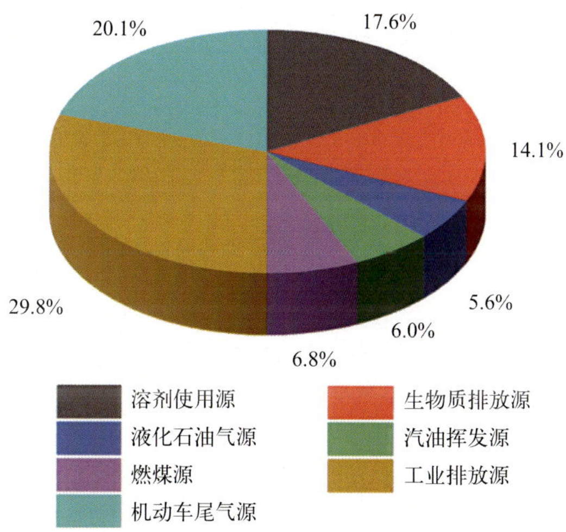

图 5-9　PMF 模型模拟计算的 VOCs 的污染源贡献

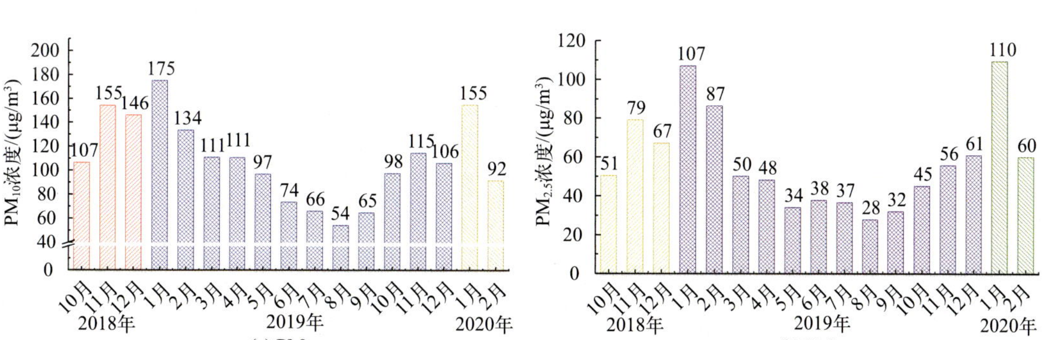

(a) PM_{10}　(b) $PM_{2.5}$

图 5-10

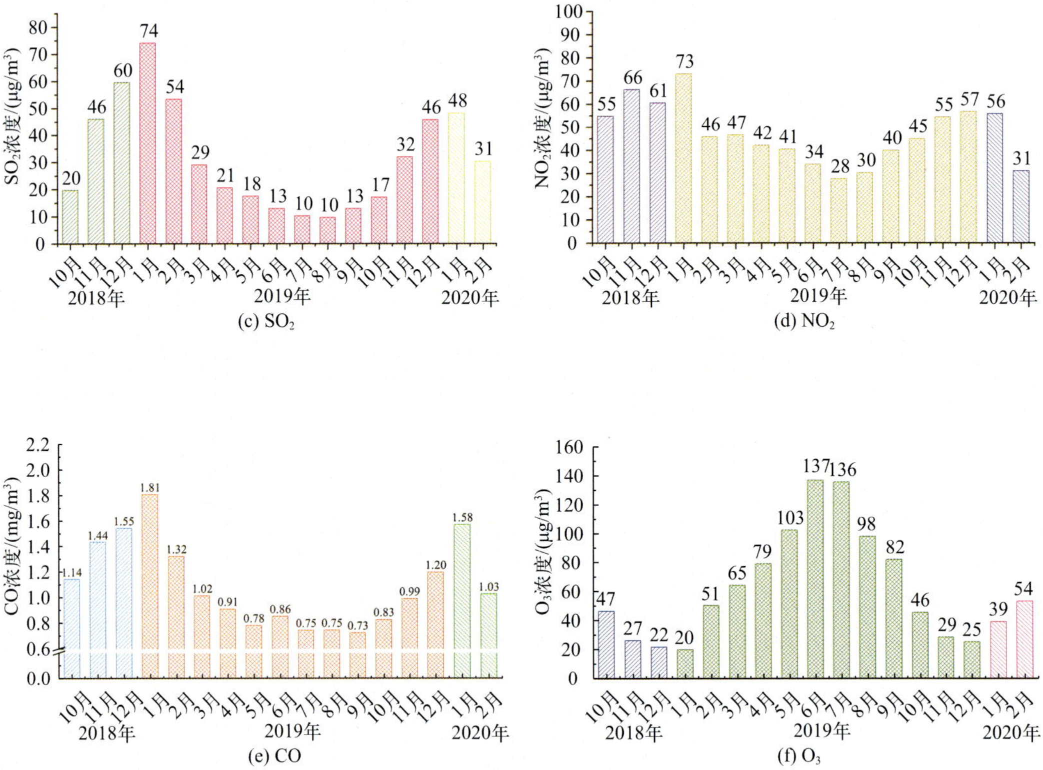

图 5-10　2018 ～ 2020 年大气污染物月均浓度变化趋势

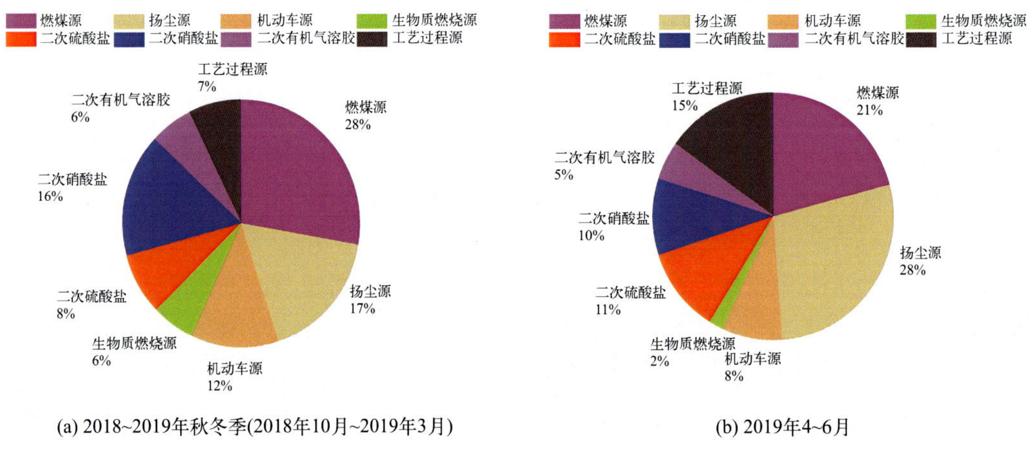

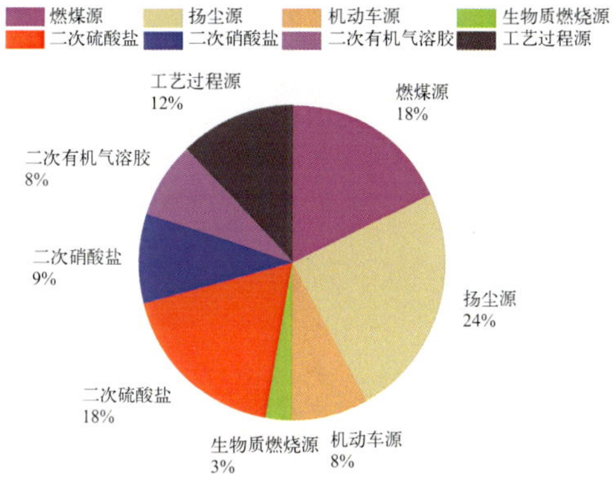

(c) 2019年7~9月

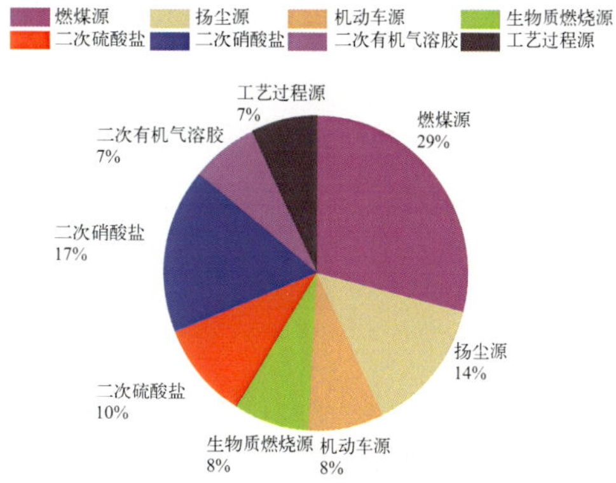

(d) 2019~2020年秋冬季(2019年10月~2020年3月)

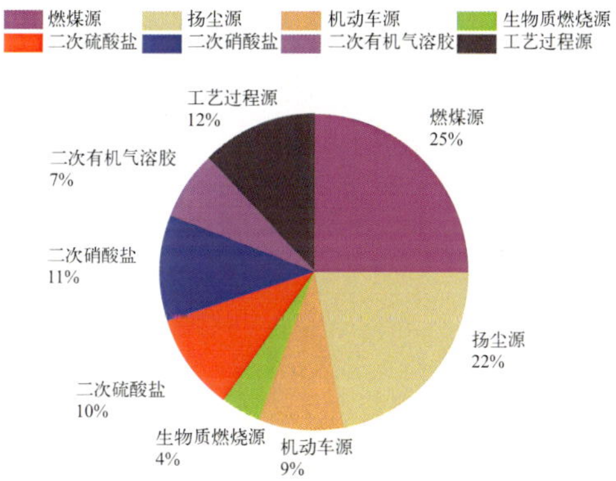

(e) 2019年全年

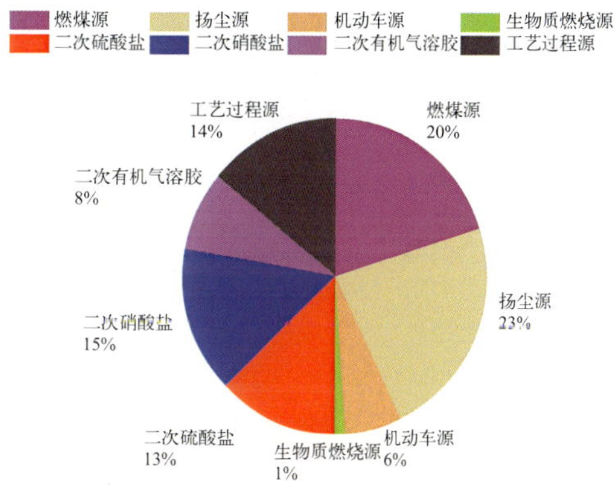

(f) 2020年4~8月

图 5-12 不同时期 $PM_{2.5}$ 来源解析结果

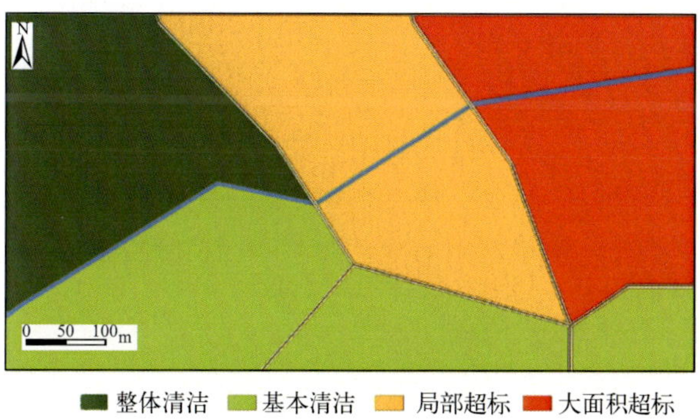

图 6-7 案例区域的产地土壤重金属超标情况

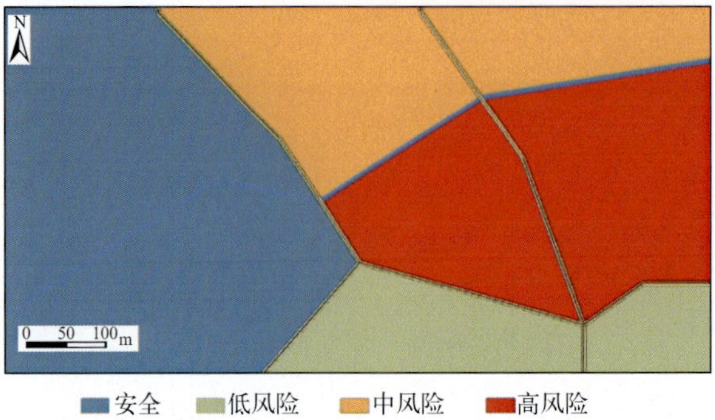

图 6-8　案例区域的农产品重金属超标情况

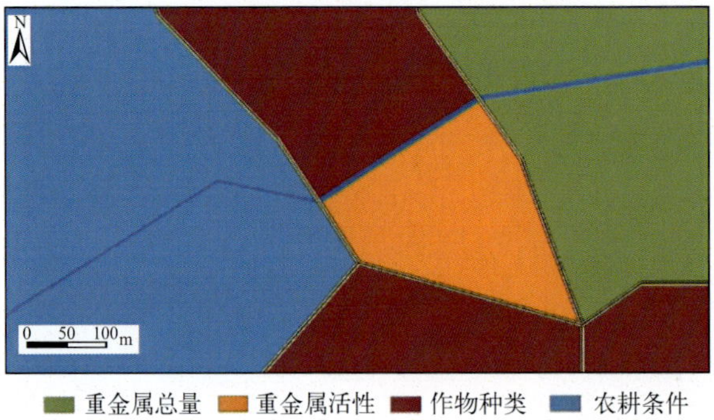

图 6-9　案例区域的农产品土壤重金属超标主要影响因素

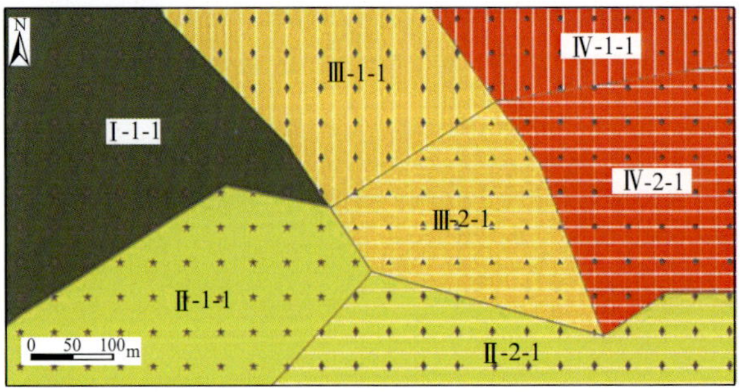

图 6-10　案例区域的产地安全区划